国家示范性高职院校建设项目成果
高等职业教育教学改革系列规划教材

LTE 基站建设与维护

李 雪 主 编

蔡凤丽 副主编

陈 波 主 审

电子工业出版社

Publishing House of Electronics Industry

北京 · BEIJING

内 容 简 介

本书依据通信工程高技能应用型人才培养目标，结合企业通信工程实际应用编写。主要内容包括：LTE技术原理、基站天馈系统、移动通信基站工程建设、华为 LTE 基站设备硬件结构与安装、中兴 LTE 基站设备硬件结构与安装、烽火虹信 LTE 基站设备硬件结构与安装、华为 LTE 基站数据配置、中兴 LTE 基站数据配置、烽火虹信 LTE 基站数据配置、LTE 站点故障分析与排除，共 10 个项目。

本书可作为高职高专通信类专业的专业课教材，也可供从事通信建设工程规划、设计、施工和监理的有关工程技术人员作为参考，还可作为培训教材使用。

未经许可，不得以任何方式复制或抄袭本书之部分或全部内容。

版权所有，侵权必究。

图书在版编目（CIP）数据

LTE 基站建设与维护/李雪主编. —北京：电子工业出版社，2017.1
高等职业教育教学改革系列规划教材
ISBN 978-7-121-30393-7

Ⅰ. ①L… Ⅱ. ①李… Ⅲ. ①移动通信－通信设备－高等职业教育－教材 Ⅳ. ①TN929.5

中国版本图书馆 CIP 数据核字（2016）第 277779 号

策划编辑：王艳萍
责任编辑：王艳萍
印　　刷：大厂聚鑫印刷有限责任公司
装　　订：大厂聚鑫印刷有限责任公司
出版发行：电子工业出版社
　　　　　北京市海淀区万寿路 173 信箱　邮编　100036
开　　本：787×1 092　1/16　印张：18.25　字数：467.2 千字
版　　次：2017 年 1 月第 1 版
印　　次：2021 年 1 月第 7 次印刷
定　　价：45.00 元

前　言

LTE（Long Term Evolution，长期演进）是由 3GPP 组织制定的 UMTS 技术标准的长期演进，LTE 系统引入了 OFDM 和 MIMO 等关键技术，显著增加了频谱效率和数据传输速率，并支持多种带宽分配，系统容量和覆盖都较 2G/3G 显著提升。LTE 系统网络架构更加扁平化、简单化，减少了网络节点和降低了系统复杂度，从而减小了系统时延，降低了网络部署和维护成本，并支持与其他 3GPP 系统互操作。在我国，三大运营商正紧锣密鼓地部署和建设着各自的 LTE 网络，LTE 基站的建设与发展需要大量专业人才，为适应行业对移动通信基站建设与维护人才的需求，我们编写了此书。

本书根据职业教育的特点和目标，结合通信技术专业的岗位需求，以培养学生职业能力为主要目的，使学生掌握 LTE 移动通信系统中基站的工作原理、设备配置、后台数据配置及维护方法，能对基站故障进行分析和处理，基本具备 LTE 产品工程师的能力。本书覆盖 LTE 基站原理与工程实施等相关知识，多项任务层层分解，结合 LTE 基站系统真实的商用设备进行说明，内容由浅入深，主要内容包括：LTE 技术原理、基站天馈系统、移动通信基站工程建设、华为 LTE 基站设备硬件结构与安装、中兴 LTE 基站设备硬件结构与安装、烽火虹信 LTE 基站设备硬件结构与安装、华为 LTE 基站数据配置、中兴 LTE 基站数据配置、烽火虹信 LTE 基站数据配置和 LTE 站点故障分析与排除 10 个项目。项目任务难度逐渐提高，提高学生对 LTE 通信系统的认识，帮助学生认识 LTE 基站设备，掌握基站建设与维护能力。

本书在校内教材的基础上，经编者多年的教学调研和实践编写而成，可作为高职高专通信技术及相关专业的教材。本书由武汉职业技术学院的李雪老师担任主编，安徽电子信息职业技术学院的蔡凤丽老师担任副主编，无线网络技术专家、泛 ICT 行业新技术新业态观察及分析师、3GPP 论坛会员、中兴通讯教育合作中心特聘教授陈波先生担任主审，其中项目 2 和项目 3 由蔡凤丽编写，其余部分由李雪编写，全书由李雪统稿。

本书在编写过程中，陈波先生对初稿进行了认真审阅，提出了许多宝贵意见和建议，在此表示衷心的感谢。非常感谢在编写本书时为我们提供有益帮助的武汉职业技术学院的曹品和邵军同学，天津职业大学的崔雁松老师，武汉虹信通信技术有限责任公司的付超雄先生，湖北君信达科技股份有限公司的周会获先生和中兴通讯股份有限公司的刘晓进先生。欢迎各位读者关注微信公众号：wireless-spring（春天工作室），学习更多有关"4G 及移动互联网+"时代的通信人的专业级资讯及知识。由于作者水平有限，书中错误和不足之处在所难免，恳请广大读者批评指正。

本书配有免费的电子教学课件及习题答案，请有需要的教师登录华信教育资源网（www.hxedu.com.cn）免费注册后进行下载，如有问题请在网站留言或与电子工业出版社联系（E-mail：hxedu@phei.com.cn）。

编　者

目　　录

项目 1 　 LTE 技术原理

任务 1 　 LTE 网络结构和版本演进

【学习目标】

1．熟悉 LTE 的网络结构及其网元功能

2．了解 LTE 版本演进的过程

【知识要点】

1．掌握 LTE 的网络结构

2．掌握 LTE 网络中各网元的功能

1.1.1 　 LTE 的网络结构

1．LTE 网络构架

LTE 网络由核心网（CN，Core Network）、无线接入网（E-UTRAN，Evolutionary UMTS Terrestrial Radio Access Network）和用户终端设备（UE，User Equipment）3 个部分组成，如图 1-1 所示。其中，核心网称为 EPC（Evolved Packet Core，演进分组核心网），由 MME（Mobility Management Entity，移动管理实体）、S-GW（Serving Gateway，服务网关）、P-GW（PDN（Public Data Network）Gateway，公共数据网网关）以及 HSS（Home Subscriber Server，归属用户服务器，用于处理调用/会话的 IMS 网络实体的主要用户数据库，它包含用户配置文件，执行用户的身份验证和授权，并可提供有关用户物理位置的信息）等网元构成。EPC 采用 NGN（Next Generation Network，下一代网络）的核心技术 IMS（IP Multimedia Subsystem，IP 多媒体子系统）。E-UTRAN 仅由 eNodeB（Evolutionary NodeB，演进的基站节点，简记为 eNB）构成。

LTE 网络结构的最大特点是"扁平化"，如图 1-2 所示，具体表现为以下几点：

（1）与 3G 网络相比，取消了 RNC（Radio Network Controller，无线网络控制器），无线接入网只保留基站节点 eNodeB。

（2）与 3G 网络相比，取消了核心网电路域 CS（MSC Server 和 MGW），语音业务由 IP 承载。

（3）核心网分组域采用了类似软交换的架构，实行承载与业务分离的策略。

（4）承载网络实现了全 IP 化。

LTE 网络"扁平化"设计的主要原因是如果网络结构层级太多，则很难实现 LTE 设计的时延要求（无线侧时延小于 10ms）；VoIP 已经很成熟，全网 IP 化成本最低。

如图 1-2 所示，LTE 网络中主要有两类接口：X2 接口和 S1 接口。其中，X2 接口是 eNB 与 eNB 之间的接口，也是 LTE 网络能够实现"扁平化"的最主要原因。S1 接口是 eNB 与核心网 EPC 之间的接口，又分为 S1-MME 接口（eNB 与 MME 之间的接口）和 S1-U 接口（eNB 与 S-GW 之间的接口）两种。和 UMTS 相比，由于 NodeB 和 RNC 融合为网元 eNodeB，所以 LTE 网络中少了 Iub 接口。X2 接口类似于 UMTS 中的 Iur 接口，S1 接口类似于 Iu 接口。

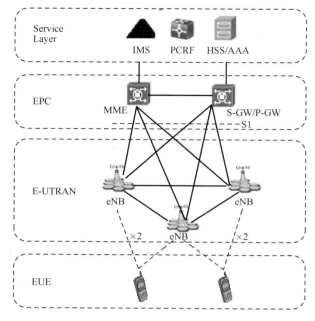

图 1-1　LTE 网络结构

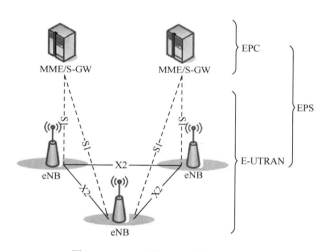

图 1-2　LTE 网络的"扁平化"结构

2．LTE 网元概述

（1）移动管理实体 MME

MME 负责处理移动性管理，包括存储 UE 控制面上下文；包括 UEID（UE Identity，用户设备识别码）、状态、TA（Tracking Area，跟踪区域）等；移动性管理；鉴权和密钥管理；信令的加密、完整性保护；管理和分配用户临时 ID。

（2）服务网关 S-GW

S-GW 承担业务网关的功能，包括：发起寻呼；LTE_IDLE（闲）态 UE 信息管理；移动性管理；用户面加密处理；PDCP（Packet Data Convergence Protocol，分组数据汇聚协议）的包头压缩；SAE（System Architecture Evolution，系统架构演进）承载控制；NAS（Non- Access

Stratum，非接入层）信令加密和完整性保护。

（3）E-UTRAN 侧网元——eNodeB

eNodeB 是在 3G 的 NodeB 原有功能基础上，增加了 RNC 的物理层、MAC（Multimedia Access Control，媒体访问控制协议）层、RRC（Radio Resource Control，无线资源控制协议）、调度、接入控制、承载控制、移动性管理和相邻小区无线资源管理等功能，提供相当于原来的 RLC（Radio Link Control，无线链路控制协议）/MAC/PHY（Physical Layer，代指物理层）以及 RRC 层的功能。具体包括：UE 附着时的 AGW（Access Gateway，接入网关，LTE 核心网中 MME、S-GW 和 P-GW 的总称）选择；调度和传输寻呼信息；调度和传输 BCCH（Broadcast Control Channel，广播控制信道）信息；上下行资源动态分配；资源块 RB（Resource Block，资源块）的控制；无线资源准入控制；LTE_ACTIVE（激活）时的移动性管理。

eNodeB 之间通过 X2 接口，采用网格（Mesh）方式互连。同时 eNodeB 通过 S1 接口与 EPC 连接。S1 接口支持多对多的 AGW 和 eNodeB 连接关系。

3．演进分组系统（EPS）

LTE 的全网架构如图 1-3 所示，EPS（Evolved Packet System，演进分组系统）由 EPC、E-UTRAN 和 UE 组成，LTE-Uu 是 UE 连接 E-UTRAN 的接口，也是整个系统中唯一的一个无线接口，与 3G 的 Uu 接口定义类似。SGSN（Serving GPRS Supporting Node，服务 GPRS 支持节点）是 2G/3G 核心网中 PS 域组成要素之一。S3 和 S4 分别是当 2G/TD-SCDMA 与 LTE 互操作时，SGSN 与 MME 之间和 SGSN 与 S-GW 之间通信的接口。S3 基于 GTPv2（GPRS Tunneling Protocol Version 2，GPRS 隧道协议第 2 个版本），S4 分为控制面（GTPv2）和用户面（GTPv1）。S10 和 S11 分别是 MME 之间以及 MME 与 S-GW 之间通信的接口。MME 与 HSS 之间的接口是 S6a。S-GW 与 P-GW 之间的接口是 S5。PCRF 是策略控制服务器，根据用户特点和业务需求提供数据业务资源的管理和控制。PCRF（Policy and Charging Rules Function，策略与计费规则功能单元）与 P-GW 之间的接口是 S7。运营商其他的 IP 业务，如 IMS、PSS（PSTN Subsystem，公共电话交换网络业务模拟子系统）等，与 PCRF 之间的接口是 Rx+，与 P-GW 之间的接口是 SGi。

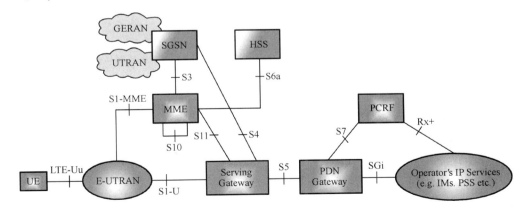

图 1-3　LTE 全网架构

EPC、E-UTRAN、SAE、LTE 的区别：EPC 仅指核心网，SAE 是核心网的演进技术；E-UTRAN 仅指无线接入网侧，LTE 是无线侧演进技术。

EPS 具有以下特点：

（1）能够接入不同的接入系统，为用户提供多接入环境。

（2）能够支持同一接入系统内、不同接入系统之间的移动性。

（3）能够支持 3GPP 以外基于 IP 的宽带接入网络。

（4）提供更强的性能，包括低延时、低建链时间、高通信质量等。

（5）能够支持用户在 EPS 之间及 EPS 与现有网络之间的双向漫游。

（6）能够支持 3GPP R7 及更早 PS 网络的业务，并支持 3GPP R7 及更早 PS 网络的互通；EPS 需要能够和 3GPP R7 及更早 CS 网络的互通。

（7）支持 3GPP 接入之间的业务连续，以及 3GPP 与非 3GPP 接入系统之间的业务连续。

（8）能够支持固定接入系统互通，提供固定接入系统的业务连续性。

（9）支持运营商提供的各种业务，包括语音、视频、消息、文件交换等。

（10）能够充分利用系统资源，包括频谱资源、终端电源等。

1.1.2 LTE 的版本演进

1. 移动通信的发展历程

移动通信技术自产生以来经历了从第一代（1st Generation，即 1G）、第二代（2G）、第三代（3G）到目前的 LTE（3.9G）这几个发展阶段，是从移动的语音业务发展到高速业务的过程。移动通信技术发展和演进过程如图 1-4 所示。

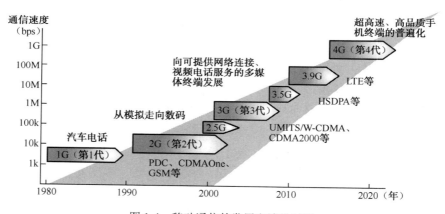

图 1-4　移动通信的发展和演进过程

目前，关于 2G/3G/4G 技术标准的争论已经结束，所有移动技术都朝着未来业务需求的方向发展并且逐渐趋于一致（如图 1-5 所示），即移动化、宽带化和 IP 化，移动通信技术处于网络技术演进的关键时期。

2. LTE 的含义和目标

LTE（长期演进，Long Term Evolution），是 3GPP（3rd Generation Partnership Project，第三代合作伙伴计划，国际电信标准化机构）关于 UTRAN（UMTS Terrestrial Radio Access Network，UMTS 陆地无线接入网，专指 UMTS 网络的无线接入网部分）和 UTRA（Universal Telecommunication Radio Access，通用电信无线接入，代指 3GPP 定义的两种无线接入方法：

UTRA-FDD 和 UTRA-TDD）的改进项目。

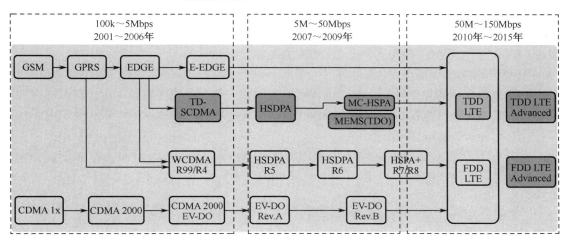

图 1-5　移动通信技术标准的演进

2004 年 12 月 3GPP 开始 LTE 相关的标准工作，其目标是"在将来 10 年或者更长的时间内保持竞争力"。在技术规范中，LTE 的官方名称是 E-UTRA（Evolutionary UTRA，演进的通用电信无线接入）/E-UTRAN（Evolutionary UTRAN，演进的通用电信无线接入网），因此，其对后向兼容性是高度需求的，但是同时需要仔细考虑和性能/容量提升的折中问题。

3．LTE 发展的驱动力

目前各大运营商正紧锣密鼓地加快 LTE 网络建设，主要基于以下原因：

（1）3G 业务发展不利

运营商需要在吸引用户、增加收入的同时，大幅度降低网络建设和运营成本，如图 1-6 所示。

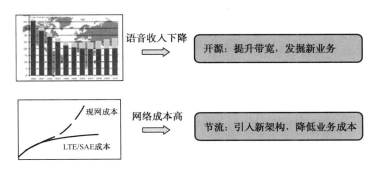

图 1-6　3G 业务发展不利

① 语音收入下降，数据业务潜能提升。

据可靠数据统计，全球的语音用户数仍有增长，但增长率持续下降。语音业务的每用户平均收入 ARPU（Average Revenue Per User）不断下降，数据业务的 ARPU 逐年上升。话费赚钱时代结束，流量经营正成为核心。

为了提高数据业务速率，移动通信不断提升带宽，移动用户享有与固网用户同等的业务感受。移动通信的发展从最初 1999 年左右 GPRS（General Packet Radio Service，通用分组无线业务）的 53.6kbps，到现在的 LTE 能够实现高于 100Mbps 的速率。业务的用户体验决定业务命运：用户采用 2.75G 的关键技术 EDGE（Enhanced Data Rate for GSM Evolution，增强型数据速率 GSM 演进版本）下载一个 5MB 的音乐文件需要 6 分钟，下载高清视频完全不可能实现。而采用 LTE 技术下载一个几 GB 的高清视频只需几分钟。

② 网络成本的提高。

运营商的收益和业务量不匹配，运营商的收益并未随业务线性增长，而是逐渐呈现亏本的趋势。只有降低每数据 bit 成本才能获取利润。

（2）相关新技术逐渐成熟

实现 LTE 所需采用的新技术，如 OFDM（Orthogonal Frequency Division Multiplexing，正交频分复用）和 MIMO（Multiple-Input Multiple-Output，多输入多输出）等已经逐渐发展成熟。

（3）其他移动/准移动通信系统的挑战

WiMAX（World Interoperability for Microwave Access，全球微波接入互操作性）又称 802.16e，是广带无线接入（Broadband Wireless Access，BWA）的标准。3G 与 WiMAX 的差别就在于，WiMAX 倡导将宽带无线化，而 3G 倡导将无线宽带化，因此 WiMAX 和 3G 的基础构架并不相同。

WiMAX 能把信号传送 31 英里之远，而且最高 75Mbps 的下行速率指标，远远超过 3G 的 HSDPA（High Speed Downlink Packet Access，高速下行分组接入），这对 3G 移动通信系统构成了极大的威胁与挑战。

4．LTE 的演进路线

3G 的三种标准 WCDMA、TD-SCDMA 和 CDMA2000 都将趋同排异向 LTE 演进，见图 1-5。LTE 是在 3GPP 的协议版本 R8 中提出的，LTE R8 标准是第一个可商用的标准文本，如图 1-7 所示。LTE 在 R9/R10 中得到了进一步增强。R9 中包含了 LTE 的大量特性，其中最重要的一个方面是支持更多的频段。R10 包含了 LTE Advanced 的标准化，即 3GPP 的 4G 要求。这样，R10 对 LTE 系统进行了一定的修改来满足 4G 业务，主要涉及载波聚合技术（Carrier Aggregation，CA）、MIMO 增强、无线中继 Relay 等。

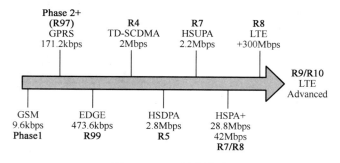

图 1-7　LTE 版本演进

思考与练习

1．选择题

（1）下列哪个网元属于 E-UTRAN（　　　）。

A．S-GW　　　　　　B．E-NodeB　　　　C．MME　　　　　D．EPC

（2）LTE 的全称是（　　　）。

A．Long Term Evolution

B．Long Time Evolution

C．Later Term Evolution

（3）LTE 的设计目标是（　　　）。

A．高数据速率　　　　　　　　　　　B．低时延

C．分组优化的无线接入技术　　　　　D．以上都正确

（4）LTE 系统网络架构 EPS 系统是由什么组成的（　　　）。

A．EPC　　　　　　　B．eNodeB　　　　C．UE　　　　　D．以上都正确

（5）S-GW 的功能包括（　　　）。

A．数据的路由和传播、用户面数据的加密

B．数据的路由和传播、用户面数据的加密、寻呼消息的发送

C．用户面数据的加密、寻呼消息的发送、NAC 层信令的加密

（6）LTE 设计的峰值速率（　　　）。

A．上行 50Mbps、下行 100Mbps　　　　B．上行 25Mbps、下行 50Mbps

C．上行 25Mbps、下行 100Mbps　　　　D．上行 50Mbps、下行 50Mbps

2．填空题

（1）LTE 网络由_____和用户终端设备 UE 三部分组成。

（2）eNodeB 之间通过_____，采用网格（Mesh）方式互连，同时 eNodeB 通过_____与 EPC 连接。

（3）LTE 是长期演进（Long Term Evolution），是 3GPP 关于_____和_____的改进项目。

任务 2　LTE 协议架构

【学习目标】

1．了解 LTE 协议的内容

2．了解 LTE 无线协议构架的层次结构

【知识要点】

1．熟识 LTE/SAE 协议结构的用户、控制层面

2．熟悉 LTE 无线协议架构的三层结构

1.2.1　LTE/SAE 协议结构

整个 LTE/SAE 的协议结构如图 1-8 所示，整个网络的纵向结构可分为控制面和用户面两部分，这两部分是完全分离的。控制面传输信令流，始于 UE 最后到 MME；用户面传输数据流，始于 UE 最后到 S-GW。

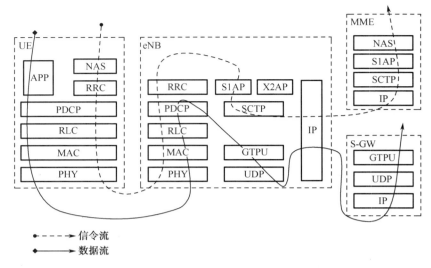

图 1-8　LTE/SAE 协议结构

1.2.2　LTE 协议栈架构

　　LTE 协议栈架构如图 1-9 中 eNB 部分所示，LTE 的无线协议架构横向可分为三层：物理层（PHY）、数据链路层和网络高层（即 RRC 层）。数据链路层分为 MAC 子层、RLC 子层和一个依赖于服务的子层 PDCP 协议层。下面对各层功能加以简单介绍。

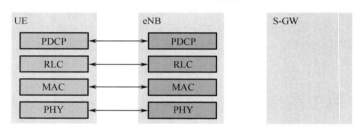

图 1-9　用户面协议栈

1．物理层（PHY）

　　PHY 层的主要功能是给高层提供数据传输服务。具体包括：传输信道的错误检测并向高层提供指示；传输信道的前向纠错（Forward Error Correction，FEC）编解码；混合自动重传请求（HARQ）软合并；编码的传输信道与物理信道之间的速度匹配；编码的传输信道与物理信道之间的映射；物理信道的功率加权；物理信道的调制和解调；频率和时间同步；射频特性测量并向高层提供指示；多输入多输出（MIMO）天线处理；传输分集；波束形成；射频处理。

2．介质访问控制（MAC）子层

　　网络侧每个小区（Cell）都有一个 MAC 实体，MAC 子层的主要功能包括：逻辑信道与传输信道间的映射；将一条或多条不同逻辑信道上的 MAC SDU（Service Digital Unit，业务数据单元，对 MAC 子层数据包）复用到传输块（TB，Transmission Block，物理层传输块）中，并通过传输信道交付给物理层，以及相反的解复用过程；调度信息报告；通过混合自动重传请求（HARQ，Hybrid Automatic Repeat Request，混合自动重传请求，数据通信中基本的差错控制方式之一）进行纠错控制；通过动态调度处理不同优先级的 UE；同一 UE 不同逻辑信道间的优先级处理（DL，Down Link，下行链路）；逻辑信道优先级处理（UL，Up Link，上行链路）；传输格式选择。

3．无线链路控制（RLC）子层

RLC 子层功能通过 RLC 实体执行，RLC 实体的传输模式分为三类：透明模式（TM，Transparent Mode，透明传输模式）、确认模式（AM，Acknowledged Mode，确认传输模式）和非确认模式（UM，Unacknowledged Mode，非确认传输模式）。RLC 子层的主要功能包括通过 ARQ 进行纠错（AM 模式）；对 RLC SDU 进行级联、分割和重组（仅对 UM 和 AM 模式），对 RLC PDU（Packet Digital Unit，分组数据单元）进行重分割（仅对于 AM 模式），此时切割的尺寸取决于物理层传输块 TB 的大小，当 TB 不能容纳整个 RLC SDU 时，将 RLC SDU 切割成可变尺寸的 RLC PDU，RLC PDU 的重切割只应用于重传 PDU，即当新的 TB 尺寸不能容纳整个重传 RLC PDU 时，进行重切割；高层 PDU 的按序提交，切换时除外；重复检测。

4．分组数据汇聚协议（PDCP）子层

PDCP 子层的功能包括用户面功能和控制面功能。其中用户面功能包括 IP 包头压缩和解压缩；用户面数据的传输；为映射到 RLC AM 模式的无线承载维护 PDCP 层序列号；在切换过程中，为 RLC AM 模式提供高层 PDU 的顺序递交、底层 SDU 的重复检查、PDCP SDU 的重传等；数据加密和解密；上行中基于计时器的 SDU 抛弃机制。

控制面功能包括控制面数据的传输和控制面数据的加/解密和完整性保护。

5．无线资源控制（RRC）层

RRC 层的功能包括系统消息广播和寻呼；建立、管理、释放 RRC 连接；RRC 信令的加密和完整性保护；RB（Resource Block，资源块，LTE 中资源分配的基本单位）管理；移动性管理；广播/多播服务支持；非接入层（NAS）直传信令传递。

从纵向角度看，LTE 的无线协议结构又可分为用户面和控制面两部分。用户面协议栈和控制面协议栈分别如图 1-9 和图 1-10 所示。用户面各协议体主要完成信头压缩、加密、调度、ARQ 和 HARQ 等功能。控制面协议栈中的非接入层（NAS）是 UE 不通过 eNB，直接与 MME 相连的层次。因此，其他层可统称为接入层（AS）。

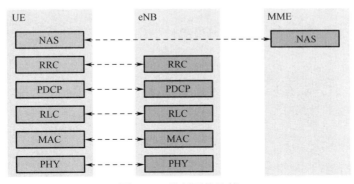

图 1-10　控制面协议栈

思考与练习

1．选择题

（1）控制平面协议包括 PDCH 子层、RLC 和 MAC 层等，其中 PDCH 的功能是（　　　）。

A．执行与用户面相同的功能

B．执行如广播、寻呼、RRC 连接管理等

C．执行如加密和完整性保护的功能

D．执行 EPS 程序管理、鉴权等

（2）LTE 支持灵活的系统带宽配置，以下哪种带宽是 LTE 协议不支持的（　　　）。

A．5M   B．10M   C．20M   D．40M

（3）关于 GTP-v2 协议，以下说法正确的有（　　　）。

A．GTP-v2 协议属于数据平面

B．GTP-v2 协议属于控制平面

C．GTP-v2 协议采用 UDP 源端口 2152

D．GTP-v2 协议采用 TCP 目的端口 2152

（4）S-GW 和 P-GW S5/S8 协议栈自上而下正确的顺序是（　　　）。

A．GTP/UDP/IP/L2/L1   B．GTP/TCP/IP/L2/L1

C．GTP/SCTP/IP/L2/L1   D．GTP/RLC/MAC/L1

（5）控制平面 RRC 协议数据的加解密和完整性保护功能，在 LTE 中交由（　　　）层完成。

A．RLC   B．MAC   C．PHY   D．PDCP

（6）LTE 中，RLC 层接收端将接收到的 RLC PDU 重组并排序，生成 RLC SDU，然后用（　　　）方式将 RLC SDU 转发到上层。

A．In-sequence Delivery

B．non In-sequence Delivery

C．通过高层信令配置为 In-sequence Delivery

D．通过高层信令配置为 In-sequence Delivery 或 non In-sequence Delivery

2．填空题

（1）GPRS 用户平面隧道协议（GTP-U）用来传输_____和 eNodeB 的用户平面 PDU。

（2）控制平面处理特定的_____，这取决于用户设备的状态，其中包括两种状态_____。

（3）RLC 子层功能通过 RLC 实体执行，RLC 实体的传输模式分为三类：透明模式（TM）和_____、_____。

任务 3　LTE 无线信道

【学习目标】

1．熟记上下行物理信道的种类

2．掌握各个信道的功能和结构

【知识要点】

1．认识并理解每个信道的作用及组成

2．熟悉并区分上下行物理信道

1.3.1　LTE 无线接口资源分配

1．LTE 空间资源

LTE 使用天线端口（Antenna Port）来定义空间上的资源。天线端口是从接收机的角度来定义的，如果接收机需要区分资源在空间上的差别，就需要定义多个天线端口。天线端口与实际的物理天线端口没有一一对应的关系。

由于目前 LTE 上行仅支持单射频链路的传输，不需要区分空间上的资源，所以上行还没有引入天线端口的概念。目前 LTE 下行定义了 3 类天线端口，分别对应天线端口序号 0～5，具体如下：

（1）小区专用参考信号传输天线端口：天线端口 0～3；

（2）MBSFN 参考信号传输天线端口：天线端口 4；

（3）终端专用参考信号传输天线端口：天线端口 5。

此处的 MBSFN（Multicast Broadcast Single Frequency Network，多播/组播单频网络）要求同时传输来自多个小区的完全相同的波形，因此 UE 接收机就能将多个 MBSFN 小区视为一个大的小区。此外，UE 不会受到相邻小区的小区间干扰，还将受益于来自多个 MBSFN 小区的信号叠加。

2．LTE 中的基本时间单位

LTE 中基本的时间单位是 T_S，LTE 的无线帧结构都是基于这个基本时间单位的，T_S 的计算公式为

$$T_S=1/(15000\times2048)\approx32.552083（\text{ns}）$$

T_S 的含义为 LTE 中一个 OFDM（Orthogonal Frequency Division Multiplexing，正交频分复用，多载波调制技术的一种，LTE 的关键技术之一）符号的每个采样点的采样时间，即 OFDM符号的分辨率，具体解释：LTE 中的信号是由 OFDM 符号构成的，产生 OFDM 符号的基本方法是 FFT（Fast Fourier Transform，快速傅里叶变换，离散傅氏变换的快速算法，根据离散傅氏变换的奇、偶、虚、实等特性，对离散傅里叶变换算法进行改进后而得）算法，而 FFT算法的基本操作之一就是采样。每个 OFDM 符号的采样频率为 15kHz，LTE 中每个 OFDM 符号需要采样 2048 个点，即每个采样点的采样时间为每个 OFDM 符号的采样时间 1/15kHz 再除以 2048 个点。

3．循环前缀 CP

在 LTE 系统中，循环前缀（Cyclic Prefix，CP）是为了改进系统性能在信号发射端将待发送的 OFDM 信号的后 l 个采样点复制到有用采样点前面发送，这 l 个采样点就称为循环前缀，如图 1-11 所示。在 LTE 中，通过在符号前加循环前缀，从而保证载波之间的正交状态，其本质上可以防止载波间干扰（一个辅载波与另一个载波相混淆，Inter-Channel Interference，ICI）。

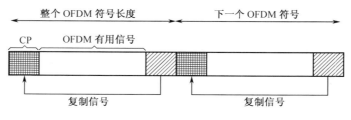

图 1-11　OFDM 符号中的循环前缀示意图

　　LTE 系统中有两种循环前缀，分别是普通循环前缀（Normal CP）和扩展循环前缀（Extended CP）。扩展 CP 主要用于因规划需要广覆盖的场景。CP 的长度是由所要求的系统容量、信道相关时间和 FFT 复杂度（限制 OFDM 符号周期）共同决定的。

4．LTE 物理资源分配

　　LTE 中的物理资源单位包括资源粒子 RE、资源块 RB、资源粒子组 REG 和资源组 RBG。

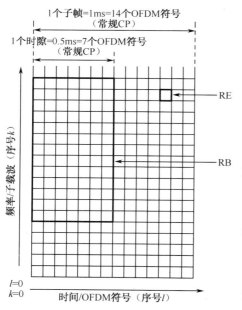

图 1-12　LTE 物理资源分配

（1）资源粒子 RE

　　RE（Resource Element，资源粒子）是最小的资源单位，表示 1 个符号周期长度的 1 个子载波，可以用来承载调制信息、参考信息或不承载信息。对于每 1 个天线端口，RE 在时域上为 1 个 OFDMA（Orthogonal Frequency Division Multiple Access，正交频分多址接入，多载波多址接入技术之一）符号或者 1 个 SC-FDMA（Single-Carrier Frequency Division Multiple Access，单载波频分多址接入）符号，频域上为 1 个子载波。如图 1-12 所示，一个 RE 即为图中的一个方块区域，每个 RE 用（k, 1）来标记（k 为频域子载波的序号，1 为时间域 OFDM 符号的序号）。

（2）资源块 RB

　　RB（Resource Block，资源块）是业务信道资源分配的资源单位。时域上为一个时隙（0.5ms），频域上为 12 个子载波。如图 1-12 所示，一个 RB 即为多个 RE。由于 LTE 中 OFDM 的子载波间隔为 15kHz，因此，每个 RB 在频域上连续的宽度为 180kHz。根据循环前缀不同，每个 RB 通常包含 6 个或 7 个 OFDM 符号，对应的 RE 的个数也不同，具体如表 1-1 所示。

表 1-1　不同循环前缀时 RB 与 OFDM 符号及 RE 的关系

CP 长度	OFDM/SC-FDMA 符号个数	RE 个数
常规 CP	7	84
扩展 CP	6	72

　　由于 LTE 系统信道带宽有多种选择，因此不同信道对应的 RB 个数也不相同，具体如表 1-2 所示，RB 数介于 6～100 之间。下面以 20MHz 带宽为例，介绍 RB 数目的计算方法。

由于 1 个 RB 对应频域上的 12 个子载波，而子载波的间隔为 15kHz，则 20MHz 带宽对应的 RB 数量应该为

$$\frac{20 \times 10^6}{15 \times 10^3 \times 12} \approx 111 个$$

而 100 个 RB 实际占用带宽为

$$\frac{15 \times 10^3 \times 12 \times 100}{10^6} = 18\text{MHz}$$

表 1-2　不同带宽占用 RB 资源情况

名义带宽（MHz）	1.4	3	5	10	15	20
RB 数目	6	15	25	50	75	100
实际占用带宽（MHz）	1.08	2.7	4.5	9	13.5	18

（3）资源粒子组 REG

REG（Resource Element Group）为控制信道资源分配的资源单位，由 4 个 RE 组成。

（4）资源组 RBG

RBG（Resource Block Group）为业务信道资源分配的资源单位，由一组 RB 组成。RBG 分组的大小和系统带宽有关，具体如表 1-3 所示。

表 1-3　系统带宽与 RBG 的关系

系统带宽 包含下行 RB 个数	1 个 RBG 分组包含 RB 个数
≤10	1
11～26	2
27～63	3
64～110	4

1.3.2　LTE 无线帧结构

LTE 在空中接口上支持两种无线帧结构，即 Type 1 和 Type 2，依次分别适用于 FDD 和 TDD。

1．Type 1 帧结构

Type 1 类型帧适用于 FDD 模式，其结构如图 1-13 所示，每个帧（Frame）由 20 个结构完全相同的时隙（Slot）组成，时隙编号依次为 0～19，每个时隙的时长 T_{slot} 由 15360 个 T_S 构成，即 $T_{slot} = 15360 \times T_S = 0.5\text{ms}$。因此，LTE 的帧长度为 10ms。而每两个相邻的时隙构成一个子帧（Sub-frame），因此，子帧长度为 1ms，每个 LTE 帧由 10 个子帧构成。子帧类型包括下行 Unicast/MBSFN 子帧、下行 MBSFN 专用载波子帧和上行常规子帧 3 种。任何一个子帧既可以作为上行，也可以作为下行，上行和下行传输均在不同的频率上。

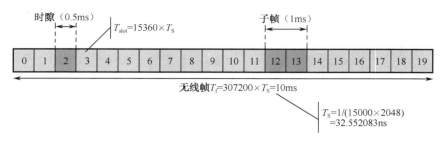

图 1-13　LTE 的 FDD 无线帧结构

2．Type 2 帧结构

Type 2 类型帧适用于 TDD 模式，是基于 TD-SCDMA 帧结构修改而成的，其结构如图 1-14 所示。

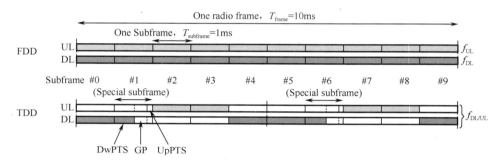

图 1-14　LTE 的 TDD 无线帧结构

每个 10ms 无线帧，分为 2 个长度为 5ms 的半帧，这 2 个半帧具有完全相同的结构和相同的上下行子帧比例。每个半帧由 4 个长度均为 1ms 的数据子帧（与 Type 1 相同，每个子帧由 2 个普通时隙构成）和 1 个特殊子帧组成。特殊子帧位于每个半帧的第 2 个子帧（即 10ms 无线帧的子帧 1 和子帧 6）。特殊子帧组成结构如图 1-15 所示，包括 3 个特殊时隙，分别为下行导频时隙（DwPTS，Downlink Pilot Time Slot）、保护周期（GP，Guard Period）和上行导频时隙（UpPTS，Uplink Pilot Time Slot），3 个特殊时隙的总长度为 1ms，其中 DwPTS 和 UpPTS 的长度可配置。DwPTS 长度为 3～12 个 OFDM 符号，由参考信号（RS，Reference Signal）或控制信息（Control）、主同步信号（PSS，Primary Synchronization Signal）和数据（Data）三部分组成，主要用于下行同步和小区搜索；UpPTS 长度为 1～2 个 OFDM 符号，主要用于上行同步和随机接入及越区切换时邻近小区测量；GP 长度为 1～10 个 OFDM 符号，时间长度为 70～700μs，其作用是防止上下行频段之间的干扰及参与控制小区半径。GP 防止上下行干扰的作用具体如图 1-16 所示。

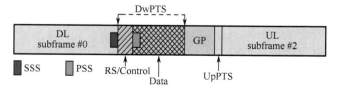

图 1-15　TDD LTE 特殊时隙的结构

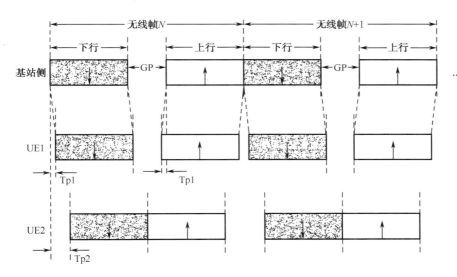

图1-16　GP的防止码间干扰作用

相对于FDD而言，TDD的1个子帧是分配给下行，还是分配给上行是相对固定的，例如子帧0、子帧5和DwPTS总是用于下行传输，子帧2总是用于上行传输。其他子帧的分配可以根据小区的实际情况采用不同的分配方案。TD-LTE上下行子帧配比方案如表1-4所示，表中"D"代表此子帧用于下行传输；"U"代表此子帧用于上行传输；"S"是由DwPTS、GP和UpPTS组成的特殊子帧。TD-LTE支持5ms和10ms两种切换周期，两种切换周期的区分依据是特殊子帧的出现频率。配置在子帧0、子帧1、子帧2和子帧6中，子帧在上下行切换的时间间隔为5ms，因此需要配置两个特殊子帧。当TD-LTE和TD-SCDMA处于同一个频点时，采用这种切换周期可以有效避免干扰。其他配置中的切换时间间隔都为10ms，只需配置一个特殊子帧即可。

表1-4　TD-LTE上下行子帧配比方案

配置	切换时间间隔	子帧编号									
		0	1	2	3	4	5	6	7	8	9
0	5ms	D	S	U	U	U	D	S	U	U	U
1	5ms	D	S	U	U	D	D	S	U	U	D
2	5ms	D	S	U	D	D	D	S	U	D	D
3	10ms	D	S	U	U	U	D	D	D	D	D
4	10ms	D	S	U	U	D	D	D	D	D	D
5	10ms	D	S	U	D	D	D	D	D	D	D
6	5ms	D	S	U	U	U	D	S	U	U	D

3．LTE的Type 1和Type 2两种无线帧结构比较

（1）同步信号设计

LTE同步信号的周期是5ms，分为主同步信号PSS和辅同步信号SSS两种。Type 1和Type 2帧结构中的同步信号的位置是不同的。正是利用这种主、辅同步信号相对位置的不同，

终端可以在小区搜索的初始阶段识别系统是 TDD 还是 FDD。在 Type 1-FDD 中，PSS 和 SSS （Secondary Synchronization Signal，辅同步信号）位于 5ms 第 1 个子帧（子帧 0）内前一个时隙的最后两个符号；在 Type 2-TDD 结构中，PSS 位于 DwPTS 的第 3 个符号，SSS 位于 5ms 第 1 个子帧的最后 1 个符号，如图 1-17 所示。

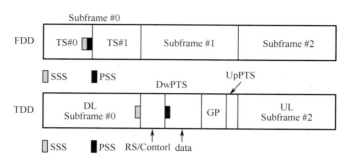

图 1-17　LTE 中两种帧结构同步信号的设计

（2）上下行比例

FDD 依靠频率区分上下行，其单方向的资源在时间上是连续的；TDD 依靠时间来区分上下行，所以其单方向的资源在时间上是不连续的，时间资源在两个方向上进行了分配：某个时间段由基站发送信号给移动台，另外的时间由移动台发送信号给基站，基站和移动台之间必须协同一致才能顺利工作。

LTE TDD 中支持的 7 种不同的上下行时间配比，将大部分资源分配给下行的"9∶1"（配置 5）到上行占用资源较多的"2∶3"（配置 0）。在实际使用时，网络可以根据业务量的特性，灵活选择配置。

和 FDD 不同，TDD 系统不总是存在"1∶1"的上下行比例。当下行多于上行时，必然存在一个上行子帧反馈多个下行子帧；当上行多于下行时，必然存在一个下行子帧调度多个上行子帧（多子帧调度）。

LTE 的物理层无线帧与物理资源单位之间的关系如图 1-12 和图 1-18 所示，无线帧的每个时隙即是一个资源块 RB——在普通 CP 情况下，时域对应 7 个 OFDM 符号，频域对应 12 个子载波。

1.3.3　LTE 物理信道

1．LTE 的三种信道

LTE 无线接口协议分层结构如图 1-19 所示，最下层为物理层（PHY），第 2 层为数据链路层（包括媒质接入控制 MAC 和无线链路控制 RLC 两个子层），最高层为无线资源控制 RRC 层。PHY 与 MAC 层和 RRC 层之间都有信息交互。PHY 通过传输信道向高层提供数据传输服务。PHY 以下是物理信道，PHY 向 MAC 层提供传输信道，MAC 层给 RLC 层提供不同的逻辑信道。

逻辑信道是 MAC 子层向上层提供的服务，表示承载的具体内容。传输信道表示承载的内容怎么传，以什么格式传。物理信道则是将属于不同用户、不同功用的传输信道数据流分别按照相应的规则确定其载频、扰码、扩频码、开始时间、结束时间等进行相关操作，并最终调制为模拟射频信号发射出去；不同物理信道上的数据流分别属于不同的用户。打个比方，某人写信给朋友，逻辑信道就相当于信的内容；传输信道定义了信的传递方式，是平信、挂号信、EMS 等；物理信道相当于写上地址、贴好邮票后的信件。

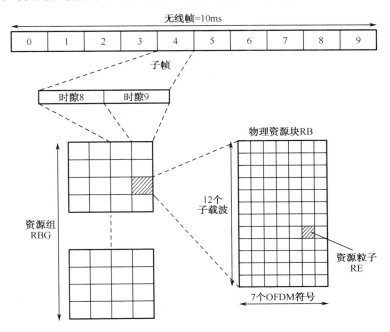

图 1-18   物理帧与资源单元

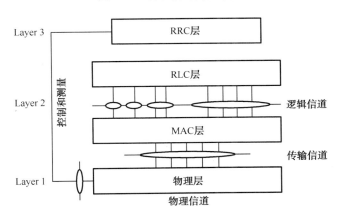

图 1-19   无线接口协议分层结构

LTE 的逻辑信道可以分为控制信道 CCH 和业务信道 TCH 两类，控制信道用于传输控制平面的控制和配置信息，业务信道用于传输用户平面的用户数据。

控制信道包括：

（1）广播控制信道（Broadcast Control Channel，BCCH）：广播系统控制信息的下行链路信道。

（2）寻呼控制信道（Paging Control Channel，PCCH）：传输寻呼信息的下行链路信道。

（3）专用控制信道（Dedicated Control Channel，DCCH）：传输专用控制信息的点对点双向信道，该信道在 UE 有 RRC 连接时建立。

（4）公共控制信道（Common Control Channel，CCCH）：在 RRC 连接建立前在网络和 UE 之间发送控制信息的双向信道。

（5）多播控制信道（Multicast Control Channel，MCCH）：从网络到 UE 的 MBMS（单频网多播和广播）调度和控制信息传输使用点到多点下行信道。

业务信道包括：

（1）专用业务信道（Dedicated Traffic Channel，DTCH）：该信道是传输用户信息的，专用于一个 UE 的点对点信道。该信道在上行链路和下行链路都存在。

（2）多播业务信道（Multicast Traffic Channel，MTCH）：点到多点下行链路。

LTE 的传输信道可以分为专用传输信道和公用传输信道两类，专用传输信道为基站和一个用户之间专享；公用传输信道为小区内所有用户共用。其中，公用传输信道包括：

（1）广播信道（Broadcast Channel，BCH）：用于传输 BCCH 逻辑信道上的信息。

（2）寻呼信道（Paging Channel，PCH）：用于传输在 PCCH 逻辑信道上的寻呼信息。

（3）多播信道（Multicast Channel，MCH）：用于支持 MBMS。

专用传输信道包括：

（1）下行共享信道（Down Link Share Channel，DL-SCH）：用于在 LTE 中传输下行数据的传输信道。

（2）上行共享信道（Up Link Share Channel，UL-SCH）：与 DL-SCH 对应的上行信道。

（3）随机接入信道（Random Access Channel，RACH）：用于 UE 接入系统申请。

LTE 的物理信道传输的内容和调制方式各不相同，下行物理信道包括：

（1）物理下行共享信道（Physical Downlink Share Channel，PDSCH）：承载下行数据传输和寻呼信息。

（2）物理广播信道（Physical Broadcast Channel，PBCH）：传递 UE 接入系统所必需的系统信息，如带宽、天线数目、小区 ID 等。

（3）物理多播信道（Physical Multicast Channel，PMCH）：传递 MBMS 相关的数据。

（4）物理控制格式指示信道（Physical Control Format Indication Channel，PCFICH）：表示一个子帧中用于 PDCCH 的 OFDM 符号的数目。

（5）物理 HARQ 指示信道（Physical HARQ Indication Channel，PHICH）：用于 NodeB 向 UE 反馈和 PUSCH 相关的确认/非确认（ACK/NACK）信息。

（6）下行物理控制信道（Physical Downlink Control Channel，PDCCH）：用于指示和 PUSCH、PDSCH 相关的格式、资源分配、HARQ 信息，位于子帧的前 n 个（$n<=3$）OFDM 符号。

上行物理信道包括：

（1）物理上行共享信道（Physical Uplink Share Channel，PUSCH）：与 PDSCH 相对应的上行物理信道。

（2）物理随机接入信道（Physical Random Access Channel，PRACH）：获取小区随机接入的必要信息，进行时间同步和小区搜索等。

（3）物理上行控制信道（Physical Uplink Control Channel，PUCCH）：用于 UE 向基站发送 ACK/NAK 等信息。

三种信道的映射关系如图 1-20 所示，某个信道可以为上行（如 RACH），可以为下行（如 PCCH），也可以是双向信道（如 DCCH）。某个上层信道必然要映射到下层信道；而某个下层信道可能与一个或者多个上层信道存在映射关系，如 MCH 和 DL-SCH；也可以与上层信道无映射关系，如 PUCCH。

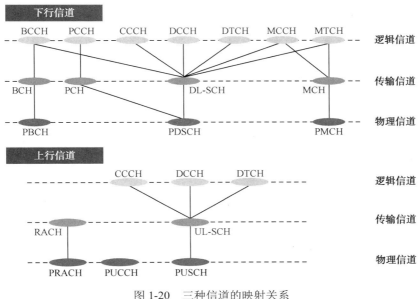

图 1-20 三种信道的映射关系

2．LTE 物理信道的基本处理过程

LTE 下行物理信道的基本处理过程包含 6 个步骤，如图 1-21 所示。

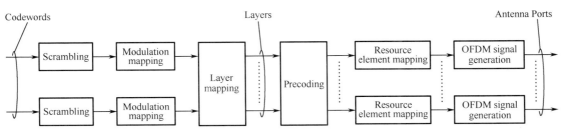

图 1-21 物理信道基本处理过程

（1）加扰（Scrambling）

加扰是对将要在物理信道上传输的码字中的比特进行加扰操作，如图 1-22 所示。加扰实际就是让待传输码字同特定的扰码序列进行相乘，加扰前后的比特数不变。LTE 中加扰的目的在于将干扰信号随机化，在发送端用小区专用扰码序列进行加扰，接收端再进行解扰，只有本小区内的 UE 才能根据本小区的专用扰码序列对接收到的本小区内的信息进行解扰，这样可以在一定程度上减小临近小区间的干扰。

（2）调制（Modulation）

调制是将加扰后的比特变成复值调制符号的过程，如图 1-23 所示。调制前后的符号数发生了改变，由 M 个 bit 变为 M/L 个符号。调制方法和阶数不同，调制前后符号数变换的倍数也不同。

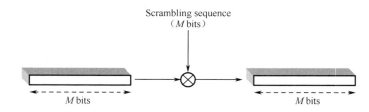

图 1-22 物理层加扰过程

图 1-23 物理层调制过程

若调制方式采用 QPSK（Quadrature Phase Shift Keying，正交相移键控，也称 4 相相移键控，是一种基本的数字调相技术），则 $L=2$；若调制方式采用 16QAM，则 $L=4$；若调制方式采用 64QAM，则 $L=6$（这里 QAM 即 Quadrature Amplitude Modulation，正交振幅调制，是对基本数字调制技术的改进，同时既调幅又调相）。

LTE 中下行物理信道对应的调制方法如表 1-5 所示，表中 N/A 的意思是不采用（Not Application）任何调制方法。

表 1-5 下行物理信道采用的调制方法

物 理 信 道	调 制 方 法
PDSCH/PMCH	QPSK，16QAM，64QAM
PBCH/PCFICH/PDCCH	QPSK
PHICH	N/A

（3）层映射（Layer mapping）

层映射是将复值调制符号映射到一个或者多个传输层的过程。这样原本的串行数据流就有了空间的概念，层数一般来说小于等于信道矩阵的秩。其原理类似于解线性方程组，每层上的符号就是待解的未知数。

（4）预编码（Precoding）

预编码对将要在各个天线端口上发送的每个传输层上的复制调制符号进行预编码。为了使上面的线性方程组在求解的时候具有更好的精度（即误码率），可以利用矩阵原理中的一些算法，对线性方程组系数进行处理，这就是预编码。

（5）映射到资源粒子/资源块（RE/RB mapping）

此步骤是把每个天线端口的复值调制符号映射到物理层资源上，如图 1-24 所示，一般的映射顺序：

① 先映射固定信息：主/辅同步信号、导频信号、广播信息映射位置是固定的，控制格式指示信息的位置可以估算出，也基本上是固定的。

② 再按照广播信息规定的 HARQ 指示信息位置，映射 HARQ 指示信息。

③ 然后在相应的控制符号内其他的 RE 上，映射控制信息。

④ 最后把业务信息映射到剩余的 RE 上。

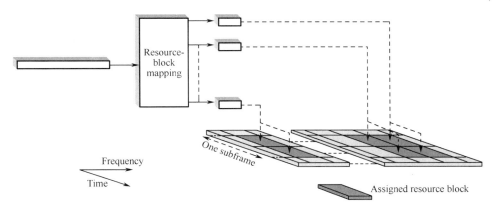

图 1-24　映射到 RB/RE 的过程

（6）生成 OFDM 信号（OFDM signal generation）

此步骤是为每个天线端口生成复值时域的 OFDM 符号的过程。LTE 上行物理信道的基本处理过程与下行大体相同，只是由于采用的多址接入技术不同，因而在最后一步生成的是 SC-FDMA 信号，而非 OFDM 信号。

思考与练习

1．选择题

（1）下行物理信道一般处理过程为（　　　）

A．加扰，调整，层映射，RE 映射，预编码，OFDM 信号产生

B．加扰，层映射，调整，预编码，RE 映射，OFDM 信号产生

C．加扰，预编码，调整，层映射，RE 映射，OFDM 信号产生

D．加扰，调整，层映射，预编码，RE 映射，OFDM 信号产生

（2）TDD-LTE 中子帧长度是多少（　　　）？

A．0.5ms　　　　　　B．1ms　　　　　　C．5ms　　　　　　D．10ms

（3）TDD-LTE 中一个半帧包含几个子帧（　　　）？

A．2　　　　　　　　B．3　　　　　　　C．4　　　　　　　D．5

（4）TDD-LTE 中一个子帧包含（　　　）个时隙？

A．2　　　　　　　　B．3　　　　　　　C．4　　　　　　　D．5

（5）TDD-LTE 中一个时隙包含（　　　）个 OFDM 符号数？

A．7　　　　　　　　B．8　　　　　　　C．9　　　　　　　D．10

（6）RB 是资源分配的最小粒度，由（　　　）个 RE 组成？

A．4×3　　　　　　 B．5×3　　　　　　C．6×3　　　　　　D．12×7

（7）下行物理共享信道是（　　　）。

A．PDSCH　　　　　B．PCFICH　　　　C．PHICH　　　　　D．PDCCH

（8）参考信号接收质量是（　　　）。

A．RSRP　　　　　　B．RSRQ　　　　　C．RSSI　　　　　　D．SINR

（9）PDCP 的主要功能为（　　　）。

A．消息广播　　　　　　　　　　　　　B．逻辑信道和传输信道映射

C. 对数据分段重组　　　　　　　　　　　　D. 对分组数据进行头压缩

（10）关于下行物理信道的描述，哪个不正确（　　　）。

A. PDSCH、PMCH 及 PBCH 映射到子帧中的数据区域上

B. PMCH 与 PDSCH 或者 PBCH 不能同时存在于一个子帧中

C. PDSCH 与 PBCH 不能存在于同一个子帧中

D. PDCCH、PCFICH 及 PHICH 映射到子帧中的控制区域上

（11）LTE 最小的时频资源单位是（　　　），频域上占一个子载波（15kHz），时域上占一个 OFDM 符号（1/14ms）。

A. RE　　　　　　　　B. REG　　　　　　　　C. CCE　　　　　　　　D. RB

2．填空题

（1）LTE 使用_____（Antenna Port）来定义空间上的资源。

（2）LTE 在_____加扰的目的主要在于将干扰信号_____，在发送端用_____进行加扰，接收端再进行解扰。

（3）在移动通信系统中，同步主要指的是将基站和 UE 两个信号的_____找出来并予以校正的过程。

（4）PDCCH 用于_____分配信息，包括_____。

（5）对于 FDD 来说，一个上行子帧中只能同时存在最多一个 PRACH 信道，并且与___相邻，固定在频带的一侧。

（6）传输信道分为两大类：_____和_____。

任务 4　LTE 关键技术

【学习目标】

1．了解 LTE 关键技术所涉及的内容

2．了解各个技术在 LTE 中的重要性

【知识要点】

1．认识并理解 LTE 关键技术在各个方面的作用

2．熟悉 LTE 关键技术原理

1.4.1　频域多址技术 OFDM

与传统的 MCM（Multiple Carriers Modulation，多载波调制）相比，OFDM 调制的各个子载波间可相互重叠，并且能够保持各个子载波之间的正交性。这样，就能节省带宽资源，获得高的频谱利用率，如图 1-25 所示。为了避免干扰，必须要保证各个子载波之间的正交性，这就要求各个子载波的收发完全同步，发射机和接收机要精确同频、同步。

OFDM 的基本原理：在频域，用不同的子载波将一个宽频信道划分为多个子信道，各相邻子信道相互重叠，但不同子信道之间相互正交。在时域，将高速的串行数据流分解成若干并行的低速子数据流，将这些子数据流调制到不同的子信道中同时传输，这些在子载波上同时传输的数据符号就构成了一个 OFDM 符号。

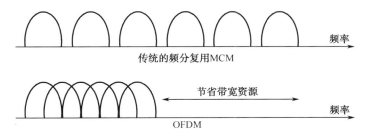

图 1-25　传统 MCM 和 OFDM 的比较

1．保护间隔 GP

尽管 OFDM 的实现原理保证了传输信号的频率选择性衰落和时间选择性衰落都很小，由于移动通信环境的复杂性，这两种现象都无法避免。由于多径现象的存在，各径 OFDM 信号到达接收机的时间不同，信号之间将在交叠处产生符号间干扰 ISI（Inter Symbol Interference，符号间干扰），如图 1-26 所示。

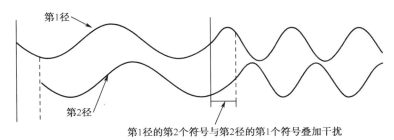

图 1-26　OFDM 系统中的 ISI

在 OFDM 符号中增加保护间隔 GP 就是为了克服 ISI 的产生，此处 OFDM 符号不是指子载波的符号，而是各子载波叠加后的 OFDM 符号，即时域的波形。在 GP 内，可以不插入任何信号（即不采样），是一段空闲的传输时段。由于每个 OFDM 符号都是以 GP 开头的，之后才是真实数据，因此上一个多径分量的一部分会落在 GP 内，而不会影响下一个 OFDM 符号。只要 GP 的长度大于信道的最大多径时延，这样一个 OFDM 的多径分量就不会对下一个 OFDM 符号构成干扰，如图 1-27 所示。

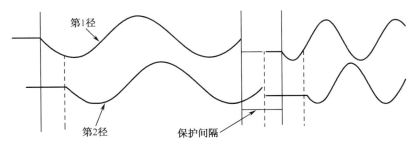

图 1-27　OFDM 信号中增加 GP 以克服 ISI

虽然在 OFDM 信号中增加 GP 可以克服 ISI，但却产生了 ICI（Inter Channel Interference，信道间干扰），由于空闲的 GP 进入到 FFT 的积分时间内，导致积分时间内不能包含整数个波形，从而破坏了子载波之间的正交性，即不同的子载波之间会产生干扰，如图 1-28 所示。

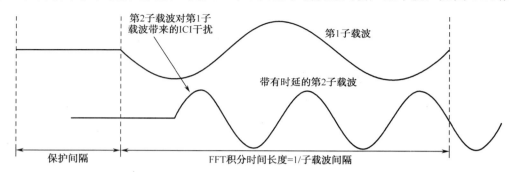

图 1-28　OFDM 系统中的 ICI

实际情况就是子载波发生了频率偏移，由于在 FFT 运算时间长度内，第 1 子载波与带有延时的第 2 子载波之间的周期个数之差不再是整数倍，所以当接收机试图对第 1 子载波进行解调时，第 2 子载波会对其造成干扰。同样，当接收机对第 2 子载波进行解调时，也会存在来自第 1 子载波的干扰。

2．循环前缀 CP

为了克服 ICI，要在 OFDM 符号的 GP 内添加循环前缀 CP，即将每个 OFDM 符号的后段时间中的样点复制到 OFDM 符号的前面，如图 1-29 所示，这样可以保证在 FFT 周期内，OFDM 符号的延时副本内包含波形的周期个数是整数。只要各径的时延不超过保护间隔的持续时间，就不会在解调过程中产生 ICI。普通 CP（4.67nm）和扩展 CP（16.67nm）抗多径的距离分别是 1.4km（4.67nm×光速）和 5km（16.67nm×光速）。

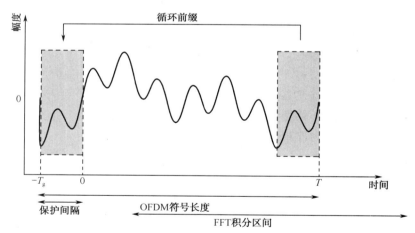

图 1-29　OFDM 符号中增加 CP

加入保护间隔也要付出增加带宽的代价，并会带来能量的损失。CP 越长，能量损失就越大。一般认为 CP 必须小于 OFDM 信号长度的 1/4。比如，一个 OFDM 信号共有 256 个符号，其 CP 的长度为 64 个比特，则总的信号长度是 256+64 比特。

3．OFDM 系统的优缺点

（1）优点

① 各子信道上的正交调制和解调可以采用 IFFT 和 FFT 实现，运算量小，实现简单；

② 可以通过使用不同数量的子信道，实现上下行链路的非对称传输；

③ 所有的子信道不会同时处于频率选择性衰落，可以通过动态子信道分配，充分利用信噪比高的子信道，提升系统性能。

（2）缺点

① 对频率偏差敏感。

传输过程中出现的频率偏移（如多普勒频移）或者发射机载波频率与接收机本地振荡器之间的频率偏差，会造成子载波之间正交性的破坏。

② 存在较高的峰均比 PAPR（Peak to Average Power Ratio）。

OFDM 调制的输出是多个子信道的叠加，如果多个信号相位一致，叠加信号的瞬间功率会远远大于信号的平均功率，导致较大的峰均比，这对发射机功率放大器 PA 的线性提出了更高的要求。

4．正交频分多址接入 OFDMA

正交频分多址接入 OFDMA 是以 OFDM 技术为基础，用不同的子载波来区分用户，从而实现同一基站对不同用户的业务接入的。OFDMA 在移动通信系统中的实现可以分为集中式和分布式两种方案，如图 1-30 所示。集中式方案中基站发送给同一个 UE 的下行数据占用连续的若干个子载波；分布式方案中基站发送给同一个 UE 的下行数据占用的是分隔开的若干个子载波，后者可以实现频率分集，从而获得分集增益。

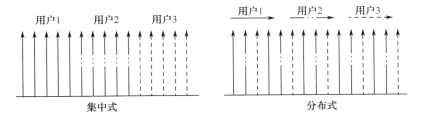

图 1-30　OFDMA 的两种实现方案

5．单载波频分多址接入 SC-FDMA

为了降低峰均比 PAPR，LTE 系统的上行采用 SC-FDMA 多址接入方式，通常采用 DFT-S-OFDM 技术来实现，该技术是在 OFDM 的 IFFT 调制之前先对信号进行离散傅里叶变换（Discrete Fourier Transform，DFT），如图 1-31 所示。

如图 1-31 所示，以长度为 M 的数据符号块（a_0、a_1、…、a_{M-1}）为基本单位，首先使其通过 DFT 变换，获得与这个长度为 M 的离散序列相对应的长度为 M 的频域序列。然后将 DFT 的输出信号送入 N 点的离散傅里叶逆变换 IDFT 中去。IDFT 的长度比 DFT 的长度长，即 $N>M$，IDFT 多出的那一部分输入用 0 补齐。在 IDFT 之后，为避免符号间干扰，同样为这一组数据添加循环前缀 CP。最后进行模数转换，射频调制和空中发射。

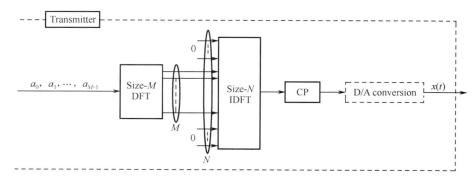

图 1-31　SC-FDMA 技术实现框图

DFT-S-OFDM 可以认为是 SC-FDMA 的频域产生方式，是 OFDM 在 IDFT 调制前进行了基于傅里叶变换的预编码。DFT-S-OFDM 与 OFDM 的区别在于，OFDM 是将时域符号信息本身调制到正交的子载波上，而 DFT-S-OFDM 是将符号的频谱信息调制到正交的子载波上去。通过改变不同用户的 DFT 的输出到 IDFT 输入端的对应关系，输入数据符号的频谱可以被搬移至不同的位置，从而实现多用户多址接入。

OFDMA 与 SC-OFDM 两种多址接入技术的对比如图 1-32 所示。由图可见，待传输的 QPSK 数据符号序列为（1，-1），（-1，1），（-1，-1），（1，1）；（1，-1），（-1，1），（-1，-1），（1，1）。每 4 个数据符号经过调制后，对应一个 OFDMA/SC-FDMA 符号。不同的 OFDMA/SC-FDMA 符号占用不同的传输时间。

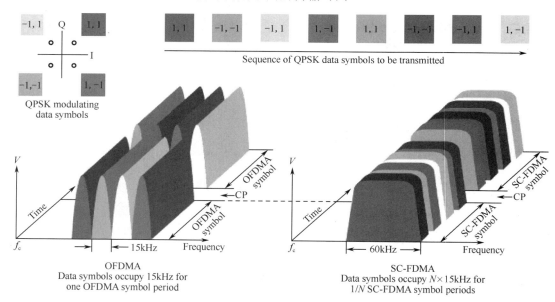

图 1-32　OFDMA 与 SC-FDMA 对比

从时域角度看，在 OFDMA 中，每个数据符号占用整个 OFDMA 时间周期；而在 SC-FDMA 中，4 个数据符号共同占用一个 SC-FDMA 时间周期。

从频域角度看，在 OFDMA 中，每个数据符号仅占用 15kHz 的带宽；而在 SC-FDMA 中，每个数据符号占用 15×4kHz 的带宽。对于 OFDMA 系统来说，由于每个 OFDMA 符号都是 4

个子信道/子载波信号的叠加，因而可能产生很大的峰均比 PAPR，而 SC-FDMA 则有效地克服了这个问题。

1.4.2 多天线技术 MIMO

1. MIMO 的技术发展

（1）SISO

早期的天线都是单输入单输出（Single-Input Single-Output，SISO）系统，即单天线系统，如图 1-33 所示。

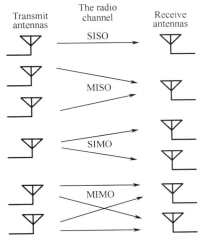

图 1-33 几种多天线技术

（2）SIMO

对于移动通信系统而言，如何在非视距（Non Line of Sight，NLoS）和恶劣信道下保证高服务质量（Quality of Service，QoS）是一个关键问题，也是移动通信领域的研究重点。对于 SISO 系统，如果要满足上述要求，就需要较多的频谱资源和复杂的编码调制技术，而频谱资源的有限和移动终端的特性都制约着 SISO 系统的发展。为此，人们提出了接收分集技术。其中，从空间角度进行的分集，就是单入多出（Single-Input Multiple-Output，SIMO）系统，它是多天线技术的最早形式。SIMO 系统在接收端使用比发射端更多的天线，最基本的形式为 2 个接收天线和 1 个发射天线，即 1×2 SIMO，如图 1-33 所示。

（3）MISO

随着发送天线之间无线链路的正交性问题的解决，多入单出（Multiple-Input Single-Output，MISO）系统自然产生。MISO 的发射天线数目比接收天线数目多，因此实际上是一种发射分集技术，如图 1-33 所示。MISO 最简单的形式是 2 个发射天线和 1 个接收天线，即 2×1 MISO。

（4）MIMO

从某种程度上来说，传输信道数越多，即收发天线数越多，系统的可靠性或者系统的传输速率可以越高。因此，多输入多输出（Multiple-Input Multiple-Output，MIMO）应运而生。MIMO 系统采用多个发射天线和多个接收天线，如图 1-33 所示。

MIMO 系统的理论依据：$C = \mathrm{MIN}(Mr, Mt) \times B \times \mathrm{LOG}_2(1 + Pt / \delta \times \lambda)$。式中，MIN 是求最小值函数，$\lambda$是空间信道转换矩阵的特征根，其他参数参考 SIMO 和 MISO 系统理论公式。该式表明，在发射功率、传输信道和信号带宽固定时，MIMO 系统的最大容量或容量上限随最小天线数的增加而线性增加。

2．MIMO 的工作模式

MIMO 可以分为空间复用和空间分集两种工作模式。空间复用模式的基本思想是把一个高速的数据流分割为几个速率较低的数据流，分别在不同的天线进行编码、调制，然后发送。天线之间相互独立，一个天线相当于一个独立的信道。接收机利用空间均衡器分离接收信号，然后解调、解码，将几个数据流合并，恢复出原始信号。可见，复用模式的目的是提高信息传输效率，如图 1-34（a）所示。

空间分集模式的基本思想是制作同一个数据流的不同版本，分别在不同的天线进行编码、调制，然后发送。不同版本的数据流可以和原来要发送的数据流完全相同，也可以是原始数据流经过一定的数学变换后形成的新数据流。可见，分集模式的目的是提高信息传输可靠性，降低误码率。如图 1-34（b）所示，接收端的 UE 可以根据不同版本数据流的传输质量，选择其中一路质量最好的进行接收。

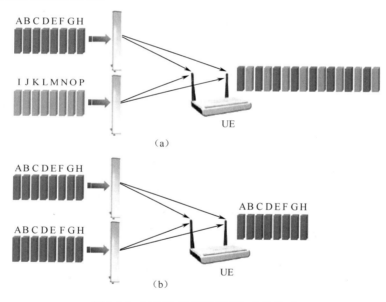

图 1-34　MIMO 的复用模式和分集模式

LTE 下行中定义了 7 种 MIMO 传输模式：

（1）Mode1——单天线端口

此种模式为普通单天线传输模式，使用天线端口 Port0。

（2）Mode2——发射分集

此种模式用于提高信号传输的可靠性，主要针对小区边缘用户。在 LTE 中，2 发送天线时采用 SFBC，4 发送天线时采用 SFBC+FSTD。

（3）Mode3 和 Mode4——开/闭环空间复用

此两种模式用于提高传输数据数量和峰值速率，主要针对小区中央的用户。

开环空间复用（SM-Open Loop）模式下，UE 只反馈信道的秩指示 RI。如果 RI=1，则改为采用发射分集模式；如果 RI>1，则使用大时延的循环延时分集 CDD 进行空间复用。

闭环空间复用（SM-Close Loop）模式下，UE 根据信道估计的结果（如系统容量最大）反馈合适的预编码矩阵指示 PMI，由 PMI 指示合适的预编码码本（Codebook）。

（4）Mode5——多用户 MIMO

此种模式是为了提高吞吐量，用于小区中的业务密集区。MU-MIMO 将相同的时频资源通过空分，分配给不同的用户。

（5）Mode6 和 Mode7——码本/非码本波束成形

此两种模式用于增强小区覆盖，也是针对小区边缘用户。区别在于 Mode6 针对 FDD，而 Mode7 针对 TDD。

码本波束成形模式也称"闭环 Rank=1 预编码"，实际上也是闭环单用户/单流 MIMO 的一种特殊形式。此种模式下，UE 反馈信道信息使得基站选择合适的预编码（Precoding）。

非码本波束成形模式无须 UE 反馈信道信息，而是基站通过上行信号进行方向估计，并在下行信号中插入用户特殊参考信号（UE Special RS）。基站可以让 UE 汇报 UE Special RS 估计出的信道质量指示（Channel Quality Indicator，CQI）。此模式使用天线端口 Port5。

7 种 MIMO 传输模式的实际应用情况对比如表 1-6 所示。对于小区边缘高速移动（如小汽车）的 UE，采用发射分集（Transmit Diversity）；对于小区中心/边缘以中/低速移动（如公共汽车）的 UE，采用开环空间复用（SM-Open Loop）；对于小区中心室内外低速移动或静止的 UE，采用 MU-MIMO 或双流预编码（Single or Double Stream Precoding）；对于城市繁华地区的 UE，采用双流 MIMO（Double Stream MIMO）；对于处于小区边缘的低速 UE（如行人），采用非码本/码本波束赋形（Non Codebook and Codebook Beam Forming）。

表 1-6 7 种 MIMO 的应用情况对比

传 输 方 案	信道相关性	移 动 性	数 据 速 率	在小区中的位置
发射分集（SFBC）	低	高/中速移动	低	小区边缘
开环空间复用	低	高/中速移动	中/低	小区中心/边缘
双流预编码	低	低速移动	高	小区中心
多用户 MIMO	低	低速移动	高	小区中心
码本波束成形	高	低速移动	低	小区边缘
非码本波束成形	高	低速移动	低	小区边缘

3．MIMO 的 4 种技术方案

（1）波束成形

波束成形（Beam Forming，BF）也称波束赋形，是将一个单一的数据流通过加权形成一个指向用户方向的波束，从而使得更多的功率能够集中在用户方向上。如图 1-35 所示，通过波束赋形，信号波束的主瓣指向需要的用户，而旁瓣或零陷指向干扰用户。

波束赋形是智能天线技术的关键技术之一。在移动通信系统中，采用智能天线和普通天线的覆盖对比情况如图 1-36 所示。采用普通天线时，能量分布于整个小区内，所有小区内的移动终端均相互干扰，此干扰是 CDMA 系统容量限制的主要原因。采用智能天线时，能量仅指向小区内处于激活状态的移动终端，而且可以根据反馈信号实现实时的动态调整，使得正

在通信中的移动终端在整个小区内处于受跟踪状态。

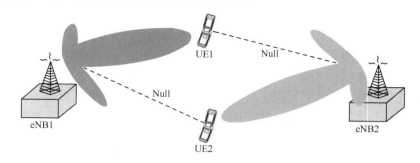

图 1-35　波束赋形

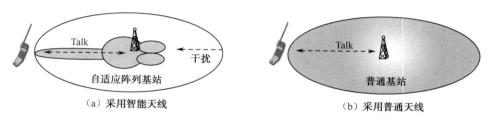

（a）采用智能天线　　　　　　　　　　（b）采用普通天线

图 1-36　智能天线与普通天线的覆盖对比

（2）发射分集

发射分集是为了提高数据的传输质量。LTE 中应用的发射分集（Transmit Diversity，TD）技术主要包括空时块编码、空频块编码、时间交换传送分集、频率交换传送分集和循环延时分集 5 种。

① 空时块编码。

空时块编码（Space Time Block Coding，STBC）在空间和时间两个维度上安排数据流的不同版本，可以有空间分集和时间分集的效果，从而降低信道误码率，提高信道可靠性。如图 1-37 所示，原始数据流 s_0，s_1，s_2，s_3…经过 STBC 编码器后，经由两个天线发射，天线 1 仍然发送数据流 s_0，s_1，s_2，s_3…，天线 2 发送原始数据流的变换数据流$-s_1^*$，s_0^*，$-s_3^*$，s_2^*…。

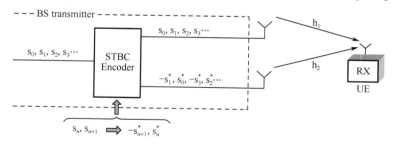

图 1-37　空时块编码

② 空频块编码。

空频块编码（Space Frequency Block Coding，SFBC）在空间和频率两个维度上安排数据流的不同版本，可以有空间分集和频率分集的效果。如图 1-38 所示，原始数据流 s_1 和 s_2 分别经由第 $k+1$ 个和第 k 个子载波承载，通过天线 1 发送；变换的数据流$-s_2^*$和 s_1^*分别经由第 $k+1$ 个和第 k 个子载波承载，通过天线 2 发送。SFBC 由 STBC 演变而来，由于 OFDM 一个时隙的符号数为奇数，因此不适于使用 STBC，但频域资源是以 RB=12 个子载波来分配的，因此可以用连续两个子载波来代替连续两个时域符号，从而组成 SFBC。

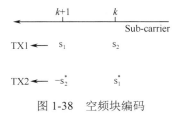

图 1-38　空频块编码

③ 时间交换传送分集。

时间交换传送分集（Time Switched Transmit Diversity，TSTD）也是在空间和时间两个维度上安排数据流的不同部分，可以有空间分集和时间分集的效果。如图 1-39 所示，原始数据流按照发送时间不同，分为间隔的两组，第一组经由天线 1 发送；第二组经由天线 2 发送。天线 1 和天线 2 按照时间轮流交换着工作。

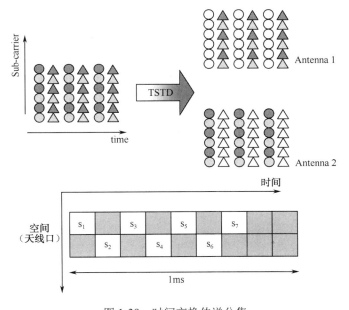

图 1-39　时间交换传送分集

④ 频率交换传送分集。

频率交换传送分集（Frequency Switched Transmit Diversity，FSTD）是在空间和频率两个维度上安排数据流的不同部分，可以有空间分集和频率分集的效果。如图 1-40 所示，原始数据流按照对应子载波的不同，分为间隔的 6 组，第 1、3、5 组经由天线 1 发送；第 2、4、6 组经由天线 2 发送。天线 1 和天线 2 发送的是频率（子载波）不同的数据流。

⑤ 循环延时分集。

循环延时分集（Cyclic Delay Diversity，CDD）是在空间和时间两个维度上安排数据流的不同部分，可以有空间分集和时间分集的效果。在 OFDM 系统中，CDD 已经作为常规技术被广泛使用。对 CDD 而言，相当于在不同天线的发射信号之间存在相应的时延，如图 1-41 所示，其实质相当于在 OFDM 系统中引入了虚拟的时延回波成分，可以在接收端增加相应的选择性。因为 CDD 引入了额外的分集成分，所以往往被认为是空分复用的补充表现形式。

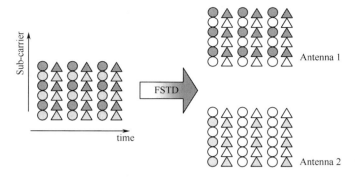

图 1-40　频率交换传送分集

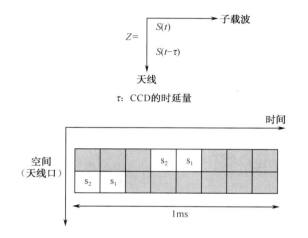

图 1-41　循环延时分集

（3）多用户 MIMO

按照空分复用（Space Division Multiplexing，SDM）的数据流的分配方法不同，MIMO 可以分为单用户 MIMO（Single User MIMO，SU-MIMO）和多用户 MIMO（Multiple User MIMO，MU-MIMO）两种。如果所有数据流都用于一个 UE，则称为 SU-MIMO；如果将多个 SDM 数据流用于多个 UE，则称为 MU-MIMO。

目前，LTE 下行同时支持 SU-MIMO 和 MU-MIMO 两种模式。MU-MIMO 模式主要对上行链路有用。LTE 系统中上行仅支持 MU-MIMO 这一种模式。事实上，由于受复杂度和体积的限制，目前的 UE 只能有一个发射天线。因此，MIMO 只能采用同一基站覆盖区域内的多个单天线用户终端组成一组，在相同的时频资源块上传送上行数据的方法。从接收端来看，这些数据流可以看做来自同一个用户终端的不同天线，从而构成了一个虚拟的 MIMO 系统。这种虚拟 MIMO 系统不会增加每个用户的吞吐量，但是可以提供相对于 SU-MIMO 来说更大的小区容量。

对于哪些用户终端组成一组的问题，LTE 中采用的是基站集中统一调度的用户配对方式，主要包括两种：随机配对法和正交用户配对法（依据用户反馈的信道状态信息）。

（4）空间复用

空间复用（Spatial Multiplexing，SM）是为了提高数据的传输数量。空间复用是基于多码字的同时传输，是多个相互独立的数据流通过映射到不同的层，再由不同的天线发送出去的过程。

目前，由于 LTE 接收端最多支持 2 天线，能够发送至天线的相互独立的编码调制数据流的数量最多为 2，所以不管发送端天线数目为 1、2、4 或 8，码字的最大值也是 2。这样就出现了码字数目和天线数目不匹配的问题。于是，空间复用经过层映射和预编码将码字数目和天线数目匹配起来。

下面介绍几个相关概念：

① 码字（Codeword）：在 LTE 系统中，一个码字指的是一个独立编码的数据块。在发送端，对应着一个 MAC 层传到物理层的独立传输块 TB，通过块 CRC 加以保护。LTE 可支持在同一块资源同时传输 2 个相对独立的码字，这是通过空间复用（SM）技术实现的。

② 符号（Symbol）：码字流经调制后即由比特（Bit）变为符号。层映射和预编码都属于符号级处理过程。

③ 层（Layer）：数据被分为不同的层进行传输，层数≤天线个数，和信道矩阵的秩是对应的，相当于空分的维度。

④ 秩（Rank）：信道矩阵的秩，相当于总的层数。

⑤ 天线端口（Antenna Port）：并不等同于天线个数，而是相当于不同的信道估计参考信号（RS）模式。对于 Port0～Port3，确实对应多天线时 RS 的发送模式；对于 Port4，对应于物理多播信道（PMCH）和多播/组播单频网络（MBSFN）情况的 RS；对于 Port5，对应于UE Special RS。

在采用不同的 MIMO 方案时，层有不同的解释：当使用单天线传输、传输分集及波束赋形时，层数目等于天线端口数目；在使用空间复用时，层数目等于空间信道矩阵的 Rank 数目，即实际传输的流数目。

1.4.3 小区间干扰协调 ICIC

ICIC（Inter-Cell Interference Coordination）即小区间干扰协调，基于 FFR/SFR（Fractional Frequency Reuse/Soft Frequency Reuse）组网，考虑功率控制及 ICIC 相关的资源分配，达到协调小区间干扰的目的，可以改善小区覆盖和边缘用户速率，提升小区平均频谱效率，是保障 TD-LTE 系统业务信道可以同频复用的重要手段。

如图 1-42 所示，ICIC 通过管理无线资源使得小区间干扰得到控制，是一种考虑多个小区中资源使用和负载等情况而进行的多小区无线资源管理功能。具体而言，ICIC 以小区间协调的方式对各个小区中无线资源的使用进行限制，包括限制哪些时频资源可用，或者在一定的时频资源上限制其发射功率，是小区干扰控制的一种方式，本质上是一种调度策略。

随着移动用户的激增，现有的带宽已经不能满足日益增长的用户需求，频谱利用率（SE）要求逐渐提高，且在 LTE 系统中，OFDM、MIMO 等技术的不断成熟，子载波间互为正交，所以干扰主要来自邻区；小区边缘用户 Cell Edge Users（CEU）更容易带来高干扰，同时也更容易被干扰；Soft Frequency Reuse（SFR）是业界的典型 ICIC 机制，因此小区间干扰协调即 ICIC 技术应运而生。ICIC 技术的优点是降低邻区干扰，提升小区边缘数据吞吐量，改善小区边缘用户体验；缺点是干扰水平降低是以牺牲系统容量为代价的。

ICIC 共有 3 种实现方案，即传统静态 ICIC、传统动态 ICIC 和自适应 ICIC。传统静态 ICIC 是每个模式固定 1/3 边缘用户频带，每个小区的边缘频带模式由用户手工配置确定。传统动态 ICIC 是每个小区的边缘频带模式由用户手工配置确定,实际占用的边缘用户频带由小区负载和邻区干扰水平动态决定(可动态收缩和扩张)。

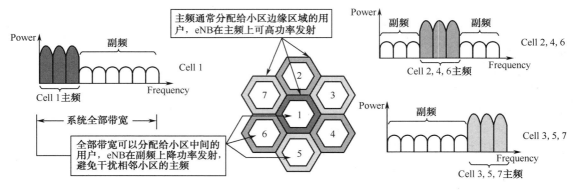

图 1-42　小区间干扰协调 ICIC

自适应 ICIC 是通过 MR 测量判断信道环境调整 ICIC 形式的。小区的边缘频带模式无须用户手工配置,由系统根据网络的总干扰水平和负载情况动态决定和调整。

自适应 ICIC 由 OSS 自动控制,可提高 40%的小区边缘吞吐率,可以解决同频干扰,改善小区边缘用户体验(特别是密集城区)。同频组网导致小区边缘用户因同频干扰感知下降,通过 ICIC 可以将相邻小区边缘用户频点错开,降低同频干扰影响。

表 1-7　ICIC 方案比较

方　案	说　明	优　势	劣　势
静态 ICIC	边缘频带固定;支持 Reuse3;人工配置	算法简单	边缘频带无法根据负载进行实时调整;配置不易
动态 ICIC	边缘频带伸缩;支持 Reuse3;人工配置	边缘频带可以根据负载进行实时调整	算法复杂;配置不易
自适应 ICIC	边缘频带固定;支持 Reuse3,Reuse6 自适应;自动配置;需引入新网元 eCoordinator	自动配置,无须人工;Reuse6 支持更复杂组网	新网元增加成本

自适应 ICIC 比传统的 ICIC(静态/动态 ICIC)具有以下优势:

(1)静态 ICIC 小区边缘模式固定,不能适应网络话务量分布不均匀的场景。

(2)动态 ICIC 通过 X2 口自动调节边缘带宽的大小,但带来整网干扰难以优化,风险大。

(3)自适应 ICIC 通过 OSS 集中管理和制定整网小区边缘模式,可靠性高,人为干扰少。

1.4.4　自适应调制编码 AMC

自适应技术是一种通过自身与外界环境的接触来改善自身对信号处理性能的技术。自适应系统可以分为开环自适应系统和闭环自适应系统两类。LTE 系统中采用的是闭环自适应,主要应用在调制编码方面,即自适应调制编码(Adaptive Modulation & Coding,AMC)。

自适应调制编码就是根据信道质量的变化,动态选择调制编码方式、数据块大小和数据速率,以满足在一定误码率下的最高频谱利用率。简单说,就是在信道质量好的时候,选择高阶调制方式,减少冗余编码,甚至不需要冗余编码,高速地传输数据;在信道质量差的时候，选择低阶调制方式，增加更多冗余编码，低速但可靠地传输数据。如图 1-9 所示，对于离基站远的 UE，其传输损耗大、多径衰减严重、受到的干扰大，因此，应采用编码效率为 1/4、2/4 或 3/4 的 QPSK 调制；对于离基站较近的 UE，可以采用编码效率为 2/4 和 3/4 的 16QAM；对于离基站非常近或传输信道质量非常好的 UE，可以采用 64QAM。

LTE 中自适应调制编码的变化周期为一个 TTI（Transmission Time Interval，传输时间间隔），在 3GPP LTE 和 4G LTE-A 的标准中，一般认为 1TTI=1ms，即一个子帧 subframe 的大小，它是无线资源管理（调度等）所管辖时间的基本单位。

AMC 技术中上下行信道质量的反馈是关键问题。在 LTE 系统中，反馈信道质量的指标主要有 3 个：信道质量指示 CQI、预编码矩阵指示 PMI 和信道矩阵秩指示 RI，如图 1-43 所示。其中，CQI 反馈决定了调制和编码的方式。通过 CQI 的大小，实现自适应调制编码 AMC。采用两个码字的 MIMO 系统需反馈两个 CQI。RI 描述了发送端和接收端空间信道的最大不相关性的数据传送通道数目。PMI 的反馈决定了从层数据流到天线端口的对应关系。

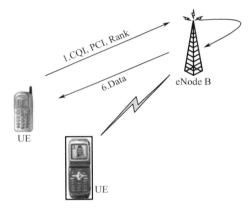

图 1-43　LTE 中反馈信道质量的 3 个指标

AMC 的实现步骤：

（1）UE 对 CQI/PMI/RI 的测量；

（2）UE 向基站上行反馈 CQI/PMI/RI；

（3）基站调制编码信息的获取。

思考与练习

1．选择题

（1）LTE 下行没有采用哪项多天线技术（　　）？

A．SFBC　　　　　　B．FSTD　　　　　　C．波束赋形　　　　　D．TSTD

（2）哪种信道不使用链路自适应技术（　　）？

A．DL-SCH　　　　　B．MCH　　　　　　C．BCH　　　　　　　D．PCH

（3）LTE 为了解决深度覆盖的问题，以下哪些措施是不可取的（　　）？

A．增加 LTE 系统带宽

B．降低 LTE 工作频点，采用低频段组网

C．采用分层组网

D．采用家庭基站等新型设备

（4）20MHz 带宽下，采用 2 天线接收，下行峰值数据速率最高可以达到（　　　）。

A．100Mbps　　　　B．10Mbps　　　　C．50Mbps　　　　D．20Mbps

（5）由于阻挡物而产生的类似阴影效果的无线信号衰落称为（　　　）。

A．快衰弱　　　　B．慢衰弱　　　　C．多径衰弱　　　　D．路径衰弱

（6）空分复用对应（　　）码字。

A．1 个　　　　B．2 个　　　　C．3 个　　　　D．4 个

2．填空题

（1）SC-FDMA 相比较 OFDMA 可以实现_____的峰均比，有利于终端采用_____效率的功放。

（2）MIMO 技术的基本出发点是将用户数据分解为_____的数据流。

（3）MAC 调度只在_____内。

（4）HARQ 实际上整合了_____的高可靠性和_____的高效率。

项目 2 基站天馈系统

任务 1 基站天馈系统概况

【学习目标】
1．了解基站天馈系统的基本组成
2．了解天线的主要作用
3．掌握天线的几种基本特性参数

【知识要点】
1．天馈系统的基本组成
2．天线基本概念和作用
3．天线的基本特性参数

基站天馈系统是移动基站的重要组成部分，它主要完成以下功能：对来自发信机的射频信号进行传输、发射，建立基站到移动台的下行链路；对来自移动台的上行信号进行接收、传输，建立移动台到基站的上行链路。

2.1.1 基站天馈系统基本组成

基站天馈线系统的配置同网络规划紧密相关。网络规划决定了天线的布局、天线架设高度、天线下倾角、天线增益及分集接收方式等。不同的覆盖区域、覆盖环境对天线系统的要求会有非常大的差异。基站天馈系统的基本组成如图 2-1 所示，从图中可以看出，天馈系统主要包括的关键组成部分有天线、馈线、室内设备及跳线和室外设备及跳线等。

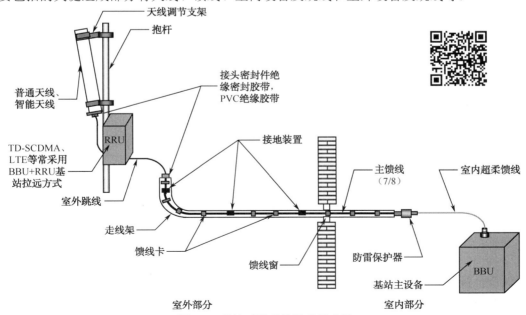

图 2-1 基站天馈系统组成示意图

2.1.2 移动基站天线

1．天线概念

天线作为无线通信不可缺少的一部分，其基本功能是辐射和接收无线电波。发射时，把传输线中的高频电流转换为电磁波；接收时，把电磁波转换为传输线中的高频电流。天线系统作为电磁波的收发部件，其功能如图 2-2 所示。

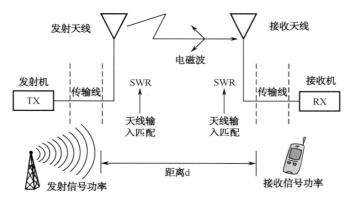

图 2-2　天线系统收发功能示意图

在选择基站天线时，需要考虑其电气和机械性能。电气性能主要包括：工作频段、天线增益、极化方式、波束宽度、倾角、下倾方式、下倾角调整范围、前后比等。机械性能主要包括：尺寸、重量、天线输入接口、风载荷等。

基站主天线的基本单元就是半波振子，半波振子的优点是能量转换效率高。振子是构成天线的基本单位，任何天线都要谐振在一定频率上，接收哪个信号，天线就谐振在该信号频率上，谐振是对天线最基本的要求，任何一根导线都可以做天线，只是性能好坏而已。好的天线辐射效果好。能产生辐射的导线称为振子。两臂长度相等的振子称为对称振子，也就是半波振子。每臂 1/4 波长长度，全长 1/2 波长长度的对称振子称为半波对称振子。如图 2-3 所示，基站天线需要多个半波对称振子组阵来提高天线增益。

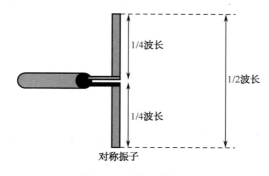

图 2-3　半波对称振子

典型的板状天线实物外观分为三部分：天线罩、端盖和接头。将天线外罩打开，或者在装配生产线上可以看到，天线的内部结构也是由三部分组成的：槽板、馈电网络和振子，由优质铝板加工而成。

2．天线基本特性

（1）天线方向图

天线辐射的电磁场在固定距离上随角坐标分布的图形，称为方向图。天线方向图是空间立体图形，但是通常用两个互相垂直的主平面内的方向图来表示，称为平面方向图。一般称做垂直方向图和水平方向图。就水平方向图而言，有全向天线与定向天线之分。而定向天线的水平方向图的形状也有很多种，如心形、8字形等。

天线具有方向性，本质上是通过振子的排列及各振子馈电相位的变化来获得的。因此会在某些方向上能量增强，某些方向能量减弱，形成一个个波瓣和零点。能量最强的波瓣称为主瓣，上下次强的波瓣称为旁瓣。对于定向天线，还存在后瓣。

图2-4是某天线的立体方向图、水平方向图和垂直方向图。

 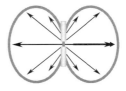

图2-4　天线立体方向图、水平方向图及垂直方向图

（2）天线增益

天线作为一种无源器件，其增益的概念与一般功率放大器增益的概念不同，仅仅起的是转化作用，而不是真正意义上的放大信号。增益是天线的重要指标之一，它表示天线在某一方向上能量集中的能力。表示天线增益的单位通常有两个：dBi、dBd。dBi表示天线增益，是相对于全向辐射器的参考值，dBd是相对于半波振子天线参考值。两者之间的关系：dBi=dBd+2.17。

天线增益越高，天线波束的范围就越小。一般把天线的最大辐射方向上的场强 E 与理想多向同性天线均匀辐射场强 E 相比，以功率密度增强的倍数定义为增益。天线增益不但与振子单元数量有关，还与水平半功率角和垂直半功率角有关。另外，可以利用反射板把辐射能控制在同一方向，从而提高天线增益。

（3）极化方式

在天线的各项参数里，有一个非常重要的参数就是极化方式。极化是描述电磁波场强矢量空间指向的一个辐射特性，当没有特别说明时，通常以电场矢量的空间指向作为电磁波的极化方向，而且是指在该天线的最大辐射方向上的电场矢量，也就是说，极化方向就是天线辐射时形成的电场强度的方向。

电场矢量在空间的取向在任何时间都保持不变的电磁波称为直线极化波，有时以地面做参考，将电场矢量方向与地面平行的波称为水平极化波，与地面垂直的波称为垂直极化波。电场矢量在空间的取向有的时候并不固定，电场矢量端点描绘的轨迹是圆，称为圆极化波；若轨迹是椭圆，称为椭圆极化波。椭圆极化波和圆极化波都有旋相性。不同频段的电磁波适合采用不同的极化方式进行传播，移动通信系统通常采用垂直极化，而广播系统通常采用水平极化，椭圆极化通常用于卫星通信。

天线的极化方式有单极化天线、双极化天线两种，其本质都是线极化方式。双极化天线是由彼此正交的两根天线封装在同一天线罩中组成的。双极化天线通常有水平/垂直极化、

+45°/−45°正交双极化两种，如图2-5所示。采用双极化天线，可以大大减少天线数目，简化工程安装。

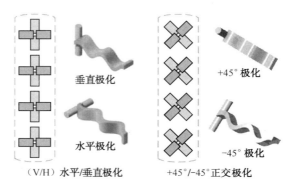

图2-5　水平/垂直极化、+45°/−45°正交双极化

两种极化天线外观识别如图2-6所示。

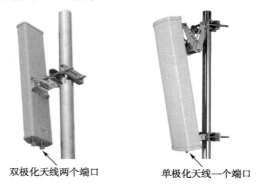

图2-6　两种极化天线外观识别

（4）天线波束宽度

波束宽度包括水平半功率角与垂直半功率角，分别定义为在水平方向或垂直方向相对于最大辐射方向功率下降一半（3dB）的两点之间的波束宽度。常用的基站天线水平半功率角有360°、210°、120°、90°、65°、60°、45°、33°等，垂直半功率角有6.5°、13°、25°、78°等。

（5）前后比

前后比又称前后抑制比，是指天线在主瓣方向与后瓣方向信号辐射强度之比，如图2-7所示。前后比表明了天线对后瓣抑制的好坏。选用前后比低的天线，后瓣有可能产生越区覆盖，导致掉话。一般天线的前后比在18～45dB之间，应优选前后比30以上的天线，对于密集市区要积极采用前后比大的天线。

（6）倾角

天线的倾角是指电波的倾角，并不是天线振子的机械上的倾角。倾角主要反映天线接收的哪个高度角来的电波最强。通常天线的下倾方式有机械下倾、电子下倾两种方式。机械下倾是通过调节天线支架将天线压低到相应位置来设置下倾角的；而电子下倾是通过改变天线振子的相位来控制下倾角的。当然在采用电子下倾角的同时可以结合机械下倾一起进行。电子下倾天线一般倾角固定，即通常所说的预置下倾。最新的技术是倾角可调的电子下倾天线，为区分前面的电子下倾天线，这种天线通常称做电调天线。

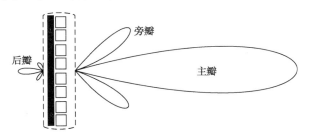

图 2-7　主瓣与后瓣示意图

定向天线可以通过机械方式调整倾角，全向天线是通过电子下倾来实现的。由于天线各方向的场强强度同时增大和减小，保证在改变倾角后天线方向图变化不大，是主瓣方向覆盖距离缩短，而整个方向图在服务区内减小覆盖面积，又不产生干扰。

（7）电压驻波比（$VSWR$）

驻波比（Voltage Standing Wave Rati，$VSWR$）是表示天馈线与基站匹配程度的指标。它的产生是由于入射波能量传输到天线输入端后，没有被全部辐射出去，产生了反射波，叠加生成驻波，其相邻电压最大值和最小值之比就是电压驻波比。电压驻波比过大，将缩短通信距离，而且反射功率将返回发射机功放部分，容易烧坏功放管，影响通信系统正常工作。$VSWR$ 在移动通信蜂窝系统的基站天线中，其最大值应小于或等于 1.5。若 Z_1 表示天线的输入阻抗，Z_O 表示天线的标称特性阻抗，则反射系数为

$$|\tau| = \frac{|Z_1 - Z_O|}{|Z_1 + Z_O|}$$

由此，可计算出电压驻波比为 $VSWR = \dfrac{1+|\tau|}{1-|\tau|}$。

其中 Z_O 为 50Ω，也可以用回波损耗表示端口的匹配特性，即

$$RL(dB) = -20\lg|\tau|$$

当 $VSWR = 1.5$ 时，$RL(dB) = 13.98dB$。

一般要求 $VSWR$ 小于 1.5，其数值越小越好，但是在工程中，没有必要追求过小的 $VSWR$。

（8）隔离度

天线的隔离度指的是两根天线或者一根双极化天线的不相关性，如图 2-8 所示。隔离度参数合格才能保证同扇区天线分集接收的性能。对于多端口天线，如双极化天线、双频段双极化天线，收发共用时端口之间的隔离度一般应大于 30dB。

（9）天线尺寸和重量

目前运营商对天线尺寸、重量、外观上的要求越来越高，因此在选择天线时，不但要关心其技术性能指标，在满足各电气性能指标情况下，天线的外形应尽可能小，重量要尽可能轻。一般市区基站天线应该选择重量轻、尺寸小、外形美观的天线。智能天线面板的面积比常见传统天线大，并且还有 RRU 安装在天线旁，因此 TD-LTE 的扇区天线视觉冲击很明显，容易引起基站附近居民的注意或投诉。为了减小智能天线的使用可能对建设或维护增加的难度，特别在人口密集的市区，智能天线的美化变得非常重要。为了日后网络优化考虑，使用了美化罩的小区，必须保证智能天线有垂直 6°、水平 30° 的调整空间。常用的智能天线美化外罩如图 2-9 所示。

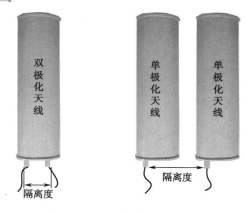

图 2-8　天线隔离度示意图

空调型　　　　　　　　方柱型　　　　　　楼面集束型　　　　　隐形美化型

图 2-9　智能天线的几种美化外罩示例

（10）天线输入接口

基站天线的输入接口常采用 7/16 DIN-Female，射频连接可靠，为了避免生成氧化物或进入杂质，一般天线在使用前，端口上应盖有保护盖。

（11）风载荷

基站天线通常安装在楼顶或铁塔上。常年风速较大，尤其在沿海地区，虽然天线本身一般能承受强风，但强风区要尽量选择表面积小的天线，否则天线易损坏。

除以上诸方面影响因素外，还应考虑天线设备的工作温度和湿度、基站天线所有射频输入端口均要求直流直接接地、对于全向天线满足天线倒置安装要求，同时满足三防要求（三防是指防潮、防烟雾、防霉菌）。

思考与练习

1．填空题

（1）天线基本功能是_____。发射时，把传输线中的高频电流转换为_____；接收时，把_____转换为传输线中的高频电流。

（2）天线的极化方式有_____和_____两种。双极化天线通常有_____双极化和_____双极化。

（3）天馈系统由_____、_____、_____和_____组成。

（4）通常天线的下倾方式有_____、_____两种方式。

2．选择题

（1）基站主天线的基本单元是（　　　）。

A．振子组　　　　　　　B．半波振子　　　　　　C．馈电网络　　　　　D．天线波束

（2）下列关于天线的描述不正确的是（　　　）。

A．天线把电信号转换成电磁波

B．天线把电磁波转换为电信号

C．天线是双向器件

D．天线发射端的信号功率比天线输入端的信号功率大

（3）天线增益表示单位为（　　　）。

A．dBm　　　　　　　　B．dB　　　　　　　　　C．dBi　　　　　　　　D．dBv

（4）若天馈线的驻波比值是 1.5，则相应的回损值是（　　　）dB。

A．14　　　　　　　　　B．24　　　　　　　　　C．64　　　　　　　　D．46

3．简答题

（1）如何理解"方向角为 60°的定向天线"？

（2）请写出驻波比 *VSWR* 与回损之间的关系式。

（3）简述 dBi 和 dBd 的关系。

任务 2　移动基站天线的分类与选型

【学习目标】

1．了解移动基站天线的基本分类

2．掌握 LTE 基站天线的选型

【知识要点】

1．移动基站天线的基本分类

2．LTE 基站天线的选型

2.2.1　移动基站天线的基本分类

基站所用天线类型按辐射方向来分主要有全向天线、定向天线。按极化方式来区分主要有垂直极化天线（也称为单极化天线）、交叉极化天线（也称为双极化天线）。上述两种极化方式都为线极化方式。圆极化和椭圆极化天线一般不采用。按外形来区分主要有鞭状天线、平板天线、帽形天线等。移动网络类型不同，基站天线的选择也有不同的要求。

在 GSM、GPRS、EDGE、CDMA2000、WCDMA、LTE 等系统中使用的宏基站天线按定向性可分为全向和定向两种基本类型，按极化方式又可分为单极化和双极化两种基本类型，按下倾角调整方式又可分为机械式和电调式两种基本类型。现在应用的基站天线除了智能天线有较大不同外，其他天线基本结构相差不大。

（1）全向天线

全向天线是指天线的辐射在水平面上 360°均匀辐射，也就是平时所说的无方向性。在垂直面上表现为有一定宽度的波束。全向天线一般用在话务量极低的农村或郊外一些空旷的场合，一般采用全向 11dBi 天线。

（2）定向单极化天线

定向单极化天线在空间特定方向上比其他方向能更有效地发射或者接收电磁波。单极化天线进行空间分集时，一个扇区需要安装两副天线，一副只用于发射，接收时两副同时工作。为保证分集接收效果，两幅天线在安装时需要平行且在同一平面上。定向单极化天线一般也应用在较空旷的区域，以保证空间分集接收获得良好的效果。

（3）定向双极化天线

定向双极化天线内部采用正负45°极化，有两个射频端口，实际使用时一端口用于接收和发送，另一端口仅接收，利用极化分集的原理，每个扇区只需布置一副双极化天线即可。城区建站的主要应用类型就是双极化天线，双极化天线在城区应用可以获得良好的极化分集效果，且选址和安装简单。

（4）电调天线

电调天线目前主要是指下倾角可以电子调节的天线。电调天线是利用安装于天线内部的移相器改变各辐射单元的相位从而实现下倾角的调节，天线本体在调节过程中并不发生任何位置上的变化，并且可实现塔下调节下倾角。

这种电调天线在进行调整时可在近端（机房）通过相应的装置与天线的电调控制线相连进行调整，另外也可在远端进行遥控调整。目前用得比较多的是在近端进行调整。

（5）智能天线

智能天线利用数字信号处理技术，采用了先进的波束切换技术和自适应空间数字处理技术，产生空间定向波束，使天线主波束对准用户信号到达方向，旁瓣或零陷对准干扰信号到达方向，达到充分高效利用移动用户信号并删除或抑制干扰信号的目的。智能天线分为两大类：自适应阵列智能天线和多波束智能天线。

自适应阵列天线一般采用4-16天线阵元结构，阵元间距一般取半波长。阵元分布方式有直线型、圆环型和平面型。自适应阵列天线是智能天线的主要类型，可以实现全向天线，完成用户信号的接收和发送。自适应阵列天线系统采用数字信号处理技术识别用户信号到达方向，并在此方向形成天线主波束。自适应阵列天线根据用户信号的不同空间传播方向提供不同的空间信道，等同于信号有线传输的线缆，有效克服了干扰对系统的影响。

多波束天线利用多个并行波束覆盖整个用户区，每个波束的指向是固定的，波束宽度也随阵元数目的确定而确定。随着用户在小区中的移动，基站选择不同的相应波束，使接收信号最强。因为用户信号并不一定在固定波束的中心处，当用户位于波束边缘，干扰信号位于波束中央时，接收效果最差，所以多波束天线不能实现信号最佳接收，一般只用做接收天线。但是与自适应阵列天线相比，多波束天线具有结构简单、无须判定用户信号到达方向的优点。

2.2.2 LTE基站天线的选型

常见天线的应用场景如表2-1所示。

表2-1 常见天线应用场合

天 线 类 型	应 用 场 合
定向智能天线	应用于室外覆盖的所有场景，是室外建站的主力天线产品
全向智能天线	适用于话务量不高，用户密度小、分布广的地区，主要解决覆盖问题
普通全向天线	TD中使用比较少

天 线 类 型	适 用 场 合
普通定向天线	室内覆盖特殊场景，如地铁、隧道等方向性和增益要求比较高的场景，或室外磁悬浮场景的解决
室内吸顶天线	写字楼、大型会所等室内场景，是室内覆盖的主力天线产品
室内壁挂天线	室内场景中需要对指定区域定向覆盖的场景
八木天线	TD 中使用比较少

在 LTE 中常见的室外天线主要有双极化智能天线和两通道双极化天线两种类型，如图 2-10 所示。

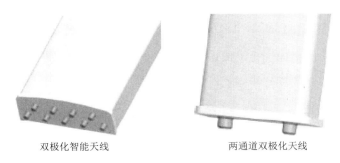

双极化智能天线 两通道双极化天线

图 2-10 LTE 中常见的室外天线

常见的室分天线类型有室内吸顶天线、室内壁挂天线、八木天线和定向扇区天线，如图 2-11 所示。

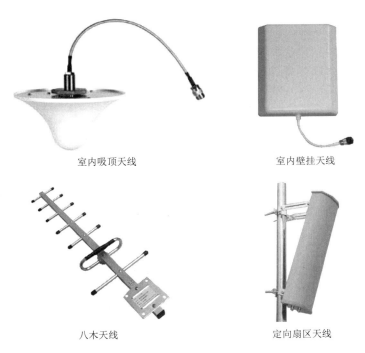

室内吸顶天线 室内壁挂天线

八木天线 定向扇区天线

图 2-11 常见室分天线类型

在 LTE 系统中，常见的室分天线类型为室内双极化型天线，如图 2-12 所示。

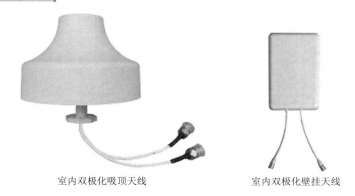

室内双极化吸顶天线　　　　　　　　室内双极化壁挂天线

图 2-12　LTE 系统常见室内双极化型天线

在移动通信网络中，天线的选型是至关重要的，一般根据话务分布、服务区的覆盖、质量要求、地形等条件，综合整网覆盖、内外干扰情况、美观和环保等要求来选择天线。

1．市区基站天线选择

市区环境中，基站分布较密，每个基站覆盖范围小，要尽量减少越区覆盖，减少基站间的干扰，提高频率复用率。天线选用原则如下：

（1）极化方式选择：由于市区基站站址选择困难，天线安装空间受限，建议选用双极化天线。

（2）方向图的选择：在市区主要考虑提高频率复用度，因此一般选用定向天线。

（3）半功率波束宽度的选择：为了能更好地控制小区的覆盖范围来抑制干扰，市区天线水平半功率波束宽度选 60°～65°。在天线增益及水平半功率角度选定后，垂直半功率角也就定了。

（4）天线增益的选择：由于市区基站一般不要求大范围的覆盖距离，因此建议选用中等增益的天线。同时天线的体积和重量可以变小，有利于安装和降低成本。根据目前天线型号，建议市区天线增益视基站疏密程度及城区建筑物结构等，选用 15～18dBi 增益的天线。若市区内用做补盲的微蜂窝天线可选择更低的天线，如 10～12dBi 增益的天线。

（5）预置下倾角及零点填充的选择：市区天线一般都要设置一定的下倾角，因此为增大以后的下倾角调整范围，可以选择具有固定电下倾角的天线（建议选 3°～6°）或电调天线。由于市区基站覆盖距离较小，零点填充特性可以不做要求。

（6）下倾方式选择：由于市区的天线倾角调整相对频繁，且有的天线需要设置较大的倾角，而机械下倾不利于干扰控制，所以在可能的情况下建议选用预置下倾天线。条件成熟时可以选择电调天线。

（7）下倾角调整范围选择：要求天线支架的机械调节范围在 0～15°。推荐半功率波束宽度 65°/中等增益/带固定电下倾角或可调电下倾+机械下倾的双极化天线。

2．农村基站天线选择

农村环境基站分布稀疏，话务量较小，覆盖要求广。有的地方周围只有一个基站，应结合基站周围需覆盖的区域来考虑天线的选型。一般情况下是希望在需要覆盖的地方能通过天线选型来得到更好的覆盖。天线选用原则如下：

（1）极化方式选择：从发射信号的角度，在较为空旷地方采用垂直极化天线比采用其他极化天线效果更好。从接收的角度，在空旷的地方由于信号的反射较少，信号的极化方向改变不大，采用双极化天线进行极化分集接收时，分集增益不如空间分集。所以建议在农村选用垂直单极化天线。

（2）方向图选择：如果要求基站覆盖周围的区域，且没有明显的方向性，基站周围话务分布比较分散，此时建议采用全向基站覆盖。需要特别指出，这里的广覆盖并不是指覆盖距离远，而是指覆盖的面积大而且没有明显的方向性。同时需要注意，全向基站由于增益小，覆盖距离不如定向基站远。同时全向天线在安装时要注意塔体对覆盖的影响，并且天线一定要与地平面保持垂直。如果运营商对基站的覆盖距离有更远的覆盖要求，则需要用定向天线来实现。一般情况下，应当采用水平面半波束宽度为 90°、120° 的定向天线；在某些基站周围需要覆盖的区域呈现很明显的形状，可选择地形匹配波束天线进行覆盖。

（3）天线增益的选择：视覆盖要求选择天线增益，建议在农村地区选择较高增益（16～18dBi）的定向天线或 11dBi 的全向天线。

（4）预置下倾角及零点填充的选择：由于预置下倾角会影响到基站的覆盖能力，所以在农村这种以覆盖为主的地方建议选用不带预置下倾角的天线。但天线挂高在 50m 以上且近端有覆盖要求时，可以优先选用零点填充（大于 15%）的天线来避免塔下黑问题。

（5）下倾方式的选择：在农村地区对天线的下倾调整不多，其下倾角的调整范围及特性要求不高，建议只采用机械下倾方式。

（6）对于定向站型推荐选择：半功率波束宽度 90°/中、高增益/单极化空间分集，或 90°双极化天线，主要采用机械下倾角/零点填充大于 15%。

（7）对于全向站型推荐：零点填充的天线；若覆盖距离不要求很远且天线很高，可以采用电下倾（3°或 5°）。天线相对主要覆盖区挂高不大于 50m 时，可以使用普通天线。

另外，对全向站还可以考虑双发天线配置以减小塔体对覆盖的影响。此时需要通过功分器把发射信号分配到两个天线上。

3．郊区基站天线选择

郊区的应用环境介于城区与农村之间，基站数量不少，频率复用较为紧密，这时覆盖与干扰控制在天线选型时都要考虑。而有的地方可能更接近农村地方，覆盖成为重要因素。因此在天线选型方面可以视实际情况参考城区及农村的天线选型原则。在郊区，情况差别比较大。可以根据需要的覆盖面积来估计大概需要的天线类型。天线选用原则如下：

（1）根据情况选择水平面半功率波束宽度为 65°的天线或选择半功率波束宽度为 90°的天线。当周围的基站比较少时，应该优先采用水平面半功率波束宽度为 90°的天线。若周围基站分布很密，则其天线选择原则参考城区基站的天线选择。若周围基站很少，且将来扩容潜力不大，则可参考农村的天线选择原则。

（2）考虑到将来的平滑升级，所以一般不建议采用全向站型。

（3）是否采用预置下倾角应根据具体情况来定。即使采用下倾角，一般下倾角也比较小。

推荐选择：半功率波束宽度 90°/中、高增益的天线，可以用电调下倾角，也可以是机械下倾角。

4．公路覆盖基站天线选择

公路覆盖环境下话务量低、用户高速移动，此时重点要解决的是覆盖问题。而公路覆盖与大中城市或平原农村的覆盖有着较大区别，一般来说它要实现的是带状覆盖，故公路的覆盖多采用双向小区；在穿过城镇、旅游点的地区也综合采用三向、全向小区；再就是强调广覆盖，要结合站址及站型的选择来决定采用的天线类型。不同的公路环境差别很大，一般来说有较为平直的公路，如高速公路、铁路、国道、省道等，推荐在公路旁建站，采用S1/1/1、或S1/1站型，配以高增益定向天线实现覆盖。有蜿蜒起伏的公路如盘山公路、县级自建的山区公路等，需结合在公路附近的乡村覆盖，选择高处建站。站型需灵活配置，可能会用到全向加定向等特殊站型。不同的路段环境差别也很大，如高速公路与铁路所经过的地形往往复杂多变，有平原、高山、树林、隧道等，还要穿过乡村和城镇，所以对其无线网络的规划及天线选型时一定要在充分勘查的基础上具体对待各段公路，灵活规划。

在初始规划进行天线选型时，应尽量选择覆盖距离广的高增益天线进行广覆盖，在覆盖不到的盲区路段可选用增益较低的天线进行补盲。天线选型原则如下：

（1）方向图的选择：在以覆盖铁路、公路沿线为目标的基站，可以采用窄波束高增益的定向天线，可根据布站点的道路局部地形起伏和拐弯等因素来灵活选择天线形式。如果覆盖目标为公路及周围零星分布的村庄，可以考虑采用全向天线或变形全向天线，如"8"字形或心形天线。纯公路覆盖时根据公路方向选择合适站址采用高增益（14dBi）"8"字形天线（O2/O1），或考虑S0.5/0.5的配置，最好具有零点填充；对于高速公路一侧有小村镇，用户不多时，可以采用210°～220°变形全向天线。

（2）极化方式选择：从发射信号的角度，在较为空旷地方采用垂直极化天线比采用其他极化天线效果更好。从接收的角度，在空旷的地方由于信号的反射较少，信号的极化方向改变不大，采用双极化天线进行极化分集接收时，分集增益不如空间分集。所以建议在进行公路覆盖时选用垂直单极化天线。

（3）天线增益的选择，若不是用来补盲，定向天线增益可选17～22dBi的天线。全向天线的增益选择11dBi。若是用来补盲，则可根据需要选择增益较低的天线。

（4）预置下倾角及零点填充的选择：由于预置下倾角会影响到基站的覆盖能力，所以在公路这种以覆盖为主的地方建议选用不带预置下倾角的天线。在50m以上且近端有覆盖要求时，可以优先选用零点填充（大于15%）的天线来解决塔下黑问题。

（5）下倾方式的选择：公路覆盖一般不设下倾。对天线的下倾调整不多，其下倾角的调整范围及特性要求不高，建议选用价格较便宜的机械下倾天线。

（6）前后比：由于公路覆盖大多数用户都是快速移动用户，所以为保证切换的正常进行，定向天线的前后比不宜太高，否则可能会由于两定向小区交叠深度太小而导致切换不及时造成掉话的情况。

对于高速公路和铁路覆盖，建议优先选择"8"字形天线或S0.5/0.5配置，以减少高速移动用户接近/离开基站附近时的切换。

5．山区覆盖基站天线选择

在偏远的丘陵山区，山体阻挡严重，电波的传播衰落较大，覆盖难度大。通常为广覆盖，在基站很广的覆盖半径内分布零散用户，话务量较小。基站或建在山顶上、山腰间、山脚下或山区里的合适位置。需要区分不同的用户分布、地形特点来进行基站选址、选型、选择天线。天线选型原则如下：

（1）方向图的选择：视基站的位置、站型及周边覆盖需求来决定方向图的选择，可以选择全向天线，也可以选择定向天线。对于建在山上的基站，若需要覆盖的地方位置相对较低，则应选择垂直半功率角较大的方向图，更好地满足垂直方向的覆盖要求。

（2）天线增益选择：视需覆盖的区域的远近选择中等天线增益，全向天线（9～11dBi）或定向天线（15～18dBi）。

（3）预置下倾角与零点填充选择：在山上建站，需覆盖的地方在山下时，要选用具有零点填充或预置下倾角的天线。对于预置下倾角的大小视基站与需覆盖地方的相对高度做出选择，相对高度越大预置下倾角也就应选择更大一些的天线。

6．近海覆盖基站天线选择

对近海的海面进行覆盖时，覆盖距离将主要受三个方面的限制，即地球球面曲率、无线传播衰减、TA 值的限制。考虑到地球球面曲率的影响，因此对海面进行覆盖的基站天线一般架设得很高，超过 100m。天线选型原则如下：

（1）方向图的选择：由于在近海覆盖中，面向海平面与背向海平面的应用环境完全不同，因此在进行近海覆盖时不选择全向天线，而是根据周边的覆盖需求选择定向天线。一般垂直半功率角可选择小一些的。

（2）天线增益的选择，由于覆盖距离很大，在选择天线增益时一般选择高增益（16dBi以上）的天线。

（3）从发射信号的角度，在较为空旷地方采用垂直极化天线比采用其他极化天线效果更好。从接收的角度，在空旷的地方由于信号的反射较少，信号的极化方向改变不大，采用双极化天线进行极化分集接收时，分集增益不如空间分集。所以建议在进行近海覆盖时选用垂直单极化天线。

（4）预置下倾角与零点填充选择，在进行海面覆盖时，由于要考虑地球球面曲率的影响，所以一般天线架设得很高，会超过 100m，在近端容易形成盲区。因此建议选择具有零点填充或预置下倾角的天线，考虑到覆盖距离要优先选用具有零点填充的天线。

7．室内覆盖基站天线选择

关于室内覆盖，通常是建设室内分布系统，将基站的信号通过有线方式直接引入到室内的每一个区域，再通过小型天线将基站信号发送出去，从而达到消除室内覆盖盲区，抑制干扰，为室内的移动通信用户提供一个稳定、可靠的信号供其使用。室内分布系统主要由三部分组成：信号源设备（微蜂窝、宏蜂窝基站或室内直放站）；室内布线及其相关设备（同轴电缆、光缆、泄漏电缆、电端机、光端机等）；干线放大器、功分器、耦合器、室内天线等设备。室内天线选型原则如下：

根据分布式系统的设计，考察天线的可安装性来决定采用哪种类型的天线，泄漏电缆不需要天线。室内分布式系统常用到的天线单元包括：

（1）室内吸顶天线单元。

（2）室内壁挂天线单元。

（3）杯状吸顶单元：超小尺寸，适用于小电梯内部、小包间内嵌入式的吸顶小灯泡内部等多种安装受限的应用场合。

（4）板状天线单元：有不同的大小尺寸，可用于电梯行道内、隧道、地铁、走廊等不同场合的应用。

这些天线的尺寸很小，便于安装与美观。增益一般也很低，可依据覆盖要求选择全向及定向天线。由于室内布线施工费用高，因此包括天线在内的室内分布天线系统要尽量采用宽频段或多频段设备。

8．隧道覆盖基站天线选择

一般隧道外部的基站不能对隧道进行良好覆盖，必须针对具体的隧道规划站址及选择天线。这种应用环境下话务量不大，也不会存在干扰控制的问题，主要是天线的选择及安装问题，在很多种情况下大天线可能会由于安装受限而不能采用。对不同长度的隧道，基站及天线的选择有很大的差别。另外还要注意到隧道内的天线安装调整维护十分困难。在隧道里面安装大天线不可能。一般遵循的选型原则如下：

（1）方向图选择：隧道覆盖方向性明显，所以一般选择定向天线，并且可以采用窄波束天线进行覆盖。

（2）极化方式选择：考虑到天线的安装及隧道内壁对信号的反射作用，建议选择双极化天线。

（3）天线增益选择：对于公路隧道长度不超过 2km 的，可以选择低增益（10～12dBi）的天线。对于更长一些隧道，也可采用很高增益（22dBi）的窄波束天线进行覆盖，不过此时要充分考虑大天线的可安装性。

（4）天线尺寸大小的选择：这在隧道覆盖中很关键，针对每个隧道设计专门的覆盖方案，充分考虑天线的可安装性，尽量选用尺寸较小便于安装的天线。

（5）除了采用常用的平板天线、八木天线进行隧道覆盖外，也可采用分布式天线系统对隧道进行覆盖，如采用泄漏电缆、同轴电缆、光纤分布式系统等；特别针对铁路隧道，安装天线分布式系统将会受到很大的限制。这时可考虑采用泄漏电缆等其他方式进行隧道覆盖。

（6）前后比：由于隧道覆盖的大多数都是快速移动用户，所以为保证切换的正常进行，定向天线的前后比不宜太高，否则可能会由于两定向小区交叠深度太小而导致切换不及时造成掉话的情况。

（7）适合于隧道覆盖的最新天线是环形天线，该种天线对铁路隧道可以提供性价比更好的覆盖方案。该天线的原理、技术指标仍有待研究。

推荐选择 10～12dBi 的八木/对数周期/平板天线安装在隧道口内侧对 2km 以下的公路隧道进行覆盖。

思考与练习

1．填空题

（1）全向天线是指天线的辐射在水平面上_____度均匀辐射，也就是平时所说的无方向性。全向天线一般用在_____场合。

（2）单极化天线进行空间分集时，一个扇区需要安装_____副天线，且在安装时需要平行且在同一_____上。定向单极化天线一般也应用在_____区域，以保证空间分集接收获得良好的效果。

（3）在 LTE 中常见的室外天线主要有两种类型：_____和_____。

2．选择题

（1）利用极化分集的原理，每个扇区需布置（   ）副定向双极化天线即可。

A．1   B．2   C．4   D．5

（2）在市区基站覆盖基站天线时，一般选用（   ）下倾方式的天线。

A．机械下倾   B．预置电下倾   C．无下倾   D．30°下倾

（3）下列关于智能天线说法正确的是（   ）。

A．智能天线分为两大类：自适应阵列智能天线和多波束智能天线

B．自适应天线可实现全向天线，完成用户信号接收和发送

C．多波束天线不能实现信号最佳接收，一般只用做接收天线

D．多波束天线具有结构简单、无须判定用户信号到达方向的优点

3．简答题

（1）简述常见天线的种类（列举五种以上）。

（2）简述市区覆盖基站天线应遵循什么选型原则。

（3）简述室内覆盖基站天线应遵循什么选型原则。

（4）简述 LTE 常采用的天线类型有哪些。

任务 3　移动通信用馈线及接头

【学习目标】

1．了解通信传输线的基本知识

2．了解移动通信用馈线、接头及无源器件

【知识要点】

1．通信传输线的基本知识

2．移动通信用馈线、接头及无源器件

2.3.1　通信传输线的基本知识

1．各类传输线的特点

如图 2-13 所示，假设传输线是均匀且不弯曲的，无限长，无损耗的情况下，分析各类传输线的特点。

矩形波导　　　　平行双线　　　　圆波导　　　　同轴线　　　　微带线

图 2-13　几种常见波导结构

（1）平行双线

平行双线是微波传输线的一般形式。在较低的频率上使用这种开放的系统是可以的，但是当频率很高，即当信号波长与双导体线截面尺寸以及双线间距离可比拟时，双线的辐射损耗急剧增加，传输效果明显变差，因此真正用于微波段的传输线多为封闭系统。

特点：成本低，安装方便，多用于电视接收机上的馈线，工作频率低。

（2）同轴线

同轴线是一种应用非常广泛的双线传输线，最大优点是外导线圆筒可以完善地屏蔽周围电磁场对同轴线本身的干扰和同轴线本身传送信号向周围空间的泄漏。同时，由于其导电面积比双线传输线大得多，因此降低了导体的热损耗。但当工作频率升高时，同轴线横向尺寸要相应减小，内导体损耗增加，传输的功率也受到限制。

特点：抗干扰，损耗低，工作频带宽，工作频率较高。

（3）金属波导

波导是微波传输线的一种典型类型，已不再是普通电路意义上的传输线。虽然电磁波在波导中的传播特性仍然符合传输线的概念和规律，但是深入研究导行电磁波在波导中的存在模式及条件、横向分布规律等问题，必须从场的角度根据电磁场基本方程来分析研究。常用的金属波导有矩形波导和圆形波导。

特点：损耗小，功率容量大，工作频带窄，工作频率高。

（4）微带线

受晶体管印制电路制作技术影响，提出并实现了这种半开放式结构的传输线。

特点：体积小，重量轻，工作频带宽，缺点是损耗大，功率容量小，用于小功率传输系统。

2．所传输电磁波的模式（波型）

（1）TEM 波（横电磁波）：在传播方向上没有电场和磁场的分量，即电磁场完全分布在横截面内（平行双线、同轴线）。

（2）TM 波（横磁波/E 波/电波）：在传播方向上只有电场分量而无磁场分量，即磁场完全分布在横截面内。

（3）TE 波（横电波/M 波/磁波）：在传播方向上只有磁场分量而无电场分量，即电场完全分布在横截面内。

对于一个传输系统来说，不管电磁场分布多么复杂，都可以把它看成用几个甚至很多个上述模式的适当辐度和相位组合的结果。因此传输系统中可能存在的模式不会超出以上三种类型。当然，在条件合适的情况下，传输系统中有可能只存在一种具体的模式，这时场分布情况就比较简单。导行电磁波的传输形态受导体或介质边界条件的约束，边界条件和边界形状决定了导行波的电磁场分布规律、存在条件及传播特性。

2.3.2 馈线

1．馈线的定义及分类

天馈系统是无线网络中关键的部分，包含天线和与之相连传输信号的馈线和无源器件，如图 2-14 所示。馈线是通信用的电缆，一般在基站设备中的 BTS 连接天线中使用。

常用的馈线一般分为 8D、1/2 普馈、1/2 超柔、7/8、7/16、13/8 和泄漏电缆（13/8，5/4）。其中，8D、1/2 超柔主要用做跳线；室内分布中信号传输一般使用 1/2 和 7/8 馈线，7/8 馈线在基站上用的多，13/8 馈线偶尔会在大型场所作为主干用。泄漏电缆一般在隧道等用得多。移动通信馈线主要采用 1/2 英寸馈线和 7/8 英寸馈线，它们的相关应用参数如表 2-2 所示。

图 2-14 典型馈线的外观

表 2-2 移动通信馈线

馈线类型	1/2 英寸馈线	7/8 英寸馈线
内导体外径尺寸（mm）	4.8	9
外导体外径尺寸（mm）	13.7	24.7
绝缘套外径（mm）	16	27.75
特性阻抗（Ω）	50 阻抗	50 阻抗
频率上限（GHz）	<8	<5
一次最小弯曲半径（mm）	<70	<120
900MHz：百米损耗（dB）	<6.88	<3.87
2000MHz：百米损耗（dB）	<10.7	<6.1

2．馈线结构（同轴电缆）

馈线结构示意图如图 2-15 所示。

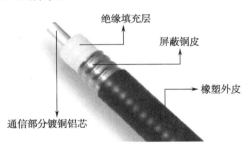

图 2-15 馈线结构示意图

2.3.3 馈线接头和转换头的种类

1．馈线接头

馈线与设备及不同类型线缆之间一般采用可拆卸的射频连接器（接头）进行连接。常见的接头有以下几种：

（1）DIN 型

DIN 型接头常用于宏基站射频输出口，适用的频率范围为 0～11GHz。

（2）N 型

适用的频率范围为 0～11GHz，用于中小功率的具有螺纹连接机构的同轴电缆连接。这是室内分布中应用最为广泛的一种接头，具备良好的力学性能，可以配合大部分的馈线使用。

（3）BNC/TNC 接头

BNC 接头：适用的频率范围为 0～4GHz，是用于低功率的具有卡口连接机构的同轴电缆接头。这种接头可以快速连接和分离，具有连接可靠、抗振性好、连接和分离方便等特点，适合频繁连接和分离的场合，广泛应用于无线电设备和测试仪表中连接同轴射频电缆。

TNC 接头：BNC 接头的变形，采用螺纹连接机构，用于无线电设备和测试仪表中连接同轴电缆。其适用的频率范围为 0～11GHz。

（4）SMA 接头

适用的频率范围为 0～18GHz，是超小型的、适合半硬或者柔软射频同轴电缆的连接，具有尺寸小、性能优越、可靠性高、使用寿命长等特点。但是超小型的接头在工程中容易被损坏，适合要求高性能的微波应用场合，如微波设备的内部连接。

（5）反型接头

通常是一对：公头采用内螺纹连接，母头采用外螺纹连接，但有些接头与之相反，即公头采用外螺纹连接，母头采用内螺纹连接，这些都统称为反型连接器。例如，某些 WLAN 的 AP 设备的外接天线接口就采用了反型 SMA 头。

举例：如图 2-16 所示，7/16 型接头系列产品专门为移动通信系统室外基站设计，具有使用功率大、功耗低、工作电压高及良好的防水性能等特点，能适合各种环境下的使用，安装方便，连接可靠。

7/16-K7/8　　7/16-J7/8　　7/16-K5/4　　7/16-J1/2

图 2-16　7/16 型接头系列

如图 2-17 所示，N 型连接器是一种具有螺纹连接结构的中大功率连接器，具有抗振性强、可靠性高、电气性能优良等特点，广泛应用于振动和恶劣环境条件下的无线电设备以及移动通信室内覆盖系统和室外基站中。

N-K7/8　　　N-J7/8　　　N-J1/2　　　N-JW1/2

图 2-17　N 型接头系列

2．转换头（转接器）

常用的 1/2 馈线头即为 N 型 J 头，又称 N-J 头，而室分中常用的 7/8 头为 DIN-NJ 头，即接馈线端为 DIN 大小、输出端为 NJ 头的馈线头应该是 1/12 英寸 DIN 型公头。前面说馈线端，后面 N 和 DIN 说头，DIN 头是用来接基站的，耦合基站的时候用；N 头是室分的。根据线径，又分公母头，公头和母头的识别方法如图 2-18 所示，主要有 J、K、N、D 等，室内分布中还会用到 SMA，即基站和光纤设备上经常看到的小的黄色的。常见连接器的型号如表 2-3 所示。

内螺纹型为"公头"　　外螺纹型为"母头"　　插孔式为"母头"　　插孔式为"公头"

图 2-18　公头和母头的识别方法

表 2-3　常见连接器型号

器 件 型 号	别　名
1/2-NJ 型连接器	公头
7/8-NJ 型连接器	公头
1/2-NK 型连接器	母头
7/8-NK 型连接器	母头
NJKW 转接头	直角转接头/弯头
N 型 J-J 转接头	公转公
N 型 K-K 转接头	母转母
NJ-DINJ 型转接器	N 公转 DIN 公
NJ-DINK 型转接器	N 公转 DIN 母

8D 馈线接地用圆柱形 N-50KK 直通头进行馈线接地，即将 8D 馈线截断，馈线截断端线头分别制作 N-J8C 接头，中间用 N-50KK 直通头串接，再用喉箍把地线铜蕊线固定在直通头上。

（1）主机/分机、天线、耦合器、功分器接口为 N-K 座，馈线为 N-J 头。

（2）馈线接头与主机/分机、天线、耦合器连接口连接时，距离馈线接头必须保持 50mm 长的馈线为直出，方可转弯。

（3）馈线接头与主机/分机、天线、耦合器连接口连接时，必须可靠，接头进丝顺畅，不要死扭。

馈线转弯半径：7/8 馈线大于 120mm，1/2 馈线大于 70mm，8D 馈线大于 50mm。

注意：J 公头；K 母头。天线的接头形式为 N 型公头/母头、7/16 DIN 头。另外，光纤上用的接头俗称法兰。

2.3.4　天馈系统无源器件

天馈系统常用的无源器件主要有功分器、耦合器、无源合路器、电桥等。

（1）功分器：进行功率分配的器件，有二功分、三功分、四功分等，如图 2-19 所示。

二功分器　　　三功分器　　　四功分器

图 2-19　功分器示意图

（2）耦合器：从主干道中提取部分信号的器件，按耦合度分为 5dB、7dB、10dB、15dB、20dB 等，如图 2-20 所示。

（3）无源合路器：将两（多）路信号合成为一路的器件，分为同频合路器和异频合路器，如图 2-20 所示。

（4）电桥：电桥是频率合路、功率分路的一种器件，常见的有 3dB 电桥，如图 2-20 所示。

耦合器　　　　　　三频合路器　　　　　　3dB电桥

图 2-20　耦合器、合路器、电桥示意图

思考与练习

1．填空题

（1）馈线结构主要分为_____、_____、_____、_____四个主要组成部分。

（2）BNC 接头适用的频率范围为_____Hz，是用于低功率的具有卡口连接机构的同轴电缆接头，适合_____场合，广泛应用于无线电设备和测试仪表中连接同轴射频电缆。

（3）反型接头通常是一对：一般_____采用内螺纹连接，_____采用外螺纹连接，但有些接头与之相反，这些都统称为反型连接器。

2．选择题

（1）以下几种属于天馈系统无源器件的是（　　　）。

A．功分器　　　　　　B．耦合器　　　　　　C．无源合路器　　　　　　D．电桥

（2）以下说法错误的是（　　　）。

A．TEM 波在传播方向上没有电场和磁场的分量

B．TM 波在传播方向上只有电场分量而无磁场分量

C．TE 波在传播方向上只有磁场分量而无电场分量

D．TE 波磁场完全分布在横截面内

（3）常用的（　　　）馈线主要用做跳线使用。

A．8D、1/2 超柔　　　　　　　　　　　　B．8D、1/2 普馈

C．1/2、7/8　　　　　　　　　　　　　　D．泄漏电缆

3．简答题

（1）简述常见的馈线接头有哪几种。

（2）简述常见各种传输线的特点。

任务 4　用罗盘测量天线方位角

【学习目标】

1．理解天线方位角的含义

2．掌握用罗盘仪测量天线方位角的方法

【知识要点】

1．用罗盘仪测量天线方位角的方法

2．不同天线安装方式下的天线方位角的测量方法

2.4.1　天线方位角简介

基站天线的方向是天线主瓣的方向。一般，正北对应第一扇区，从正北顺时针旋转120°对应第二扇区，顺时针再旋转120°对应第三扇区，如图2-21所示。

图2-21　天线方位角示意图

根据设计院的设计文件及客户优化资料提供的最新数据调整天线方位角，要求调整后误差不大于5°。调整时，轻轻扭动天线直至满足设计指标。

2.4.2　测量工具和测量原则

1．测量工具

测量天线方位角的工具一般采用地质罗盘仪（或指北针），如图2-22所示为地质罗盘仪的外观和基本结构图。指北针或罗盘仪必须每年进行一次检验，每次使用前要校准。

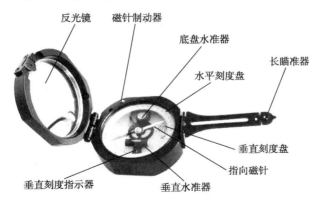

图2-22　地质罗盘仪外观和基本结构图

2．天线方位角测量原则

如图2-23所示，在测量过程中，应该要遵循以下三条测量原则：

（1）指北针或地质罗盘仪应尽量保持水平。

（2）指北针或地质罗盘仪必须与天线所指的正前方成一条直线。

（3）指北针或地质罗盘仪应尽量远离金属及电磁干扰源。如各种类型射频天线、中央空调室外主机、楼顶铁塔、建筑物避雷带、金属广告牌及一些能产生电磁干扰的铁体及电磁干扰源等。

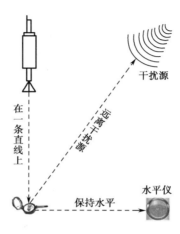

图 2-23　天线方位角测量原则

2.4.3　测量方式

最常规的测量方法是直角拐尺测量法。

（1）前方测量

在测方位角的时候，两人配合测量。其中一人站在天线的背面靠近天线的位置，另外一个人站在天线正前方较远的位置。靠近天线背面的工程师把直角拐尺一条边紧贴天线背面，另一条边所指的方向（即天线的正前方）来判断前端测试者的站位，这样有利于判断测试者的站位。测试者应手持指北针或罗盘仪保持水平，北极指向天线方向，待指针稳定后读数，即为天线的方位角。

（2）侧面测量

当正前方无法站位时，可以考虑侧面测量。在方位角的测量时，两人配合测量。其中一人站在天线的侧面近天线位置，另外一人站在天线另一侧较远的位置。靠近天线的工程师把直角拐尺一条边紧贴天线背面，拐尺所指的方向（即天线的平行方向）来判断前端测试者的站位，这样有利于判断测试者的站位。测试者应手持指北针或罗盘仪保持水平，北极指向天线方向，待指针稳定后读数，然后加（或减）90°即为天线的方位角。

2.4.4　不同天线安装方式的方位角测量

由于各地基站的安装环境不同，天线安装方式也不尽相同，大致可分为以下几种安装环境：落地铁塔、楼顶铁塔、楼顶简易铁塔、楼顶拉线铁塔、楼顶桅杆塔、楼顶增高架、楼顶墙沿桅杆、楼顶炮台桅杆等。

实际工程中，根据不同的安装方式，确定不同的天线方位角测量方法。

1．落地铁塔天线方位角测量

落地铁塔基本上建在地势较平坦、视野较开阔的地方，测量者遵循测量原则，方法如下：

（1）测量时寻找天线正前方的最佳测试位置（测量位置选在铁塔底部，罗盘仪与被测天线点对点距离大于20m；罗盘仪与铁塔塔体直线距离大于10m。确保测量者的双眼、罗盘仪、被测天线在一条直线上。

（2）在测试时身体一定要保持平衡。

（3）罗盘仪应尽量保持在同一水平面上，同时避免手的颤动（使罗盘仪内的气泡保持在中央位置）。

（4）保持30s，待指针的摆动完全静止。

（5）读数时视线要垂直罗盘仪，读取当前指针所对应的读数，并及时记录数据。

2．楼顶墙沿桅杆天线方位角测量

测量者遵循测量原则，测量位置选在楼层底部，测量者与被测天线直视距离内无遮挡，指北针或罗盘仪与被测天线点对点距离大于20m，然后参照落地铁塔天线方位角测量方法进行测量。

3．楼顶铁塔、楼顶简易铁塔、楼顶拉线铁塔、楼顶桅杆塔、楼顶增高架、楼顶炮台桅杆天线方位角测量

对于这几种安装方式，天线方位角测量可分为两种：

（1）由于环境原因，测量者在楼层底部无法直观地（或被其他建筑物遮挡）看到被测天线，无法到达测量位置时，可以选用以下两种方法：

① 寻找一个与被测天线平行的规则状物体作为参照物，然后按照落地铁塔天线方位角测量方法对参照物进行测量，并对测量的数据注明由测量参照物得到。

② 按照落地铁塔天线方位角测量方法，测量者可在楼顶上被测天线的正前方或正后方寻找一个最佳位置，进行测量，但必须遵循测量原则，尽量远离铁体及其他产生磁场的物体。最好将基站发射机关闭，避免微波磁场的干扰。

（2）测量者在楼层底部能直观看到被测天线，则按照楼顶墙沿桅杆天线方位角测量对天线进行测量。

思考与练习

1．填空题

（1）基站天线的方向是_____的方向。一般，正北对应第一扇区，从正北顺时针旋转_____度，对应第二扇区，顺时针再旋转_____度，对应第三扇区。

（2）调整天线方位角时，轻轻扭动天线直至满足设计指标。一般要求调整后误差不大于_____度。

（3）用罗盘仪测量，读数时视线要_____读取当前指针所对应的读数。

2．选择题

（1）天线方位角测量时，说法不正确的是（　　　）。

A．地质罗盘仪应尽量保持垂直

B．地质罗盘仪必须与天线所指的正前方成一条直线

C．地质罗盘仪应尽量远离电磁干扰源

D．地质罗盘仪应尽量保持水平

（2）落地铁塔天线方位角测量时，说法正确的是（　　）。

A．测量位置选在铁塔底部，罗盘仪与被测天线点对点距离大于 20m

B．测量者的双眼、罗盘仪、被测天线在一条直线上

C．在测试时身体一定要保持平衡

D．罗盘仪内的气泡保持在中央位置

3．简答题

（1）简述直角拐尺测量方法。

（2）简述落地铁塔天线方位角测量方法。

（3）简述楼顶墙沿桅杆天线方位角测量方法。

任务 5　天馈分析仪的操作使用

【学习目标】

1．熟悉天馈分析仪 Site Master

2．掌握天馈分析仪的操作使用方法

【知识要点】

1．天馈线测量相关基础知识

2．天馈分析仪的操作使用方法

2.5.1　天馈分析仪简介

1．Site Master 外观

常用的天馈分析仪一般有 SA 系列和 Site Master，在此主要介绍 Site Master。图 2-24 为 Site Master 的外观图和外部接口图。

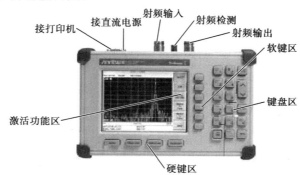

图 2-24　Site Master 外观图和外部接口图

Site Master 是一种手持的、用于测量驻波比/回波损耗（SWR/RL）的工具，同时还可以测试功率。该仪器具有一个用来输入数据的键盘和一个液晶显示屏幕，可以在可选频率范围和可选距离内，提供反映 SWR 和 RL 的轨迹图。

Site Master 是专门设计成在移动方便的环境中使用的，比较轻便，可手持，方便携带到任何场地使用，其内置电池可连续工作两个半小时，如在省电工作模式下可工作八小时。Site Master 也有外部供电 AC-DC 适配器或汽车烟嘴适配器供电，这两个都是标准配件。

2．Site Master 的按键说明

Site Master 常见的按键中英文对照表如表 2-4 所示。

表 2-4　按键中英文对照表

按　键　名　称	中　文　对　照	按　键　名　称	中　文　对　照
MODE	选择测试项目	AMPLITUDE	幅度
FREQ/DIST	设置频率、距离	SWEEP	扫描
Start Cal	开始校准	Auto Scale	自动调整坐标到最佳显示
Save Setup	保存设置	Recall Setup	存储
Limit	极限线，高于此限报警	Recall Setup	调出存储
Marker	标记	Save Display	保存当前显示
Run/Hold	连续运行/运行一次	Recall Display	调出历史显示

3．模式说明

模式菜单的说明如图 2-25 所示。

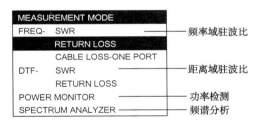

图 2-25　模式菜单的说明

2.5.2　Site Master 的操作使用

Site Master 的操作使用主要包括以下几个主要方面：

频域范围内的 SWR 测量：包括在一个可选频率范围内测量回波损耗 RL（Return Loss）、驻波比 SWR 和电缆损耗 CL。

距离域范围内的 SWR 测量：在一个可选距离范围内测量故障定位 DTF。同样可以反馈确定一条传输线上故障定位的信息。

功率监视可以测量绝对值或者相对某个基准电平的值，而且可以显示为 dBm 或是 Watts。

Site Master 主要功能的具体操作方法与步骤：

（1）开机自检

① 按 ON/OFF 键 Site Master 需要 5s 来进行一系列自检和校准过程，等待完成后，屏幕会显示 Anritsu logo、序列号、安装版本。

② 按 ENTER 键继续进行，约 1min 后，Site Master 会等待操作。

（2）校准

Site Master 测量系统必须在周围实际温度下进行校准，当设置的频率改变时也必须校准，且储存每次设置对应的校准值。

① 按 START CAL 键，屏幕会出现信息"Connect Open to RF OUT port"。

② 连接校准接头的 Open 端，按 ENTER 键，屏幕先后出现信息"Measuring OPEN"和"Connect Short to RF OUT port"。

③ 更换 Open 端，将校准接头的 SHORT 端连接上以后按 ENTER 键，屏幕先后出现信息"Measuring SHORT"和"Connect TERMINATION to RF OUT port"。

④ 更换 Short 端，将 Termination 校准接头，即 Load 端连接上后按 ENTER 键，屏幕先后出现信息"Measuring TERMINATION"。

⑤ 在屏幕左上方显示信息"CAL ON"说明校准操作过程正常。

（3）测量频率域 SWR

测量步骤如下：

① 按 ON/OFF 键，开机自检。

② 选测试项目：按 MODE 键选择 FREQ-SWR，按 ENTER 键确认，按 ESCAPE 键返回主菜单。

③ 选择频率：按 FREQ/DIST 键，按 F1 和 F2 键，可以进行低端频率设置和高端频率设置。

④ 校准：按 START CAL 键，按屏幕提示将开路器、短路器和负载接到 RF OUT 口，按 ENTER 键校准。

⑤ 连线：连接所测天馈系统至 Site Master 的 RF OUT 口。

⑥ 测试：按 RUN 键开始测试。

⑦ 其他：按 AUTO SCALE 可自动优化显示比例；按 AMPLITUDE 或 LIMIT 键可设置坐标选项单等。

（4）测量距离域 SWR

测量距离域的基本步骤如下：

① 按 ON/OFF 键，开机自检。

② 选测试项目：按 MODE 键，选择 DTF-SWR。

③ 校准：同上。

④ 连线：连接所测天馈系统至 RF OUT 口。

⑤ 设置距离：按 FREQ/DIST 键，设置 D1 为 0 和 D2 为馈线实长。

⑥ 设门限：按 LIMIT 键进入驻波门限设置，一般设为 1.4。

⑦ 观察波形：某处驻波超所设门限，按 DIST 键，进入距离设置菜单；选 MARK 键，设置距离标记，则可找出故障位置。

（5）测量功率

功率测量通过一个射频发生器（1MHz～3000MHz），功率监视显示测试的功率，单位为 dBm 或 Watts。基本步骤如下：

① 进入功率监视模式：按 MODE 键，通过上/下键选择 POWER MONITOR，按 ENTER 键选定功率控制模式。

② 功率监视调零：在没有选用 DUT 情况下，在功率菜单里按 ZERO 软键，Site Master

收集静止的功率电平等待约数秒钟，当完成以后，"ZERO ADJ:ON"在屏幕上显示出来。

③ 测量高输入功率电平：在 DUT 和射频（RF Detector）之间连接一个衰减器，保证输入到 Site Master 的功率不超过 20dBm；按 OFFSET 软键；通过数字键输入衰减值，单位为 dBm，按 ENTER 键完成，信息"OFFSET is ON"将会显示在屏幕上。

④ 显示功率单位：按 UNITS 软键显示功率，单位为 Watts。

⑤ 显示相对电平：将预设的电平值输入到 Site Master，按 REL 软键，信息"REL:ON"将会显示在屏幕上，功率读数将会显示；按 UNITS 软键显示功率，单位为 dBm，在 REL 启动以后，功率将会读出，单位为 dBr，相对于基准电平的值。

（6）频谱仪测试模式

这部分介绍用户通过四个简单的步骤，测量显示在屏幕上输入信号，分析信号的频率和电平，这些步骤包括设置中心频率、设置带宽、设置电平和激活标记点。基本步骤如下：

① 按 ON/OFF 键后，按 ENTER 键进行测试。

② 连接一个信号发生器到频谱分析的 RF 输入端，提供一个 -10dBm、900MHz 的信号（以测量一个 900MHz 的信号为例），进行初始化。

③ 将 Site Master 设置为频谱分析模式：按 MODE 键，通过上/下键选择 SPECTRUM ANALYZER，按 ENTER 键。

④ 设置中心频率：按 FREQ/DIST 键，按 CENTER Frequency 软键，通过数字键和上/下键输入 9、0、0，按 ENTER 键将中心频率设置为 900MHz。

⑤ 设置频带宽度：按 SPAN 软键，通过数字键和上/下键输入 1、5，按 ENTER 键将中心频率设置为 15MHz。

⑥ 设置标记点：按 MARKER 键，按 M1 软键，按 ON/OFF 和 EDIT 软键激活选定标记点，按 MARKER TO PEAK 软键将标记点 M1 设置为轨迹的最高点。

注意： 按 EDIT 软键后通过上/下键也可以找到峰值点。

思考与练习

1. 填空题

（1）频域范围内的 SWR 测量：包括在一个可选频率范围内测量_____、_____和_____。

（2）距离域范围内的 SWR 测量：是_____。同样可以反馈确定一条传输线上_____的信息。

（3）_____可以测量绝对值或者相对某个基准电平的值，而且可以显示为 dBm 或是 Watts。

（4）Site Master 在频谱仪测试模式可通过四个步骤进行：_____、_____、_____和_____。

2. 选择题

（1）可以测量 VSWR 的工具仪器是（　　）。

A．Site Master　　　　　　　　　　B．TEMS

C．SATT　　　　　　　　　　　　　D．ANT PILOT

（2）在使用 Site Master 之前，必须对之进行哪些设置（　　）？

A．校准　　　　　　　　　　　　　B．设置馈线损耗参数

C．设置馈线传播参数 　　　　　　D．以上三种都要

（3）在哪种情况下 Site Master 需要进行校准（　　）？

A．第一次使用时 　　　　　　　　B．每次使用之前

C．当环境和温度改变时 　　　　　D．当测量频率范围改变时

3．简答题

（1）简述对 Site Master 进行测试前校准的基本步骤。

（2）简要说明用 Site Master 测量 SWR 的步骤。

（3）画图并说明如何用 Site Master 天馈线测试仪准确地测量馈线的长度。

项目 3　移动通信基站工程建设

任务 1　移动通信基站工程建设流程

【学习目标】

1．了解 TD-LTE 基站工程建设基本流程

2．了解工程建设过程中的配套改造、设备安装开通流程

【知识要点】

1．TD-LTE 基站工程建设基本流程

2．配套改造、设备安装开通流程

3.1.1　TD-LTE 基站工程建设基本流程

　　TD-LTE 基站工程建设基本流程分为网络规划、基站勘察设计、工程建设和工程优化等，如图 3-1 所示。

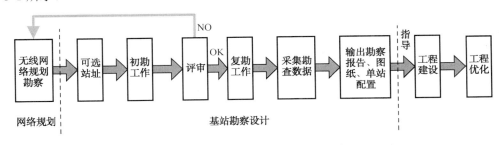

图 3-1　TD-LTE 基站工程建设基本流程

　　网络规划的目的是在一定成本下实现容量、覆盖、质量的总体最大化，主要规划网络规模和估算投资。

　　由网优、选点单位提出网络规划建设要求，将选点要求委托给网建中心安排选点单位根据要求进行选点。建设单位根据选点单位反馈选点合同签订情况，将下阶段基站建设的任务委托给监理单位和施工单位。监理单位根据建设单位委托的任务组织建设勘察。设计单位在勘察后 3 个工作日内提交设计图纸，紧急站点 1 个工作日内提交。由监理单位、施工单位共同实施；监理单位、施工单位收到图纸之后在一个工作日内完成图纸预审工作，形成预审意见。监理单位协助建设单位组织设计会审，并要求设计单位 2 个工作日内提交修正图纸。传输中心根据网建中心基站建设的需求，组织光缆施工单位进行线缆走线路由勘察。根据路由勘察情况和组网情况进行光缆施工。

　　勘察设计为网络建设提供科学依据，以最小建设投资代价获取最优网络。主要分为五个方面的勘察内容：

　　（1）沟通建站需求；

　　（2）确认站址环境；

　　（3）采集站址信息；

（4）出具设计图纸；

（5）配具基站辅材。

根据勘察设计的结果，提供详细的建设方案，从而知道备货、工程施工、安装调测等网络建设各环节。勘察输出结果，将会直接影响整个工程的质量和能否顺利实施。

勘察设计环节分为初勘和复勘两个阶段，初勘主要完成基站选址勘察，在无线网络规划后，初勘预规划站点信息，现场观察、调查和研究；并且兼顾整体性和长期性原则。复勘是在站址确定后进行详细的勘察过程，包括站址无线环境、天面情况、天线安装方式、机房情况、电源和传输、设备和天线的选型等。

工程建设主要是在网络规划和勘察的基础上，在勘察结果的指导下，进行基站站点工程建设，包括基站机房内部和外部的布线和设备安装，其中还包括配套设备的安装和改造、设备的安装调试和开通等。

工程优化主要是在工程建设完成后，网络正常运营维护过程中，针对网优人员日常工作提供全面的优化支撑平台，通过各种硬件或软件技术使网络性能达到需要的最佳平衡点，实现对移动通信网络的统一管理，提高网优工作日常效率。

3.1.2 无线网络规划勘察的基本流程

无线网络规划勘察即站址勘察，站址位置的选择直接影响到无线网络建设的效果，确定站址位置是否合理十分重要。勘察人员在做网络规划站址勘察时应结合周围环境在规划站点附近尽量选择至少一主一备两个站点。站址勘察流程如图3-2所示。

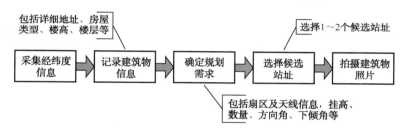

图3-2　站址勘察流程

3.1.3 基站工程勘察的基本流程

基站工程勘察师在站址勘察工作完成之后，需要制定基站的详细勘察计划，详细勘测得到的结果要用于网络规划和工程建设。在TD-LTE基站中，将会有大部分站点是共址站（与现网2G、3G站点共用机房或天面），勘察流程可以分为新建站勘察和共址站勘察，勘察流程包括机房勘察和天面勘察，如图3-3所示为机房勘查流程图。

图3-3　机房勘察流程

如图3-4所示为天面勘察流程图。

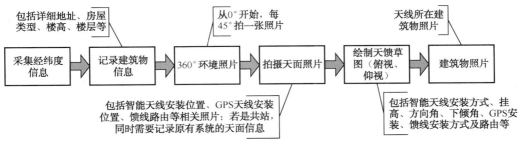

图 3-4 天面勘察流程

3.1.4 工程建设过程中的配套改造流程

工程建设过程中的配套改造流程如图 3-5 所示。

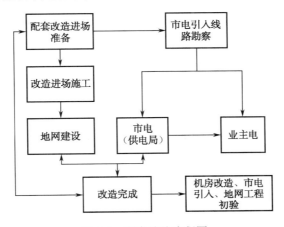

图 3-5 配套改造流程图

配套改造进场准备：由施工单位根据设计图纸要求做好相关改造材料准备和提前与业主做好进场的沟通协调工作。

改造进场施工：由施工单位、监理单位实施；施工单位根据建设任务的需求进行配套的改造工作，同时监理对改造的质量、进度进行跟踪控制。

地网建设：由施工单位、监理单位实施；监理根据机房室内抱杆、室外抱杆完成情况，通知地网施工单位进行地网施工并做好签证记录。

市电引入线路勘察：市电引入单位根据机房用电要求进行线缆走线路由勘察和报电流程。

市电和业主电：市电引入单位代表通信运营商向供电局报电；市电引入单位与业主协商机房用电事宜。

改造完成：监理单位改造完成的时候组织施工队进行工程量核算和施工质量检查、自验，确保下阶段设备进场顺利进行。

机房改造、市电引入、地网工程初验：监理对已经完成的改造站点组织施工队对相关工程进行初验，在初验同时进行相关工程量的审核，合格后再提交工程验收。

3.1.5 设备安装开通流程

设备安装开通流程如图 3-6 所示。

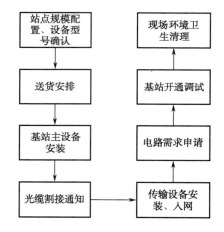

图 3-6　设备安装开通流程图

站点规模配置、设备型号确认：由建设单位、监理单位实施；站点符合设备进场条件后，监理单位会向建设单位负责人提出基站配置需求，负责人收到需求后会以邮件形式向网优部门确认站点的配置规模，并以邮件形式通知监理单位。

送货安排：由监理单位、仓库物流单位实施；监理单位根据建设单位的规划，以邮件形式通知仓库发货，邮件内容需注明站名、站点配置、主设备类型、天线类型、选点单位（以便仓库问路）、钥匙情况，并附上站点图纸。仓库在收到送货通知后应在规定时间内将设备送至基站，并将送货情况反馈给监理单位。

基站主设备安装：由监理单位、施工单位实施；监理单位根据送货反馈情况电话或邮件通知各单位进场施工，各单位按照设计图纸根据移动建设规范对基站主设备、电源电池、空调等设备安装。

光缆割接通知：由监理单位、建设单位实施；监理单位确认该站点综合柜施工完成后向建设单位光缆负责人提出光缆割接通知，通知内容需包括站名、传输柜安装情况、选点单位联系人电话、钥匙情况、光缆割接需求时间，光缆负责人会在光缆割接完成后短信通知监理单位，通知内容需包括该站光缆割接情况，光缆接入路由情况。

传输设备安装、入网：由监理单位实施；监理单位根据光缆负责人给出的光缆割接信息、路由信息、基站市电完成情况等，安排传输单位进行传输设备的安装和入网。

电路需求申请：由建设单位、监理单位实施；确认传输入网以后，监理单位将传输入网的相关信息反馈给网建中心，由网建中心向网络部提出具体的电路申请。

基站开通调试：由监理单位、督导、施工单位实施；待网建中心反馈传输电路后，监理组织安排厂家督导、施工单位进行基站开通调试，在基站开通调试过程中，监理同时对基站的整体安装质量进行检查并核实工程量。

现场环境卫生清理：在施工单位撤离现场前，监理督促施工单位做好现场环境卫生清理（在每个环节施工单位撤离现场都必须清理当天的垃圾）。

思考与练习

1．填空题

（1）网络规划的目的是_____，主要规划_____和_____。

（2）勘察设计为_____提供科学依据，以最小建设投资代价获取_____。

2．简答题

（1）简述 TD-LTE 基站工程建设基本流程。

（2）勘察设计主要分为哪五个方面的勘察内容？

（3）简单回答 TD-LTE 基站工程站址勘察基本流程。

（4）简单回答 TD-LTE 基站天面勘察基本流程。

任务 2　无线网络规划勘察

【学习目标】

1．了解无线网络勘察定义和流程

2．了解无线网络勘察的主要内容

3．熟练掌握无线网络勘察技术

4．了解无线网络勘察工作中的注意事项

【知识要点】

1．无线网络勘察定义和流程

2．无线网络勘察的主要内容

3．无线网络勘察技术

4．无线网络勘察工作中的注意事项

3.2.1　TD-LTE 无线网络勘察流程

根据项目的不同阶段，勘察可分为初勘（即网络规划现场勘察）和复勘（即工程设计现场勘察）两个阶段。初勘主要确定站点位置，复勘主要针对初勘确定的站点进行室内和天面的详细勘察，给出是否适合建站的结果与依据。

无线网络勘察也就是初勘，是网络建设之前，工程师对实际的无线传播环境进行实地勘测和观察，进行相应数据采集、记录和确认的相关工作。无线网络勘察主要目的是获得无线传播环境情况、天线安装环境情况以及其他共站系统情况，以提供给网络规划工程师相应信息，初步选定基站站址。

TD-LTE 无线网络规划流程可以分成需求分析、网络规模估算、站址规划、网络仿真、无线参数规划 5 个阶段，具体流程如图 3-7 所示。

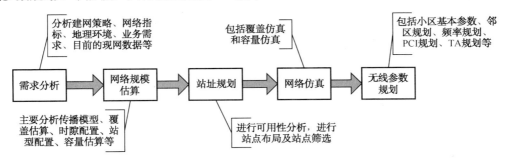

图 3-7　TD-LTE 无线网络总体规划设计流程

在进行站点选择时应进行需求分析，将基站设置在真正有话务和数据业务需求的地区。

满足覆盖和容量要求：参考链路预算的计算值，充分考虑基站的有效覆盖范围，使系统满足覆盖目标的要求，充分保证重要区域和用户密集区的覆盖。在进行站点选择时应进行需求预测，将基站设置在真正有话务和数据业务需求的地区。各类区域站间距建议：

（1）市区：300～500m；

（2）郊区：500～1000m；

（3）高速干线：1000～3000m（推荐机场高速这样位于市内的高速）。

网络规模估算主要是通过覆盖和容量估算来确定网络建设的基本规模，在进行覆盖估算时首先应了解当地的传播模型，然后通过链路预算来确定不同区域的小区覆盖半径，从而估算出满足覆盖需求的基站数量。容量估算则是分析在一定时隙及站型配置的条件下，TD-LTE网络可承载的系统容量，并计算是否可以满足用户的容量需求。综合了覆盖和容量估算的结果，就可以确定目标覆盖区域需要的网络规模。

在站址规划阶段，主要工作是依据链路预算的建议值，结合目前网络站址资源情况，进行站址布局工作，并在确定站点初步布局后，结合现有资料或现场勘测来进行站点可用性分析，确定目前覆盖区域可用的共址站点和需新建的站点。可用站址主要依据无线环境、传输资源、电源、机房条件、天面条件及工程可实施性等方面综合确定。同 TD-SCDMA 相似，TD-LTE 系统宏站将使用八阵元双极化天线，这类天线会给天面施工带来一定挑战，在查勘时应当注意天线风阻、铁塔承重、施工面积等问题。另外，TD-LTE 站点通常会出现多系统共站址的情况，此时需考虑采用工程手段规避 TD-LTE 系统同其他通信系统之间的干扰。

有了初步的站址规划后，就需要将站址规划方案输入到 TD-LTE 规划仿真软件中进行覆盖及容量仿真分析，仿真分析流程包括规划数据导入、传播预测、邻区规划、时隙和频率规划、用户和业务模型配置以及蒙特卡罗仿真，通过仿真分析输出结果，可以进一步评估目前规划方案是否可以满足覆盖及容量目标，如存在部分区域不能满足要求，则需要对规划方案进行调整修改，使得规划方案最终满足规划目标。

在利用规划软件进行详细规划评估之后，就可以输出详细的无线参数，主要包括天线高度、方向角、下倾角等小区基本参数、邻区规划参数、频率规划参数、PCI 参数等，同时根据具体情况进行 TA 规划，这些参数最终将作为规划方案输出参数提交给后续的工程设计及优化使用。

3.2.2　勘察的准备工作

1．基站勘察规范

基站勘察前的准备工作如下：

（1）人员准备：勘察人员分工、分组计划（一般每组不宜少于 2 人），协调熟悉站址分布及配套传输、电源、铁塔等情况的本地工程师。人员配备需从事过 TD 基站安装相关工作，有丰富的安装、勘察经验的人员；通过勘察设计的相关培训，有登高证；且工作严谨、细致、有责任心。

（2）信息准备：了解工程概况、特殊要求、局方意图等相关信息；明确工程任务和范围。了解现有 2G、3G 网络结构图、共址 2G、3G 基站平面图，包括设备平面图、走线架及布线图、天馈图等；了解本期工程拟建规模、LTE 网络结构图、设备配置、需要重点覆盖的区域等。相关设计资料的收集，如原设计文件、设备图纸，原有设计数据等。与项目经理、市场销售工程师等相关人员联系，记录所需联系人的电话、地址、传真号等。

根据收集的现网和 LTE 拟建资料，熟悉待建站点覆盖目标区域的环境，以及可能的站址位置偏移。对于共址站还应了解机房空间、现网设备布置、天面环境。

（3）拟定计划：拟定勘察路线、进度安排、职责划分等相关内容；列表明确勘察内容和现场需要解决的问题；准备好勘察车辆。

（4）准备勘察工具：外出勘察前必须按清单准备好需要带的勘察工具。

携带 GPS 定位仪、数码相机、卷尺、指北针、测距仪、勘察绘图本、站址勘察表格、地图等资料，并确认仪表可正常工作。常用勘察工具及用途见表 3-1。

表 3-1　常用勘察工具及用途

序　号	工　具	用　途
1	手持 GPS	定位
2	声波或激光测距仪、10m 钢卷尺	勘测距离
3	地质罗盘或指北针、绘图板、绘图工具（铅笔、橡皮、直尺、小刀等文具）	利用罗盘或指北针指示方向，测量方位角、倾角、坡度、高度等，用绘图文具绘制出草图
4	地阻仪（可选）	测量接地电阻
5	数字万用表	测量电压
6	望远镜	线路勘察、距离测量，主要针对远距离
7	数码相机	对勘察现场进行拍照记录
8	频谱仪（可选）	测量频谱
9	地图和相关的设计文件，如 eNodeB 勘察报告；针对需扩容的基站还应有原网基站分布图、网络覆盖图等相关文件	信息备查
10	笔记本电脑	基站勘察及绘图情况电子结果输出

2．注意事项

（1）勘察注意事项

① 勘察前组织召开勘查工作协调会：项目经理、网络勘察设计组长、勘察人员与用户就勘察分组、勘察进程、车辆等问题进行沟通，统一双方思想，共同制定勘察计划，合理安排勘察路线。

② 勘察过程中及时与相关人员沟通；发现合同清单中有关配置、工程材料等方面的问题，应及时与工程项目经理联系。勘察内容、设计方案等信息需现场与用户、设计院沟通确认。

③ 对机房原有设备，特别是运行中设备，一定要小心，严禁触动其他厂家设备，同时注意保持环境整洁。

④ 设计文件内容要求简洁、明了。

⑤ 勘察人员当日必须整理次日所用工具、材料，确保工作不受影响。

注意：外出勘察时"安全第一"。

（2）测量注意事项

基站相关尺寸的测量，一般将误差控制在 ±3% 之内。使用声波测距仪时，被测距离空间内应无障碍物阻碍。观察天线位置周围环境的障碍物，按照建筑物密集程度不同，在距天线位置 300m（密集区）或 600m（稀疏区）范围内，高于天线的均为障碍物，测量方向、高度、距离，障碍物距离方向测量的误差控制在±8%之内，相关数据分别记录在 eNodeB 的现场勘察报告中。

3.2.3 TD-LTE 无线网络勘察内容

无线网络规划勘察，主要进行以下几个方面的勘察：

（1）站点基本信息勘察。

站点类型：一般机关楼、安全部门办公楼、居民楼、教学楼、商务楼、宾馆等。

基站所处位置：平地、半山腰、山顶、小山包上、谷底、斜坡上部、斜坡下部等。

共站系统类型：TD-SCDMA、WCDMA、CDMA2000、GSM900、DCS1800、CDMA、微波等。

共站系统天线情况：型号、安装位置、方位角等。

其他信息：经纬度、楼层数、层高等。

（2）初勘站点最好利用已有站点，如果不能共站，新站选择范围尽量在规划站址的中心位置，客观原因下其偏差不能大于基站覆盖半径的四分之一，在此要求下选择 2～3 个备选站址。如可用站点与预规划站点距离超出此范围，勘察人员应及时与网络规划人员联系，调整基站的规划设计方案。

（3）对备选站址进行无线环境的勘察和话务区分布勘察，覆盖区域的总体环境特征描述（基本地形地物描述）；覆盖区内建筑物信息：建筑物分布情况、楼层数、类型等。障碍物描述，如山体、高楼、树林等，包括位置信息、障碍物特征、高度、阻挡范围等。

（4）如果是共站机房，查勘机房是否有空间安装新设备，是否符合 TD-LTE 设备的安装条件；如果是新站且机房可以确定，勘察机房承重是否满足要求，是否满足安装条件。

（5）基站的选址：通过勘察确认备选站点是否适合建站，如不适合，勘察下一个备选站点；如果备选的站址都不合适，需要重新再选择站点，直到选出可用的站点。

（6）勘察任务完成后，及时对勘察数据进行归档整理，按照相应的要求保存文档。

站点信息要详细记录的数据包括：

① 被勘察站点的经纬度、地址信息，详细到街道、门牌号。

② 站点的类型（女儿墙、铁塔、拉线塔等），机房的位置，站点的高度，天线的方向角、下倾角等。

③ 该站是共站还是新建基站。

④ 针对勘察情况，在勘察报告中给出站点选择的建议，并且给出详细的原因描述。

勘察当天应及时整理勘察表格、图纸、照片等资料，召开勘察总结会，形成会议纪要，认真编制勘察报告并存档。

3.2.4 无线网络勘察技术要求及注意事项

1. 环境勘察注意事项

观察并记录基站周围环境情况。移动通信的无线传播环境主要按照地形分布情况分类：

（1）密集市区：20 层以上的高楼大厦密集的区域；

（2）市区：一般市区，高楼大厦比较少，且分布比较分散的区域；

（3）郊区：一般城市市郊、县城、大市镇等，楼房一般在 6 层左右建筑物不太高，相对分布比较分散的区域；

（4）远郊、小镇：楼房高度大概在 2～6 层，分布分散的区域；

（5）旷野、农村、公路站：楼房较少且不高，分布分散的区域。

2．站点选择原则和注意事项

（1）充分利用运营商现有资源，局站站址和其他通信资源等；一般基站站址位置应选在交通便利、供电可靠、方便提供传输的地方。

（2）充分考虑与异系统的相互干扰，保证异系统的空间隔离度；避免在大功率无线电发射台、雷达站、军事区域、机场或其他强干扰源附近设站；避免易燃易爆危险区域。

（3）基站四周应视野开阔，附近没有高大建筑物阻挡；选择有适当高度的建筑物、高塔或其他地点，如果建筑物高度无法满足天线挂高要求，应有合适的屋顶或地面能建塔的条件；建议基站天线挂高应高出周边建筑物平均高度 5～8m。

（4）尽量选在周围有需要重点覆盖的地方，避免将小区边缘设置在用户密集区、道路中央等位置；避免在高山上设站。在城区设高站干扰范围大，影响频率复用。在郊区或农村设高站往往对处于小盆地的乡镇覆盖不好；避免在树林中设站。如要设站，应保证天线高于树顶。

（5）保证必要的建站条件，站址选择要保证天线足够的安装空间；对于市区站点要求：楼内有可用的市电及防雷接地系统，楼面负荷满足工艺要求，必要时应加固。楼顶有安装天线的场地。对于郊区和农村站点要求：市电可靠、环境安全、交通方便、便于架设铁塔等基建设施。

（6）避免天线主瓣正对着街道走向。天线的主瓣方向与街道方向成一定的夹角，避免峡谷效应的产生。

（7）在勘察时，按照勘察表格顺序，填写并测量；整理数据时，合理布局版面。

3．特殊场景选站注意事项

（1）小面积盆地：基站站址一般设置在盆地中央，采用全向基站覆盖。

（2）山坡上的城镇：基站站址设置在山坡底部，天线挂高应足够高。

（3）海域、草原等开阔区：基站站址选择地势较高的地点或山顶。

（4）短距离隧道：基站站址选择在隧道两端，采用高增益、窄波瓣定向天线覆盖；如果隧道过长，则考虑泄漏电缆覆盖。

思考与练习

1．填空题

（1）TD-LTE 无线网络规划流程可以分成：_____、_____、_____、_____和_____等 5 个阶段。

（2）基站相关尺寸的测量，一般将误差控制在_____之内。使用声波测距仪时，被测距离空间内应_____。

（3）按照建筑物密集程度不同，在距天线位置 300m（密集区）或 600m（稀疏区）范围内，高于天线的均为_____，测量方向、高度、距离，障碍物距离方向测量的误差控制在_____之内，相关数据分别记录在勘察报告中。

2．选择题

（1）对于特殊场景选站，以下说法正确的是（　　　）。

A．基站站址一般设置在小面积盆地中央，采用全向基站覆盖

B．山坡上的城镇：基站站址设置在山坡底部，天线挂高足够高

C．海域、草原等开阔区：基站站址选择地势较高的地点或山顶

D．短距离隧道：基站站址选择在隧道中间，采用高增益定向天线覆盖

（2）TD-LTE系统确定目标覆盖区域需要的网络规模的依据是（　　　）。

A．覆盖估算的结果　　　　　　　　　　B．网络模型的设计

C．容量估算的结果　　　　　　　　　　D．站点数量的规划

3．简答题

（1）外出勘察需带哪些工具？这些工具有什么作用？

（2）移动通信无线传播环境按照地形分布情况分为几大类？分别都有什么特点？

（3）简述站点选择的原则和注意事项。

（4）TD-LTE无线网络规划设计工作流程中，基站勘察包括哪两部分？

任务3　基站工程勘察与绘图

【学习目标】

1．了解基站勘察规范、勘察操作要点及图纸的绘制要点

2．能正确判断所选站点是否适合建站，给出工程施工建议

3．能正确填写勘查记录单

4．能绘制基站位置图，能正确标明基站地理位置

【知识要点】

1．基站勘察规范、基站勘察的操作要点

2．勘查记录单的填写

3．图纸的绘制要点

　　基站在2G网络中称为BTS，3G网络中称为NodeB，在LTE中称为eNodeB。基站主要负责无线传输，它属于系统的无线部分。基站主要由基带、载频、天馈及基站接口、时钟、操作维护等部分组成。初勘主要确定站点位置，复勘主要针对初勘确定的站点进行室内和天面的详细勘察，给出是否适合建站的结果与依据，也就是基站工程勘察。基站工程勘察是获得站点、局点工程数据资料的途径，是做网络规划方案及编写工程设计文件的基础。它为网络建设提供重要依据，以最小建设投资代价获取最优的设计方案，指导备货、工程施工、安装调测等网络建设各环节。

3.3.1　LTE基站工程设计勘察的主要内容

　　出发前应做好勘察前的准备工作，配备好合理的人员，收集详细的初勘信息，拟定勘察路线、进度安排、职责划分等相关内容；列表明确勘察内容和现场需要解决的问题；准备好勘察车辆。按清单准备好需要带的勘察工具。

　　基站工程设计勘察是在初勘站址确定后的勘察。主要包括三个方面：站点总体情况勘察、机房室内勘察和天面室外勘察，具体的勘察内容如下：

1. 基站总体情况的勘察

（1）从初勘结果中获取最佳的初勘站点，选定为复勘站点。

（2）记录基站名称、行政区域，测量基站的经纬度，基房的位置，楼高，机房的层高；物业的联系人及联系方式。

（3）机房是否设在设备搬运比较困难的地方，估算搬运的距离；如果是楼房，是否有电梯，电梯的大小和楼梯的宽度是多少，设备是否能走电梯上去。

（4）其他特殊情况的说明。

2. 基站天面勘察设计

（1）根据初勘的勘察结果，确定基站站点所属区域；观察并记录基站周围环境情况。观察周围有没有需要重点覆盖的地方；是否有高大建筑物遮挡；是否有大面积的水面、树林等。在现场勘察报告中详细记录基站周围的阻挡情况，详细描述具体方位。

（2）勘察周围环境，选择相对较高的位置，以磁北为0°，从0°开始每隔45°拍摄图片一张；此外拍摄基站安装地点的照片；如安装地点已有天线，需拍摄现有天线安装情况照片。整理照片，每个基站建一个文件夹，文件夹名称取为基站名称；照片名称如下：周围环境从0°开始顺时针旋转，名称依次为"0"、"45"、"90"、"135"、"180"、"225"、"270"、"315"，基站安装地点名称为"XX基站"；天线安装名称为"天线安装"。

（3）勘察记录天线的安装方式、天线的挂高、方向角及下倾角；塔站需要勘察塔的高度、塔的平台数、天线拟安装平台、天线的挂高；抱杆安装，需要记录女儿墙高度、抱杆的高度、抱杆的直径、抱杆顶超过女儿墙上沿的高度。

（4）勘察楼顶或铁塔的位置，明确机房与天线所在地的相对位置，根据GPS的选点原则选取GPS的安装位置、固定方式和防雷保护方式。确定馈线走向及走线方式，勘察原有走线架是否能满足安装的需要，如果需要新增走线架，记录新增走线架的位置、走势图。根据接地规范，确定GPS线缆室外接地点的个数。

（5）勘察RRU的安装方式，同时确定上跳线的长度；根据走线路由方式，精确测量每个扇区RRU电源线、光纤的长度；测量GPS线缆的长度和GPS天线的安装高度。

（6）绘制天面情况草图，在安装草图上标明天线安装具体位置及馈线走线。

3. 基站机房室内勘察设计

（1）机房是否完成室内装修和清洁，记录门窗的位置及机房净高，门高及过道宽度空间，是否满足要求；是否提供符合原邮电部标准的空调、照明和消防设施；设备机房需配备-48V直流供电电源。安装直流电源配电设备和过流保护器，并配备蓄电池组；设备机房内接地线的接地电阻是否小于5Ω，接地排应设在走线架上部机房墙面上，方便设备接地线的安装；地面承重是否满足要求等。

（2）记录机房主要设备及辅助设备的位置（先地面后墙上），柱子和承重梁的位置；确定新设备的安装位置。

（3）确定基站安装位置后，勘察是否需要新增走线架，若需要，应记录新增走线架的位置、走线图。要充分考虑走线架延伸到电源柜、传输设备，保证电源线与传输线的走线。

（4）如机房已有传输设备，记录传输设备的类型，是否还有可用端子；测量并记录传输

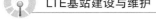

设备到基站走线的传输线长度，要留余量。

（5）机房电源供电是否还有空余的接线端子，测量并记录电源空开到基站设备的走线路由长度。

（6）勘察机房室内的已有接地排位置，并查看是否还有空余的接线端子，是否需要新增室内接地排，如果新增，确定新增地排的安装位置。测量并记录基站到室内地排的距离，同时需要记录并测量基站到室外防雷接地排的距离。

（7）机房内安装设备的正上方应架设符合相关标准线缆走线架，保证从基站设备顶部输出的线缆安装可靠、维护方便。走线架的高度距地面至少为 2200mm 左右，宽度为 500mm。馈线洞应设在线缆走线架的上方，并配有防水和密封装置。

（8）信号缆线与电源线在走线架上要分开布放，以减少干扰；绑扎绑扣应松紧适中；所放缆线应顺直、整齐有顺序。

（9）绘制机房平面草图。

3.3.2　LTE 基站勘察的要求

1．基站勘察要求及注意事项

勘察时对机房环境的总体要求如下：

（1）勘查并记录基站所在楼层高度，楼的总体层数和高度；门窗的位置、尺寸，是否有较高较好的密封防尘功能和防盗装置；机房净高；如果有承重墙及隔断墙、柱子和承重梁等，要勘察它们的位置。要有良好的照明灯光，具备 220V 电源插座；机房内墙面和顶棚面应光洁，耐久，不起尘，且防滑，不燃烧；地面采用防静电地板；地板下面为混凝土基础，要求混凝土的标号满足要求。

（2）房内原有设备的位置，如走线架、馈线洞、接地排等；馈线洞应设置在近邻线缆走线架上方并配防水和密封装置；走线架的高度距设备顶部至少 600mm，室内宽度最佳为500mm，室外为 400mm；机房内安装烟感告警探头，机房耐火等级为二级，抗震等级按 8 度设防考虑。

（3）利用罗盘确定机房的地理朝向，勘查后新建基站设备的位置、容量配置及各种线缆的长度（要考虑余量）、走向等。

（4）传输类型：S1/X2 传输类型分为光口和电口，勘察时要搞清楚是哪种类型。

除此之外还需要注意：交直流功率要求、设备承重要求及基站电源引入方式和接地、防雷等的方案。

在勘察过程中，要实时记录各种测量数据，严格按"基站勘察情况表"的要求收集数据，确定基站的位置，绘制出基站机房设备布局图。

2．室外天面勘察

（1）选择天线需要安装的位置，周围环境需保证天线安装位置主瓣方向 100m 范围内无明显遮挡。

（2）根据网络拓扑结构设计的要求，确定天线的挂高高度、方位角大小等。

（3）确定天线增高方式：常采用的增高方式主要有楼顶抱杆（如 4m/6m/9m）、自立增高架、楼顶塔、自立塔等方式。天线如采用抱杆底座式安装及天面需架设走线架时应考虑天面的防水及加固措施。

（4）勘察异系统天线隔离度是否满足要求。

（5）接地电阻小于 5Ω。接闪器有足够的安装高度和保护角度，接地牢靠。整个系统应正确接地，接地电阻小于 10Ω。

建筑物有避雷带时，直接将避雷针接地引下线焊接在避雷带上；无避雷带时，将引下线连接到新做的避雷地网上，避雷带和避雷地网接地阻值均小于 10Ω。

3. 基站勘察需要填写的表格或收集的数据

每个基站选 1 个主用点，1～2 个备用点，大城市必须有 2 个备用点。每个点必须拍摄照片至少 11 张：环景图 8 张（以磁北为 0°，从 0°开始每隔 45°拍摄图片一张，拍摄时相邻两张图片要有少许交叠），天面图 1 张，机房图 1 张，站点全景图 1 张。按顺序拍摄，照片应按站整理成册。观察基站天面或者站址周围是否有其他通信设备的天馈系统，并且做出详细记录。根据网络需求做出目标站点资料表。

除按"基站勘察情况表"的要求收集数据外，每个点必须画出详细的天面图并且在图上标明天线及走线架的位置，画出详细的机房设备布置图。

对所选的每个点必须有文字描述，说明该点的优缺点、能否满足设站的要求，要有明确结论。勘察工作严格按"基站勘察情况表"的要求收集数据。

4. 基站勘察的总结

按照勘察要求进行勘察，记录勘查数据，整理勘查记录，召开勘察总结会，形成会议纪要，完成勘察报告的撰写，最终将勘察报告、勘查记录表、有关的图纸、照片等资料存档。

3.3.3 TD 系统网络设计 AutoCAD 图纸的绘制

1. 绘图规范及其要求

要求使用 AutoCAD 软件绘制工程图纸，工程图应包括机房设备平面布置图和天馈系统安装图。图纸的基本要求如下：

1）公共要求

（1）图框使用统一制定的标准图框；

（2）图形尺寸以 mm 为单位，标注用 mm 表示；

（3）图纸中所有角度以磁北为基准，顺时针方向旋转；

（4）在天馈系统俯视图中需标明磁北与建北的夹角，对于定向站还需标明扇区间的角度关系及其与磁北的相互关系；

（5）主要图大小要合理，应占图纸的一半以上；

（6）要能准确注明大小尺寸、设备尺寸、摆设定位尺寸；

（7）字体的大小、类型应尽量做到统一，最小字体应大于 3mm；

（8）图纸应按统一比例尺，比例尺大小也要合理；

（9）除了路由图之外，其他部分禁止用彩色线画图；

（10）线与线接合的地方一定要接合；

（11）天面图的外墙应用粗线，机房图的外墙应用双线，双线间距应合理；

（12）图纸应做到美观，合理；

（13）图纸日期要统一为 XXXX 年 XX 月 XX 日；

（14）出图后要签名。

2）具体绘制要点

绘制天馈系统图的要点：

（1）天面图中要有指北方向，天面图要注明楼层；

（2）核对站型、天线数量、方向角、天线型号、馈线长度、走线架长度等有无特殊要求；

（3）天线摆设位置要符合天线收、发分集要求，不同两组天线收与发之间距离不小于 1m，要求注明各不同方向的收、发天线；

（4）天线主射方向与墙面的夹角应不小于 60°；

（5）走线架的布置要合理，不能封住天面入口；

（6）图中的注表、文字说明等要求应该一致。

绘制机房设备平面图的要点：室内走线架布置要与设备布置图统一；电缆路由图与室内设备、照明及走线图相对应；设备机柜的正面应与背面均放一组维护用插座，每组各有双插孔和三插孔。

2．图纸内容

要求绘制的图纸由以下几个部分组成：

基站设备平面布置图、基站走线架平面布置图、基站天线安装位置及馈线走向图、基站室内土建工艺要求图、基站铁塔工艺要求图、基站机房线缆布放示意图、基站交直流供电系统图及导线明细表等。

（1）基站设备平面布置图

主要内容和要求：门、窗、墙、馈线洞位置等；原有和新增设备位置；标注设备、机房详细尺寸，不要出现封闭标注；必要文字说明；机房内原有、新增设备；基站站名、设计人、编号、图纸名称、图例等在图框内文字填写。

（2）基站走线架平面布置图

主要内容和要求：机房情况、走线架位置、馈线洞确切位置，必要时要用侧视图表示；标注与走线架有关尺寸；走线架高度、宽度等要有必要的文字说明；基站站名、设计人、编号、图纸名称等在图框内文字填写。

（3）基站天线安装位置及馈线走向图

主要内容和要求：天线塔与机房建筑物相对位置；磁北、建北、各小区方位角；天线在安装平台的位置情况；尺寸标注；必要文字说明；基站站名、编号、图纸名称等图框内文字填写。

（4）基站室内土建工艺要求图

主要内容和要求：门、窗、墙、馈线洞位置等；原有和新增设备位置；标注设备、机房详细尺寸，不要出现封闭标注；机房的安装工艺要求详细说明；基站站名、设计人、编号、图纸名称、图例等图框内文字填写。

（5）基站铁塔工艺要求图

主要内容和要求：天线塔与机房建筑物相对位置；天线在安装平台的位置情况；尺寸标注；铁塔的负荷、安装、防雷要求等要有必要的文字说明；基站站名、编号、图纸名称等图框内文字填写。

（6）基站机房线缆布放示意图

主要内容和要求：门、窗、墙、馈线洞位置等；原有和新增设备位置；标注设备、机房尺寸详细尺寸，不要出现封闭标注；室内防雷接地排的具体位置，各种线缆的走线路由；线缆列表，包括各种线缆的长度、数量及提供方。

（7）基站交直流供电系统图及导线明细表

主要内容和要求：整流器架的连接线路图；新增和原有模块的标注；基站站名、设计人、编号、图纸名称、图例等图框内文字填写。

3．图纸信息管理

（1）勘察完毕后对现场草图和勘察记录进行整理，并进行 AutoCAD 图纸的绘制；每个基站分别整理归档；机房、天馈和铁塔的设计要遵循相应设计规范，绘制图纸要遵循相应的图纸规范；图纸绘制完成后需核对检查，重点地方需要重点强调。

（2）绘制好的图纸要按照规定的要求命名，一般每个工程建一个文件夹，文件夹名称为工程名称及对应工程编号。基站建一个文件夹，作为整个工程文件夹的子文件夹，文件夹取名就是基站名称，比如 XX 基站。一个基站要放在一个文件夹里，文件夹名称就是基站名，并发给勘察设计工程师进行统一的管理。

思考与练习

1．填空题

（1）基站工程设计勘察是在初勘站址确定后的勘察，主要包括三个方面：＿＿＿＿＿＿＿勘察、＿＿＿＿＿＿＿勘察和＿＿＿＿＿＿＿勘察。

（2）设备机房需配备＿＿＿＿＿＿＿V 直流供电电源。安装直流电源配电设备和过流保护器，并配备＿＿＿＿＿＿＿；设备机房内接地线的接地电阻要小于＿＿＿＿＿＿＿，接地排应设在＿＿＿＿＿＿＿，方便设备接地线的安装。

（3）建筑物有避雷带时，将避雷针接地引下线＿＿＿＿＿＿＿＿＿＿＿安装；无避雷带时，将引下线＿＿＿＿＿＿＿安装，避雷带和避雷地网接地阻值小于＿＿＿＿＿＿＿。

（4）天线采用抱杆底座式安装时，应考虑天面的＿＿＿＿＿＿＿措施。

2．选择题

（1）基站总体情况的勘察包括哪几个方面（　　　　）。

A．从初勘结果中获取最佳的初勘站点，选定为复勘站点

B．记录基站名称、行政区域，测量基站的经纬度

C．机房的位置，楼高，机房的层高；物业的联系人及联系方式等

D．机房里设备搬运方式和搬运的距离等

（2）在堪站过程中，拍摄周围环境时，每隔（　　　　）度拍一张照片。

A．30　　　　　　　　B．60　　　　　　　　C．55　　　　　　　　D．45

（3）常采用的天线增高方式主要有（　　　　）。

A．楼顶抱杆　　　　　B．自立增高架　　　　C．增大下倾角　　　　D．自立塔

3．简答题

（1）简述基站室内勘察的基本要求和注意事项。

（2）简述基站室外勘察的基本要求和注意事项。

（3）简答绘制天馈系统图的要点。

（4）简答绘制机房设备平面图的要点。

任务 4　基站室内建设

【学习目标】

1．了解室内设备安装前的准备工作

2．了解室内设备的安装规范及要求

3．了解基站机架安装及布线

【知识要点】

1．室内设备安装前的准备工作

2．室内设备的安装规范和要求

3．基站机架安装及布线

3.4.1　室内设备安装前的准备工作

室内设备安装前首先应做好以下几项准备工作：

（1）检查好机房环境，要求机房密封良好、无水迹，有空调设备，有接地排，接地电阻符合基站技术规范要求；设备周围和底下、地板上清洁无杂物。

（2）将铁架或槽道按设计要求安装完毕，水平方向、垂直方向的偏差要符合部颁标准的关于铁架或槽道的安装工艺要求的相关规定。

（3）墙面预留馈线孔洞的数量、位置、尺寸应符合设计要求。

（4）检查交流电源和直流电源布线工作是否已经完成，能正常供电。

（5）要求将需要安装的基站设备和其他相关设备运达施工现场。

（6）会同相关单位共同开箱检验，将开箱检验的结果做好记录，签字备查。发现问题及时上报。

（7）安排专人保管技术资料和其他零件、附件及备用件等。

3.4.2　室内设备的安装

1．BBU 的安装

BBU 的安装规范如下：

（1）一般情况下，基站机房使用面积需要达到 $20m^2$，或者更大。若主设备采用挂墙式 BBU+RRU，机房使用面积应不小于 $15m^2$。

（2）如果主设备采用挂墙式 BBU+RRU，机房面积需求根据实际机房条件和设备具体规格确定。

（3）设备左、右两侧应留有通风空间，或者可利用机柜本身的通风设计；机柜内应设置通风散热装置及结构，如散热风机、通风孔、风道等，以保证柜内设备正常的工作温度。

（4）当多个 BBU 设备安装在标准机柜中时，相邻两个 BBU 之间应保持规定的上下距离；机柜尽可能靠近传输架和配电柜，减少线缆长度。

（5）设备安装位置应远离热源，以免影响设备散热；设备的摆放位置不能妨碍机房原有设备的操作和维护；机柜进风口处不能正对蓄电池组，防止蓄电池挥发出的酸性气体被抽进机柜内部，腐蚀单板和设备。

（6）对于密集市区、市区和县城城区内的 TD-LTE 基站，应尽量考虑 2 个机架的位置。对于郊区、乡镇和农村的 TD-LTE 基站，一般只考虑 1 个机架的位置。

（7）TD-LTE 基站设备与机房内其他设备或墙体之间，应留有足够的维护空间、散热空间。空间尺寸参考：基站设备前面板空间≥600mm；基站设备后面板空间≥100～600mm，保证 BBU 设备的安装调试和机柜正常开关门。

2．电源线及地线接头制作

（1）电源线及地线概述

每台机柜需要连接电源线和保护地线。电源线形状如图 3-8 所示。

图 3-8　电源线形状

电源线是-48V 电源线、+24V 电源线、电源地线和电源保护地线的合称，它能将-48V 电源、+24V 电源从直流配电设备输送到机顶的线缆端子座，给整个基站供电。

电源线一端是 OT 端子，通常称为"线鼻"，用于连接配电机柜，另一端直接将线材剥皮塞进机顶接线端子即可。工程中，一般采用的发货方式为直接发线材和 OT 端子，因此，制作工作一般在现场进行。

机柜保护地线用来保证基站系统接地良好。基站系统接地良好是基站工作稳定、可靠的基础，是基站防雷击、抗干扰的首要保障。保护地线两端均为 OT 端子，它需要现场制作、加装，保护地线的外形如图 3-9 所示。

图 3-9　保护地线的外形

（2）电源线及地线接头 OT 端子制作

电源线结构如图 3-10 所示。

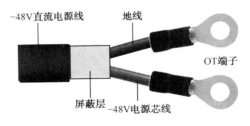

图 3-10　电源线结构

基本制作步骤如图 3-11 所示。

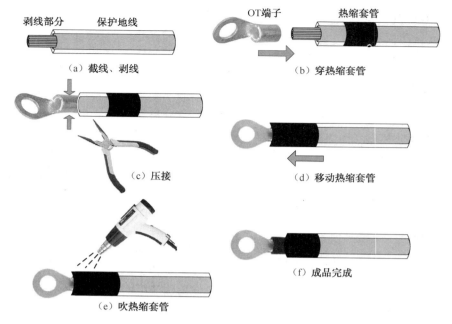

图 3-11　电源线制作步骤

① 截线。根据工程设计图纸中的电缆布放路由，量取长度，用断线钳断线。
② 剥线。采用专用剥线工具进行剥线，小心谨慎，勿损伤芯线。
③ 穿热缩套管。将热缩套管从电缆剥头端套到电缆上。
④ 压接。用压接钳或专业压接模具进行压接，压接时候要选用相应截面。
⑤ 吹热缩套管。用热风枪或强力吹风机吹热缩套管，直至热缩套管裹紧。
⑥ 成品完成并检验。
⑦ 给成品粘贴标签。

3．电源线与机柜连接

（1）将电源线接至机柜相应的接线柱上。

（2）固定线鼻时，应注意按规定加普通垫圈及弹簧垫圈，以使线鼻固定牢固，保持可靠、良好的接触，防止松动。

（3）线鼻安装时，如需在一个接线柱上安装两根或两根以上的电线电缆时，线鼻一般不得重叠安装，应采取交叉安装或背靠背安装方式。若必须重叠时应将线鼻做 45°或 90°弯处理，并且应将较大线鼻安装于下方，较小线鼻安装于上方，此规定适用于所有需要安装线鼻处。具体安装方法如图 3-12 所示。

图 3-12　线鼻安装方法

（4）如电源已开通运行，注意活动扳手与螺丝刀不可与机柜其他接线柱相碰（可在活动扳手上缠绝缘胶布）。

4．数字中继电缆接头制作

数字中继电缆接头安装步骤如下：

（1）用斜口钳剪齐电缆外导体并露出内导体，检查内导体露出长度。

（2）用直式母型 SMB 连接器量取需要剥线的长度，用专用剥线工具去除合适的电缆外护套。

（3）先将压接套筒套入同轴电缆，将完成剥线操作的同轴电缆和同轴电缆连接器组合到一起，此时电缆的外导体应成"喇叭状"。

（4）用电烙铁对同轴连接器的内导体焊接区进行焊接，清除连接器内导体焊接区域内的铜屑和其他杂物，将压接套筒推回同轴连接器，完全覆盖外导体。

（5）用专用压接工具压接套筒一次压接成型，完成压接后套筒形状应是尾部有 1 ～2mm 的喇叭口的正六方柱体，压接套筒和同轴电缆之间相对不能转动。

（6）制作完中继电缆后，用万用表做导通测试。

制作中继电缆接头的关键工艺有以下 3 条：

（1）焊接端面力求干净整洁，不能有铜屑残留；

（2）若有铜丝露出压接套筒，要将露出部分剪掉；

（3）剪掉后的部分不能重复利用。

5．电源线及地线的安装与布放原则

根据实际走线路由量得所需电源线和地线的长度，分别裁剪-48V 电源线、工作地线和保护地线；剥开电源线和地线的绝缘外皮，其长度与铜鼻子的耳柄等长。用压线钳将铜鼻子压紧，用热缩管将铜鼻子的耳柄和裸露的铜导线热封；不得将裸线露出，将电源线的一端与机柜电源接线柱固定，另一端和电源柜的接线排连接。

电源线及地线的安装与布放应遵循以下原则：

电源线及地线在布放时，应确立与其他电缆分开布放的原则；在架内走线时，应分开绑扎，不得混扎在一束内；在走线槽或地沟等架外走线时也应分别绑扎；电源线及地线从机架两侧固定架内部穿过，并绑扎于固定架外侧内沿，每个固定架均需绑扎。扎带扣应位于固定架外侧。当电源线及地线连接至架内接线端子时，走线应平直，绑扎整齐，上架时距上线端较远的接线端子所连电线应布放于外侧，距上线端较近的接线端子所连电线应布放于内侧；在电源线及地线的铺设过程中，应事先精确测量自接线母排至分线盒及分线盒至机柜接线端子的距离，预留足够长度电缆，以防实际铺设时长度不够；如在铺设过程中发现预留长度不够，应停止敷设，重新更换电缆，不得在电缆中做接头或焊点。

6．室内跳线布放、绑扎和贴标签的要求

跳线由机顶至走线架布放时要求平行整齐，无交叉；跳线由走线架内穿越至走线架上方走线时，不得经走线架外翻越；跳线弯曲要自然，弯曲半径以大于 20 倍跳线直径为宜；跳线由机顶至走线架段布放时不得拉伸太紧，应松紧适宜；跳线在走线架上走线时要求平行整齐；跳线在走线架的每一横档处都要进行绑扎，线扣绑扎方向应一致，绑扎后的线扣应齐根剪平

不拉尖；所有室内跳线必须粘贴标签，标签粘贴在距跳线两端 100 mm 处。

3.4.3 基站机架安装及布线要求

（1）机架的加固方式：底部用膨胀螺丝与地面固定，架间连成一体，机顶连接方式符合厂家要求。机架安装位置符合设计要求，且安装牢固。各种机架的加固符合抗震要求。

（2）电缆、电线的规格程式、直流电特性应符合设计规范要求；电源线、射频线、音频线及控制线分开布放；架间信号线连接正确、牢固，走线平直，绑扎美观，标签清晰；线缆芯线的焊接应无虚焊、假焊，焊点光滑。

（3）插拔机内插箱时应带防静电手环。

（4）机房内的设备外壳应做接地保护，防雷保护设施接地可靠，接地方式及接地电阻值符合技术规范。

（5）基站设备安装完成后，要打扫机房的卫生，及时处理剩余材料。

（6）其他要求安照传输设备安装的相关要求进行安装。

3.4.4 室内设备安装后的检查要点

（1）设备安装的位置是否合理，是否符合设计图纸的相关要求。

（2）机架外观是否完整，表面有无损伤、划痕，油漆是否完好。

（3）机架和底座连接是否牢固，绝缘垫、弹簧垫等安装是否正确。

（4）同一排的机架设备面要在同一水平面，偏差不超过 3mm。

（5）每个机架装一个防静电手环，机柜内插箱安装位置是否正确，螺丝固定是否齐全。

（6）机柜的开门、关门必须顺畅，机柜门接地线螺丝是否拧紧，接线是否符合规范要求。

（7）室内防雷箱安装位置是否符合要求，GPS 避雷器安装配件要齐全，安装是否牢固。

思考与练习

1．填空题

（1）电源线一端是_____，通常称为_____，用于连接_____，另一端直接将线材剥皮_____。

（2）线鼻安装时，如需在一个接线柱上安装两根或两根以上的电线电缆时，线鼻一般不得重叠安装，应采取_____安装或_____安装方式。若要重叠时应将线鼻做_____弯处理，并且应将较大线鼻安装于_____，较小线鼻安装于_____，此规定适用于所有需要安装线鼻处。

（3）在电源线及地线的铺设过程中，发现预留长度不够，应_____，不得在电缆中做_____。

2．选择题

（1）以下说法不正确的是（　　　）。

A．跳线由机顶至走线架布放时要求平行整齐，无交叉

B．跳线由走线架内穿越至走线架上方走线时，不得经走线架外翻越

C．跳线由机顶至走线架段布放时不得拉伸太紧，应松紧适宜

D．室内跳线必须粘贴标签，标签粘贴在距跳线两端 10mm 处

（2）制作跳线避水弯时，跳线弯曲半径要大于跳线直径的（　　　）倍，跳线要在抱杆上

进行多处绑扎固定。

A．20   B．10   C．5   D．2

（3）制作中继电缆接头的关键工艺说法错误的是（   ）。

A．焊接端面干净整洁

B．若有铜丝露出压接套筒，要将露出部分剪掉

C．为了节省材料，铜丝露出压缩套管部分剪掉后可重复利用

D．焊接端面不能有铜屑残留

3．简答题

（1）简单回答室内设备安装前应做哪些相应的准备工作。

（2）简述电源线及地线接头制作的基本步骤。

（3）简述电源线及地线的安装与布放应遵循哪些原则。

任务5 基站室外建设

【学习目标】

1．了解室外设备安装前的准备工作

2．了解天线的施工流程、规范

3．了解馈线的安装

4．熟悉施工安全规定

【知识要点】

1．室外设备安装前的准备工作

2．天线的施工流程、规范

3．馈线的安装

3.5.1 室外设备安装前的准备工作

室外设备安装前需要首先做好相关的安装前准备工作。

（1）做好铁塔安装验收工作，铁塔安装验收完毕。

（2）钢楼梯踏步板应平整，直爬楼梯上下段之间及护圈竖杆应连成一体。所有栏杆与相邻板之间应连接牢固。

（3）天线桅杆应安装到位，并符合设计要求。

（4）铁塔应有完善的防直击雷及二次感应雷装置，避雷带的引接必须符合设计和相关规范要求。

（5）会同有关单位进行天线及馈线的开箱验货，发现问题及时上报。

3.5.2 RRU 安装设计要求

RRU 安装方式较多，常见的安装方式及原则如下：

（1）安装在天线支撑杆上：RRU 上沿距智能天线下沿要求≥200mm，RRU 下沿距楼面要求≥400mm，满足以上条件基础上尽量靠低安装。

（2）挂墙安装：RRU 下沿距楼面要求≥400mm，上沿不应高于墙顶部。

（3）铁塔或通信杆平台内安装：需要在平台上新加 1m 抱杆，专门安装 RRU。

（4）利用专用支架安装：将支架与地面固定，RRU 沿着馈线方向水平安装，专用支架高度一般≥300mm。

一般新建基站常用天线支撑杆和平台内安装方式；共址站经常用到挂墙安装和专用支架安装方式。

3.5.3 LTE 天线的安装

1．安装总体位置和环境要求

LTE 天线的安装位置由勘察人员确定，应尽量远离其他发射系统，应保证天线有足够的安装空间。

（1）天线主瓣方向 100m 范围内无明显遮挡；在楼顶安装天线应尽量靠近天面边沿和四角。

（2）天线距离周围大型金属阻挡反射体大于 1m；应尽量避开同水平面上的其他天线或者障碍物，至少分层不交错，避免与其他天线相对。

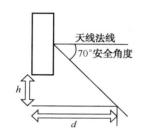

图 3-13　天线安装位置示意图

（3）对同系统、同频段的两定向天线间夹角一般应大于 90°，两天线的方位角夹角一般要小于 180°。

（4）楼顶抱杆天线及美化空调外机天线一般要求距离楼边 3m 以内（沿天线覆盖方向），天线下沿要高于楼面 1.5m 以上，保证天线法线（垂直与天线表面）往下 70° 范围不被本楼楼面阻挡（如图 3-13 所示）。

（5）美化天线水平方向应能够连续进行正负 60° 的调整范围，总下倾角可在 0°～12° 内连续调整。

2．LTE 天线采用天面式安装时的要求

（1）考虑天面的承重要求，根据需要采取加固措施。

（2）天线本身安装所需面积与加固方式有关，一般天线架设满足系统隔离度要求即可。

（3）一般天线阵固定在外径大于 75mm 的抱杆上。

（4）涉及天面改造安装时要注意天面防水和加固。

3．采用塔式安装时的要求

（1）根据铁塔的高度与重量，选择满足土质要求的架设地点。

（2）用单管塔时隔离度 1～2m，三管塔时隔离度 3～4m，落地塔时隔离度 6～10m。

（3）对于天线安装平台要求：采用单管塔时 1～2 层平台，三管塔时 2～3 层平台，落地塔采用 2～3m 平台。

（4）RRU 安装位置要求：在馈线长度满足要求条件下尽量靠塔身安装。

4．天线阻挡要求

主波瓣方向应对准主要覆盖区域，一般应给天线的法线方向往下预留 70° 的安全角度，水平方向左右各预留 60° 的安全角度，安全角度的正对方向 100m 内应无广告牌、建筑物、楼面自身等障碍物的明显阻挡。

天线正向不能沿着街道、河流、湖泊等管道、镜面效应的场景，避免信号过远覆盖。可根据实际情况利用一些高大建筑来达到覆盖控制的目的。

5．天线挂高、方位角和下倾角要能够满足覆盖要求

天线挂高是指天线下沿距离地面高度。为确保良好覆盖效果并避免越区覆盖，一般城区宏站的天线挂高应控制在50m以下，并且不高于周边基站平均高度15m以上，密集市区，平均挂高30～35m；一般城区，平均挂高35～40m；郊区及乡村等地可以选择较高挂高，从而获得广覆盖。

方位角主要由用户所覆盖的方向而定，指天线主瓣水平指向，方位角以磁北为基准，指向区域应该无近距离阻挡物。对于下倾角，可综合考虑周围站址位置及基站天线挂高初步确定下倾角。

6．隔离度要符合要求

现网中存在多种通信系统，在实际建网中，TD-LTE通常会与TD-SCDMA、GSM基站共站，并可能与其他运营商的WCDMA、CDMA1X等基站相邻。其中，GSM900频段和CDMA1X频段由于距离TD-LTE工作频段较远，设备滤波器均有较高选择性，系统间一般不会有干扰问题存在。而GSM1800、TD-SCDMA和WCDMA的频段距离TD-LTE工作频段较近，可能会存在一定的干扰问题。为了减小各系统间的相互干扰，对隔离度是有要求的。计算隔离度需要根据当前频率资源使用现状及系统间干扰分析，综合考虑阻塞和杂散干扰的影响。根据相关计算、仿真和测试，建议TD-LTE基站天线与异系统定向天线并排同向安装时，隔离度要符合规范要求，如表3-2所示，可以看出，CDMA系统很难做到水平隔离要求，建议TD-LTE与CDMA进行垂直隔离；其他系统，水平0.5m、垂直0.3m为能提供系统隔离的最小距离。工程建设时，建议在天面空间不受限的情况下尽量做到水平1m或垂直0.5m以上的隔离距离。

表3-2　异系统隔离度要求

D 频段 TD-LTE 与异系统天线隔离度					
TD-LTE（2.6G）	GSM/DCS 符合 3GPP TS 05.05 V8.20.0	GSM/DCS 符合 3GPP TS 45.005 V9.1.0	WCDMA	TD-SCDMA	CDMA 1X	CDMA2000
水平隔离距离（m）	≥0.5	≥0.5	≥0.5	≥0.5	58.5	58.5
垂直隔离距离（m）	≥1.8m（建议）	≥0.3	≥0.2	≥0.2	≥2.7m（建议）	≥2.7m（建议）
F 频段 TD-LTE 与异系统天线隔离度					
TD-LTE（1.9G）	GSM	DCS	WCDMA	TD-SCDMA	CDMA 1X	CDMA2000
水平隔离距离（m）	≥0.5	≥0.5	≥0.5	≥0.5	58.5	58.5
垂直隔离距离（m）	≥0.3	≥0.3	≥0.2	≥0.2	≥2m（建议）	≥3m（建议）

7．LTE天线安装模式

目前天线的安装主要有以下常见方案：贴墙抱杆式、底座抱杆式、植筋抱杆式、楼顶铁塔式、楼顶拉线塔及落地铁塔等，如图3-14所示。贴墙抱杆式安装方式时，当靠女儿墙固定，支撑杆高度应控制在4m以内；若在楼面加斜支撑固定，支撑杆高度应控制在6m以内。采用

楼面超高杆时，高度可为 8～15m，主杆直径一般应大于 140mm，主杆安装位置一般位于大楼的梁或柱头上。智能天线的楼面超高杆一般设计有两层平台，第一层平台用于安装智能天线，第二层平台用于安装 RRU。当用楼面超高杆或升高架不能满足天线挂高时，可采用楼顶铁塔。楼顶铁塔的规格一般为 15～25m，对楼面的承重要求非常高，一般不建议在城区采用楼顶铁塔方式。落地铁塔一般在城区以外的区域使用。

落地铁塔式　　　　　贴墙抱杆式　　　　　植筋抱杆式　　　　　楼顶铁塔式

图 3-14　常见安装模式实例实景图

8．安装天线至抱杆

首先将天线组装好，天线组装的具体步骤如下：

（1）安装天线支架。天线包装盒里面有产品装配图纸，首先应该按照附件装配图纸，组装好天线的上支架和下支架。

（2）安装支架到天线。安装支架到天线的一般顺序：先上后下，先安装好上支架到天线，然后安装下支架到天线。

天线组装的总体技术要求如下：

（1）严格参照供应商提供的附件装配图纸，将各附件安装到相应位置。

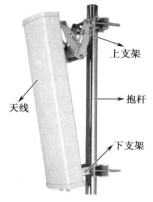

图 3-15　天线组装及角度
调整示意图

（2）天线与天线支架的连接务必可靠牢固。

安装天线至抱杆的步骤如下：

（1）将天线安装到抱杆上。安装时，天线应在避雷针保护区域内——避雷针顶点下倾45°范围内。安装天线至抱杆时，先要将上、下支架的螺丝拧上但不要拧紧，为了便于调整天线方位角，只要保证天线不会向下滑落即可。

（2）制作跳线避水弯。跳线弯曲半径要大于跳线直径的 20 倍，跳线要在抱杆上进行多处绑扎固定。

（3）调整方位角。配合指南针，左右扭动天线，方位角满足要求。

（4）拧紧螺丝。调整好天线方位角后，将天线上、下支架的螺丝拧紧。

天线组装及角度调整示意图如图 3-15 所示。

9．调整下倾角

调整下倾角的步骤如下：

（1）用天线上支架的刻度盘调整下倾角时，前后扭动天线，直至对准刻度盘上的相应刻度。

（2）将倾角仪的倾角调到工程设计要求的角度，贴在天线背面，前后扭动天线，直至倾角仪的水珠水平居中。

（3）如安装的是电调天线，则应旋转天线齿轮。

10．安装室外 GPS 天线

GPS 安装方式常见的有落地安装、铁塔安装、邮杆安装、女儿墙安装等。室外 GPS 天线安装示意图如图 3-16 所示。

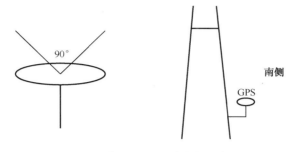

图 3-16　室外 GPS 天线安装示意图

室外 GPS 天线的安装要求注意以下事项：

（1）GPS 天线必须安装在较空旷位置，周围没有高大建筑物阻挡，距离楼顶建筑应尽量远离 GPS，GPS 天线支架安装稳固，天线垂直张角 90°范围内无遮挡。

（2）为避免反射波的影响，GPS 天线安装位置应高于附近金属物，与附近金属物水平距离大于等于 1.5m。

（3）尽量将 GPS 安装在安装地点的南侧。

（4）避免将 GPS 安装在其他发射和接收设备的附近，避免其他发射天线的辐射对准 GPS 天线。

（5）铁塔基站建议将 GPS 接收天线安装在机房建筑物屋顶上。

（6）GPS 天线必须垂直安装，使金属底座保持水平，可用垫片予以修正；GPS 天线安装在塔体一侧时，需要安装在塔体南侧。

（7）GPS 天线应在避雷针保护区域内，即避雷针顶点下倾 45°范围内。

（8）GPS 天线的安装支架及抱杆需良好接地。

（9）GPS 天线和其他系统之间至少需要保留 2m。几个 GPS 天线安装也应要间隔 2m 以上。

（10）GPS 天线不要架设太高，应保证线缆的长度尽量短。为避免线缆晃动导致接头松动，应该将线缆固定于抱杆上，线缆与抱杆的固定应该留有一定余量（可以取 10cm 或更长），以防止在冬季线缆因温度降低而有限收缩。

11．LTE 天线安装注意事项

（1）基站天线系统的安装、维护要求有技术的合格人员来完成；安装每个部件时，严格遵守相应的注意事项。

（2）在安装前，需阅读操作说明，按照装配步骤逐步进行。

（3）在安装过程中，不能使用金属梯子，远离电力线，确保安全。

（4）高空作业需佩带安全帽及系牢保险带；穿夹克衫和长袖衬衫，戴橡胶手套，穿防滑鞋子。

（5）雷雨等恶劣气候条件下严禁进行室外施工或测试工作。

（6）在安装过程中，确保基站发射机断开。采取预防参数，在设备安装过程中不启动发射机。

（7）基站天线系统需由合格人员每年检查一次，以检查安装、维护、设备状态是否良好。

3.5.4　馈线的安装

1．馈线安装

做好馈线接头和馈线接地夹；馈线要用馈线卡固定在室外走线架上，每隔 0.8m 固定一排馈线卡；主馈线尾部一定要接避雷器，避雷器需安装在室内距馈线窗尽可能近的地方（建议1m 内），宏基站设计有防雷接地铜板，接地铜板需接室外防雷地；馈线布放不得交叉，扭曲，要求入室行、列整齐、平直，弯曲度一致；弯曲点尽可能少（建议不超过 3 个），不接触尖锐的物体；入室处馈线应做防水弯，切角大于 60°且必须大于馈线的最小弯曲半径 1/2 的馈线的弯折半径 125mm，多次弯折的半径要求不低于 200mm。

2．防雷、接地线安装

基站的工作接地、保护接地和防雷接地宜采用同一组接地体的联合接地方式，移动通信基站地网的接地电阻应小于 5Ω，对于年雷暴日小于 20 天的地区，接地电阻值应小于 10Ω。

综合控制线缆同主馈线一样遵从相同的接地规范；主馈线需要分别在距 GPS 天线和入馈线窗前 1～1.5m 处接地，下塔前 1～1.5m 处接地，若馈线的长度超过 60m 需要在馈线中间增加一处接地；馈线由下向上引入馈线窗时，馈线的接地线要向下引入地网；接地箍牢固安装到馈线外皮上，接地夹不宜过紧，过紧会增加回波损耗；接地线可以连到塔身上的接地排上，或者直接连到塔身上，但要保证导电良好；塔身上接地点的油漆必须先清除，待接地完毕，必须涂上防氧化剂；接地排用不小于 35mm² 的接地线引入地网，铜排要与抱杆和走线架绝缘；接地线应沿馈线下行方向进行接地，接地线与馈线夹角宜小于 30°，接地线线径应不小于 16mm²；接地线要单独固定在避雷排上，严禁多个接地点复接在一起；接地要遵循就直就近原则，并且走线整齐、美观，不能缠绕、卷曲、打环。

3．防水绝缘密封处理

天馈系统安装完成，进行天馈测试后，应该立即对室外的跳线与塔放接头、跳线与馈线接头等处，利用防水绝缘胶带或 PVC 胶带进行防水绝缘密封处理。

对馈线密封窗进行防水密封处理，具体步骤如下：

（1）将两个半圆形的馈线窗密封套套在馈线密封窗的大孔外侧。

（2）把两根钢箍箍在密封套的两条凹槽中，用螺丝刀拧紧箍上的紧固螺丝，使钢箍将密封套箍紧。

（3）在馈线密封窗的边框四周注入玻璃胶。对未使用的孔，用专用的塞子将其塞紧。

4．馈线安装注意事项

（1）馈线走向路由符合设计要求。

（2）准确测量需要布放馈线长度以便准确裁剪，避免浪费馈线。

（3）馈线每断开一处必须两边同时处理干净，暂不用的一端用干净塑料袋包好，防止影响驻波比。

（4）馈线在吊装过程中不能损伤，圆滑均匀，弯曲半径大于馈线外径15倍，软馈线的弯曲半径不小于10倍馈线外径。

（5）馈线的加固：使用相应规格的馈线卡，按设计要求加固，禁止使用扎带代替。

（6）馈线头的制作：螺旋铜层要翻起，保证接触良好，用手拧不动为准，否则要重新做。

（7）馈线进入机房前要做滴水弯，滴水弯一定要做合格、美观；馈线与天线要连接牢固，做防水密封处理。

（8）馈线窗安装牢固，穿进馈线并密封良好。

（9）室外馈线要三点接地，对室外馈线长度小于50m的至少两点接地，接地点和接地方向要符合设计要求。

（10）安装并检查，无问题后撤离。撤离前，施工现场务必打扫干净，铁塔上不准遗留杂物，以防物品掉下伤人。

思考与练习

1．填空题

（1）安装支架到天线的顺序，一般是先_____后_____，先安装好_____支架到天线，然后安装_____支架到天线。

（2）GPS天线应在避雷针保护区域内，即避雷针顶点下倾_____度范围内。

（3）接地线应沿馈线下行方向进行接地，与馈线的夹角以不大于_____为宜，接地线线径应不小_____。

（4）天馈系统安装完成，进行天馈测试后，应该立即对室外的跳线与塔放接头、线与馈线接头等处，利用防水绝缘胶带或PVC胶带进行_____处理。

（5）RRU采用塔式安装时，要求在馈线长度满足要求条件下尽量_____安装。

（6）基站的_____接地、_____接地和_____接地宜采用同一组接地体的联合接地方式，移动通信基站地网的接地电阻应小于_____，对于年雷暴日小于20天的地区，接地电阻值应小于_____。

2．选择题

（1）对于馈线密封窗的防水密封处理，说法不正确的是（　　）。

A．将两个半圆形的馈窗密封套套在馈线密封窗的大孔外侧

B．把两根钢箍箍在密封套凹槽中，用螺丝刀拧紧螺丝，使钢箍将密封套箍紧

C．在馈线密封窗的边框四周注入玻璃胶

D．对未使用的孔，不需要做任何处理

（2）TD-LTE在D频段与TD-SCDMA系统之间水平隔离度要求为（　　）。

A．≥0.5m　　　　B．≥0.4m　　　　C．≥0.3m　　　　D．≥0.2m

（3）GPS天线必须（　　）安装，使金属底座保持水平，可用垫片予以修正。

A．水平   B．垂直   C．+45°   D．-45°

（4）GPS 天线安装在塔体一侧时，需要安装在塔体（   ）。

A．北侧   B．南侧   C．塔体高度之上   D．塔体内

（5）GPS 天线可安装在走线架、铁塔或女儿墙上，GPS 天线必须安装在较空旷位置，上方（   ）度范围内应无建筑物遮挡。

A．30   B．45   C．60   D．90

（6）TD-LTE 基站设备与机房内其他设备或墙体之间，应留有足够的维护走道空间、设备散热空间，一般要求基站设备前面板空间（   ）。

A．≥600mm   B．≥1000mm   C．≥1200mm   D．≥1800mm

（7）TD-LTE 与 CDMA 系统之间隔离度要求（   ）。

A．水平隔离   B．垂直隔离   C．0.5m   D．0.2m

3．简答题

（1）简述天线安装的基本步骤。

（2）简述在天线安装时对安装位置有什么要求。

（3）简述馈线安装的注意事项。

项目 4 华为 LTE 基站设备硬件结构与安装

任务 1 BBU 硬件结构认知

【学习目标】

1. 了解华为 BBU3900 的硬件结构及主要技术特性
2. 了解华为 BBU3900 各单板的功能及工作模式

【知识要点】

1. 认识并理解华为 BBU3900 整机及机柜的硬件结构
2. 熟悉华为 BBU3900 逻辑组成、各功能单板的面板结构和功能原理及特性

4.1.1 DBS3900 概述

DBS3900 是华为开发的分布式基站，实现基带部分和射频部分的独立安装，其应用更加灵活，广泛应用于室内、楼宇、隧道等复杂环境，实现广覆盖，低成本等优势。如图 4-1 所示为 DBS3900 在系统中的位置。

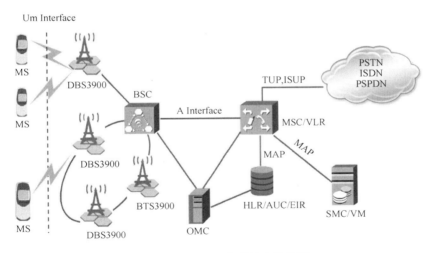

图 4-1 DBS3900 在系统中的位置

图中对应的英文缩写如下：MS：Mobile Station，移动台；BSC：Base Station Controller，基站控制器；BTS：Base Transceiver Station，基站收发信机；HLR：Home Location Register，归属位置寄存器；VM：Voice Mailbox，语音信箱；VLR：Visitor Location Register，访问者位置寄存器；OMC：Operation and Maintenance Center，操作维护中心；SMC：Short Message Center，短消息中心；EIR：Equipment Identity Register，设备识别寄存器；DBS：Distributed Base Station，分布式基站；MSC：Mobile Switching Center，移动交换中心；AUC：Authentication

Center，鉴权中心。

1. DBS3900 的功能

（1）广覆盖，低成本；

（2）适用于多种环境，安装灵活；

（3）支持多频段；

（4）一个 RRU （Remote Radio Unit）模块支持两个载波；

（5）支持发射分集；

（6）支持跨 RRU 模块的四接收分集；

（7）BBU（Base Band Unit）支持星型、树型和链型及环型组网；

（8）完成时间提前量的计算，实现高精度 TA 计算；

（9）支持 GPRS 和 EGPRS；

（10）支持全向小区和扇形小区，单个 BBU 最多支持 36 个载波，12 小区；

（11）支持小区分层、同心圆和微蜂窝等多种应用；

（12）支持动态资源管理；

（13）支持广播短消息和点对点短消息；

（14）支持 DC -48V 电源直接输入，或者通过 APM 电源转换支持 DC +24V，AC 220V 电源输入（RRU）。

2. DBS3900 的硬件结构

DBS3900 由 BBU（基带处理模块）和 RRU（射频处理模块）两部分组成，如图 4-2 所示，BBU 和 RRU 之间通过光纤连接。

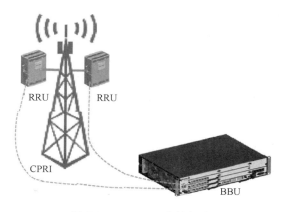

图 4-2　DBS3900 产品组成

图 4-2 中的 CPRI 即 Common Public Radio Interface，通用公共无线接口，是一种采用数字的方式来传输基带信号的接口协议。BBU3900 是室内单元，提供与核心网的物理接口，同时提供与 RRU 的物理接口，集中管理整个基站系统，包括操作维护和信令处理，并提供系统时钟。RRU 是室外射频拉远单元，主要完成基带信号及射频信号的处理。BBU3900 通过 LMT 维护 DBS3900 系统。

3．APM30

APM30 为分布式基站或者小基站，提供-48V 直流供电和蓄电池备电，提供用户设备安装空间，同时提供蓄电池管理、监控、防雷等功能，在工程中得到了广泛的应用。

如图 4-3 所示为 APM30 实物图，图中各部分含义：编号 1 是假面板（1U）；编号 2 是电源插框（3U）；编号 3 是直流配电盒（2U）；编号 4～8 是 1U 的假面板；编号 9 是蓄电池安装空间（3U）。

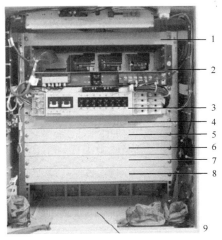

图 4-3　APM30 实物图

4．OFB（Outdoor Facility Box）——室外一体化直流配电和传输设备柜

OFB（Outdoor Facility Box）是室外一体化直流配电和传输设备柜，作为分布式基站的配套设备，支持直流电源输入和直流配电，同时可以作为传输设备柜，提供 11U 安装空间，如图 4-4 所示为 OFB 示意图。由于 OFB 本身不能加热，只能用于不需要低温加热的场合，可在 C 类环境使用。此处 C 类应用环境是指海洋表面环境、污染源附近的陆地室外环境、只有简单遮蔽（如遮阳棚）的环境等。

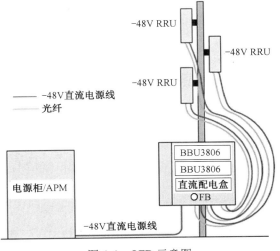

图 4-4　OFB 示意图

5. IBBS（Integrated Backup Battery System）——温控型蓄电池柜

IBBS（温控型蓄电池柜）是华为室外基站配套产品，可满足运营商在高温地区快速建网的需求，如图4-5所示为IBBS实物图。IBBS支持输出直流-48V电压，多组蓄电池并联备电，最高支持55℃环境温度，提供门禁、烟雾和温控故障告警监控，最多内置16节12V 100/150AH单体蓄电池，每层4节，共4层。

图 4-5　IBBS 实物图

4.1.2　BBU3900 概述

1. BBU3900 逻辑结构及主要功能

BBU3900设备是基带处理单元，其主要功能如下：
（1）提供与EPC通信的物理接口，完成基站与EPC之间的功能交互；
（2）提供与RRU通信的CPRI接口；
（3）提供USB接口，执行基站软件下载；
（4）提供与LMT（或M2000）连接的维护通道；
（5）完成上下行数据处理功能；
（6）集中管理整个分布式基站系统，包括操作维护和信令处理；
（7）提供系统时钟。

BBU3900的逻辑组成结构如图4-6所示，BBU3900主要由四个部分组成，分别是控制子系统、传输子系统、基带子系统、电源和环境监控子系统。其中控制子系统负责操作维护、信令处理和提供系统时钟，集中管理eNodeB；传输子系统负责支持IP数据的传输，提供与核心网EPC通信的物理接口，完成eNodeB与EPC之间的信息交互，提供与LMT或M2000的操作维护通道，提供与2G/3G基站通信的物理接口，实现eNodeB与2G/3G基站共享E1/T1传输资源；基带子系统负责Uu接口用户面协议栈的处理，包括上下行调度和上下行数据处理，同时提供接口，用于与射频单元通信；电源和环境监控子系统为BBU3900提供电源并监控电源状态，提供连接环境监控设备的接口，接收和转发来自环境监控部件和环境监控设备的信号。

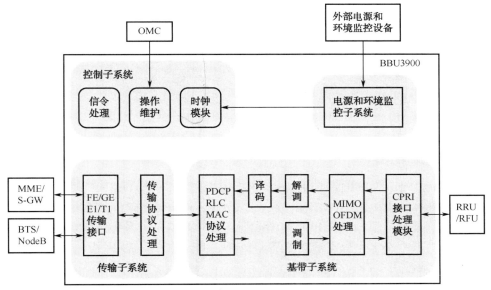

图 4-6 BBU3900 逻辑结构图

图 4-6 中，IP（Internet Protocol）是互联网协议的简称；LMT（Local Maintenance Terminal）是本地维护终端的简称，一般为 PC，它通过设备上的接口接入到设备中，负责对系统内的参数和数据进行维护和配置；M2000 是华为公司自主研发的集中网管产品，作为无线网管解决方案，支持接入华为公司无线全系列产品，提供这些设备的统一集中网管功能；E1 是欧洲的 30/32 路脉冲编码调制（Pulse Coding Modulation，PCM）的简称，速率是 2.048Mbps；T1 是北美的 24 路 PCM 的简称 T1，速率是 1.544Mbps。

2．BBU3900 的技术指标

BBU3900 的各项技术指标如表 4-1 所示，BBU3900 的外观图如图 4-7 所示。

表 4-1 BBU3900 的技术指标

项　　目	指　标　值
设备尺寸（$H×W×D$）	86mm×442mm×310mm
设备重量	≤12kg（满配置）
电源	DC −48V（DC −38.4V～DC −57V）
温度	−20℃～+50℃（长时） 50℃～55℃（短时）
相对湿度	5%RH～95%RH
气压	70kPa～106 kPa
保护级别	IP20
CPRI 接口	每块 LBBP 支持 6 个 CPRI 接口 支持标准 CPRI4.1 接口，并向后兼容 CPRI3.0
传输接口	2 个 FE/GE 电口或 2 个 FE/GE 光口 或 1 个 FE/GE 电口和 1 个 FE/GE 光口 2 个 E1/T1 口

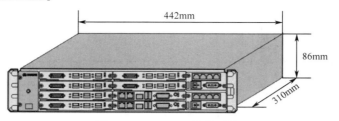

图 4-7　BBU3900 的外观图

4.1.3　BBU3900 单板介绍

由图 4-8 可见，BBU3900 主要由 4 种单板/模块组成，分别是 LBBP 单板、LMPT 单板、UPEU 单板和 FAN 单板。其中，LBBP 单板负责实现基带子系统功能；LMPT 单板负责实现控制子系统和传输子系统功能；UPEU 单板负责实现环境监控子系统的功能；FAN 单板是风扇模块。此外，由于 LMPT 单板支持的是基于 FE/GE 的传输子系统，因此要想支持基于 E1/T1 的传输子系统，需改用 UTRP 单板。

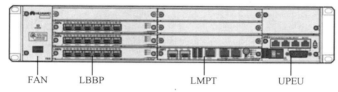

图 4-8　BBU3900 的面板示意图

其中：

LBBP：LTE Baseband Processing，LTE 基带处理板。

LMPT：LTE Maintenance Protocol & Transmission，LTE 维护/协议处理/传输板。

UPEU：Universal Power and Environment interface Unit，通用电源/环境接口单元。

FAN：Fan，风扇。

FE/GE：Fast Ethernet/Gigabit Ethernet，快速以太网/千兆以太网。FE 的传输速率为 100Mbps，GE 的传输速率为 1000Mbps。

UTRP：Universal Transmission Processing Unit，通用传输处理单元。

BBU3900 背板槽位如图 4-9 所示，共 8 个单板槽位，2 个电源槽位和 1 个风扇槽位，提供背板接口，进行单板间的通信及电源供给。图 4-10 为 BBU3900 的典型配置图。

FAN Slot16	Slot0	Slot4	Power Slot18
	Slot1	Slot5	
	Slot2	Slot6	Power Slot19
	Slot3	Slot7	

图 4-9　BBU3900 背板槽位

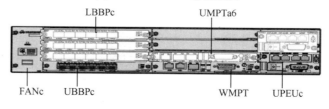

图 4-10　BBU3900 典型配置

1. UMPT 单板

UMPT 单板为主控板，如图 4-11 所示，配置时需要考虑兼容问题，此板为必配单板，最多配 1 块，一般配置在 6 号槽位。1 块 UMPT 单板支持 18 个小区，背板带宽为 1.5Gbps。TDL 新建站点采用 UMPTa6（带星卡，处理时钟信号），改造站点采用 UMPTa2（不带星卡，与 TD 共站时使用）。

目前 eRAN3.0LTE 使用的是 UMPTa6 和 UMPTa2，eRAN6.0LTE 使用的是 UMPTb3 和 UMPTb4。UMPTb4 是含高灵敏度 UBLOX 星卡的 UMPT 单板，UMPTb7 是 TD-SCDMA 使用的 UMPT 单板。

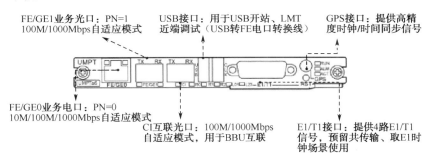

图 4-11 UMPT 单板

主控板除了 UMPT 单板外，还有 LMPT 单板，此单板也是必配单板，最多配 2 块，一般安装在 7 号（默认）或 6 号槽位。7 号槽位优先于 6 号槽位，如果 2 块都配置，则分别为一主一备主控板。LMPT 单板的功能有负责配置管理，设备管理，性能监控，信令处理，以及无线资源管理；控制系统内所有单板；提供系统时钟和传输端口。

2. LBBP 单板

LBBP 单板为 TDL 必配单板，如图 4-12 所示，采用资源池工作模式，其功能有完成上下行数据基带处理功能；提供与 RRU 通信的 CPRI 接口；实现跨 BBU 基带资源共享能力。

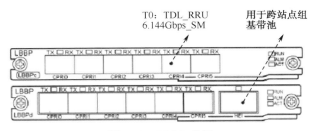

图 4-12 LBBP 单板

LBBP 单板分为 LBBPc 和 LBBPd 两大类。LBBP 基带板一般可以配置 3 块，LBBPd4 最多配置 4 块，如表 4-2 所示。目前中国移动新建改造站点使用 LBBPd4。

表 4-2 各类 LBBP 单板相关信息

单 板 名 称	Sector 数	Cell 带宽	天 线 配 置
LBBPc	3	20M	1T1R/2T2R

单 板 名 称	Sector 数	Cell 带宽	天 线 配 置
LBBPc	1	20M	8T8R
LBBPd1	3	20M	2T2R
LBBPd2	3	20M	4T4R
LBBPd4	3	2×20M	1T1R/2T2R
	3	20M	8T8R

小区与扇区关系如图 4-13 所示。

LBBPd 单板的规格如下，其中 A 代表小区数，B 代表小区内的 RRU 个数，20M 为小区带宽。

当室外覆盖情况时：

8T8R：A×（B×8T8R）×20M，A 最多为 3，B=1。

2T2R：A×（B×2T2R）×20M。

● 1×20M 的 RRU：A 最大为 6，B 最大为 6，A×B 最大为 6。

● 2×20M 的 RRU：A 最大为 6，B 最大为 1，A×B 最大为 6。

当室内覆盖情况时：

1T1R：A×（B×1T1R）×20M。

● 1×20M 的 RRU：A 最大为 6，B 最大为 12，A×B 最大为 12。

● 2×20M 的 RRU：A 最大为 6，B 最大为 6，A×B 最大为 12。

图 4-13　小区与扇区关系

3．FAN 单板

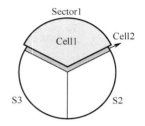

FAN 单板为必配单板，如图 4-14 所示，最多配 1 块，固定放置在 16 号槽位，其功能有控制风扇转速；向主控板上报风扇状态、风扇温度值和风扇在位信号；检测进风口温度；提供散热功能；持电子标签读写功能。FAN 模块包括 FAN 和 FANc 两种，通过 FANc 面板上的属性标签"FANc"进行区分。

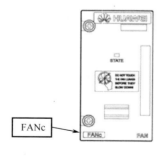

图 4-14　FAN 单板

4．UPEU 单板

UPEU 单板为电源板，如图 4-15 所示，为必配单板，最多配 2 块（默认配 1 块），放置在 19 号槽位（默认）/18 号槽位，其功能包括：

（1）将 DC -48V 输入电源转换为支持+12V 工作电源；

（2）提供 2 路 RS-485 信号接口和 8 路开关量信号接口；

（3）具有防反接功能；

（4）UPEUc 可提供自主均流和输入功率上报功能。

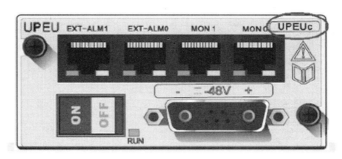

图 4-15　UPEU 单板

UEIU 单板为选配单板，如图 4-16 所示，是通用环境监控接口的扩展板，最多配 1 块，放置在 19 号槽位，其主要功能有连接外部监控设备，并向 LMPT 传 RS-485 信号；连接外部告警设备，并向 LMPT 报告 8 路干接点告警信号。相对应的端口及连接器类型如表 4-3 所示。

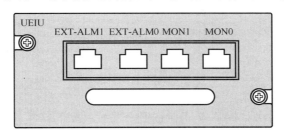

图 4-16　UEIU 单板

表 4-3　UEIU 单板端口及其对应连接器类型

端 口 名 称	连接器类型
MON0	RJ45
MON1	RJ45
EXT-ALM0	RJ45
EXT-ALM1	RJ45

思考与练习

1．填空题

（1）分布式基站实现了_____和_____的独立安装。

（2）BBU3900 主要由_____、_____、_____和_____四个部分组成。

2．选择题

（1）以下英文缩写代表基站控制器的是（　　　）。

A．BST　　　　　B．MS　　　　　C．BSC　　　　　D．VM

（2）OFB 可以为传输设备提供（　　）U 的安装空间。

A．5　　　　　　　B．11　　　　　　　C．12　　　　　　　D．13

（3）UMPT 单板默认配置在（　　）号槽位。

A．4　　　　　　　B．5　　　　　　　C．7　　　　　　　D．6

3．简答题

（1）BBU3900 的逻辑组成结构分为哪几种系统，功能分别是什么？

（2）LBBP 单板一般配备在哪里？LBBP 单板的作用是什么？

（3）什么是 C 类环境？

任务 2　RRU 硬件结构

【学习目标】

1．了解华为 RRU/RFU 的分类及硬件结构

2．了解华为 RRU/RFU 的逻辑结构和功能

【知识要点】

1．认识并理解华为 RRU/RFU 基于 FDD 和 TDD 制式的逻辑结构

2．熟悉华为 RRU/RFU 的分类及部分典型的 RRU 硬件结构

4.2.1　RRU 的基础知识

1．RRU 逻辑结构

RRU/RFU 主要完成基带信号和射频信号的调制解调、数据处理、功率放大、驻波检测等功能。RFU 是宏基站的射频处理单元；RRU 是分布式基站的射频处理单元。RRU/RFU 的逻辑结构组成因制式而略有不同。基于 FDD 和 TDD 制式的 RRU/RFU 的逻辑结构图分别如图 4-17 和图 4-18 所示。RRU/RFU 内部由 CPRI 接口处理单元、TRX、供电单元、PA、LNA、滤波器及收发切换开关等部分组成。

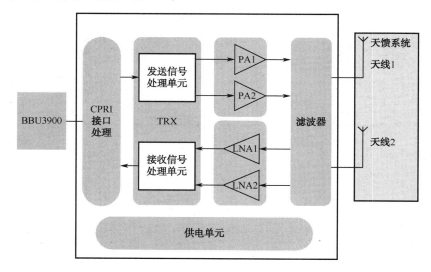

图 4-17　基于 FDD 制式的 RRU/RFU 逻辑结构

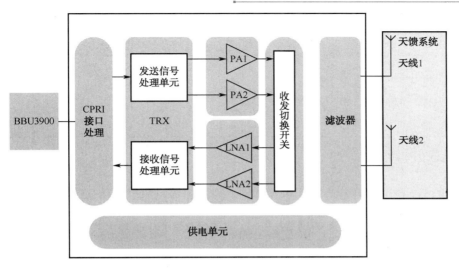

图 4-18　基于 TDD 制式的 RRU/RFU 逻辑结构

CPRI接口处理单元接收来自BBU3900 的下行基带数据、发送上行基带数据到BBU3900、转发级联 RRU 数据；TRX 包括接收通道、发射通道；供电单元是将输入的直流电源转换为RRU/RFU 需要的电源电压；PA（Power Amplifier，功率放大器）是对来自 TRX（ T-Transmit，发送；R-Receive，接收）的小功率射频信号进行放大；LNA （Low-Noise Amplifier，低噪放大器）是将来自天线的接收信号进行放大；滤波器提供射频通道接收信号和发射信号复用功能，可使接收信号与发射信号共用一个天线通道，并对接收信号和发射信号提供滤波功能；收发切换开关采用时分双工制式时，由于上下行信号采用相同的频点，因此需要收发切换开关对射频信号的上下行模式进行切换。

2．RRU 的分类

RRU 有很多种类，适用的频段、配置场景各不相同，如表 4-4 所示。

表 4-4　RRU 的分类

适 用 场 景	RRU 型 号
TDS	DRRU3151-fa
	DRRU3151-fae
	DRRU3152-fa
	DRRU3158-fa
	DRRU3158i-fa
	DRRU3158-f
新增 TDL+TDS 共模	DRRU3151e-fae
	DRRU3158e-fa
	DRRU3161-fae
	DRRU3162-fa
	DRRU3168-fa

续表

适 用 场 景	RRU 型号
新增 TDL 单模	DRRU3152-e
	DRRU3233
	DRRU3253
	DRRU3232

4.2.2　RRU 硬件结构认知

1．RRU3151e-fae

RRU3151e-fae 的面板如图 4-19 所示，供电采用 AD/DC 两种方式，所支持的频段范围：
① F 频段（1880MHz～1915MHz）。
② A 频段（2010MHz～2025MHz）。
③ E 频段（2320MHz～2370MHz）。

RRU3151e-fae 的 ANT0_FA 射频通道发射功率为 30W，ANT1_E 射频通道发射功率为 50W。RRU3151e-fae 适用的配置场景为 TDS 单模时支持 48 载波（FA 频段内 27 载波和 E 频段内 21 载波）；TDS-L 双模时支持 20M+12 载波（FA 频段），2×20M+6 载波（E 频段）；TDL 单模时支持 20M+10M+5M（F 频段），2×20M+10M（E 频段）。

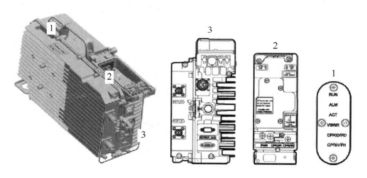

图 4-19　RRU3151e-fae 面板

2．RRU3152-e

RRU3152-e 及其面板图如图 4-20 和图 4-21 所示，所支持的频段范围为 E 频段（2320MHz～2370MHz），其输出功率为 2×50W，是一款 TDL 单模 RRU，最大级联不超过 2 级，供电采用 AC/DC 两种（交流型需要 AC/DC 转换器）。RRU3152-e 使用的配置场景为 E 频段，支持 2×20M 小区。

3．RRU3158-fa

RRU3158-fa 及其面板图如图 4-22 所示，供电采用-48V 直流供电，所支持的频段范围：
① F 频段（1880MHz～1915MHz）。
② A 频段（2010MHz～2025MHz）。

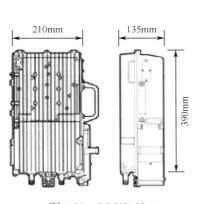

图 4-20 RRU3152-e

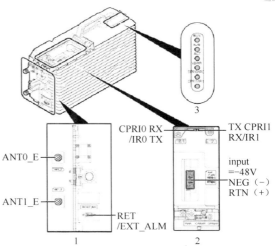

图 4-21 RRU3152-e 面板

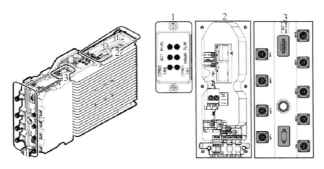

图 4-22 RRU3158-fa 及其面板

RRU3158-fa 的输出功率为 8×16W，TDS 单模时支持 27 载波（FA 频段内 21 载波和 A 频段内 6 载波），TDS-L 双模时支持 20M+12 载波，TDL 单模时支持 20M+10M+5M（F 频段）。

4．RRU3233

RRU3233 是 D 频段（2.6GHz）8 通道射频拉远模块，其外观和面板图如图 4-23 所示，其技术指标如表 4-5 所示。

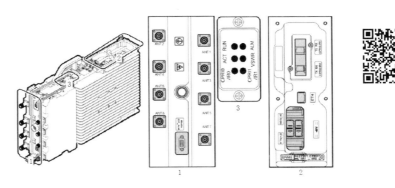

图 4-23 RRU3233 外观及其面板

表 4-5　RRU3233 技术指标

电源	DC −48V：DC −36V～DC −60V
环境	−40℃～+55C/IP65
尺寸	≤21L：130mm×545mm×300mm
重量	≤21kg
安装	抱杆安装、挂墙安装\立架安装，靠近天线安装
工作频段	2570MHz～2620MHz
功耗	320W
功率	8×10W
工作带宽	20M
光接口	2 个 4.9G CPRI 接口
演进	支持与 TDS 同频段共模

综上所述，对 RRU 进行汇总如表 4-6 所示。

表 4-6　RRU 汇总表

双模 RRU			
RRU 型号	频　　段	是否支持双模	TDS/TDL 双模规格
DRRU3158e-fa	FA	支持	FA：2×20M TDL+6C TDS
DRRU3158-fa	FA	支持	FA：20M TDL+9C TDS
DRRU3151e-fae	FA+E	支持	FA：2×20M TDL+6C TDS E：2×20M TDL+6C TD S
DRRU3151-fae	FA+E	支持	FA：20M TDL+9C TDS E：20M TDL+9C TDS
DRRU3151-fa	FA	支持	FA：20M TDL+9C TDS
DRRU3152-fa	FA+ FA	支持	FA：20M TDL+9C TDS
单模 RRU			
RRU3152-e	E	不支持	2×20M
RRU3233	D	不支持	1×20M

如图 4-24 所示为 RRU（3×10M 2T2R）线缆连接关系图，图 4-25 所示为 RRU（3×20M 2T2R）线缆连接关系图，图 4-26 所示为 RRU3233（1×20M 8T8R）线缆连接关系图。

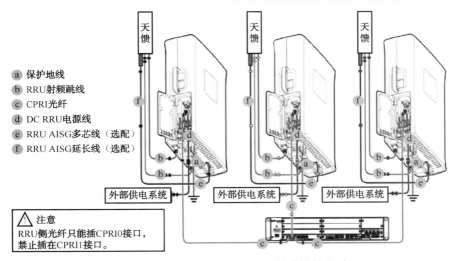

a 保护地线
b RRU射频跳线
c CPRI光纤
d DC RRU电源线
e RRU AISG多芯线（选配）
f RRU AISG延长线（选配）

注意
RRU侧光纤只能插CPRI0接口，禁止插在CPRI1接口。

图 4-24　RRU（3×10M 2T2R）线缆连接关系

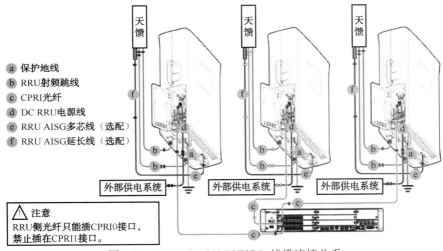

a 保护地线
b RRU射频跳线
c CPRI光纤
d DC RRU电源线
e RRU AISG多芯线（选配）
f RRU AISG延长线（选配）

注意
RRU侧光纤只能插CPRI0接口，禁止插在CPRI1接口。

图 4-25　RRU（3×20M 2T2R）线缆连接关系

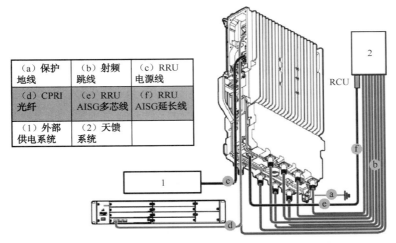

（a）保护地线	（b）射频跳线	（c）RRU电源线
（d）CPRI光纤	（e）RRU AISG多芯线	（f）RRU AISG延长线
（1）外部供电系统	（2）天馈系统	

图 4-26　RRU3233（1×20M 8T8R）线缆连接关系

RRU 单板指示灯说明如表 4-7 所示。

表 4-7　RRU 单板指示灯说明

指 示 灯	状　态	含　义
RUN	常亮	单板故障
	常灭	无电源输入
	慢闪（1s 亮，1s 灭）	单板正常运行
ALM	常亮（包含高频闪烁）	告警状态，表明存在故障
	常灭	无告警
ACT	常亮	工作正常
	常灭	与 BBU 没有建立链接
	慢闪（1s 亮，1s 灭）	只有一个逻辑载波在正常工作（包括载频互联后）
	快闪（0.25s 亮，0.25s 灭）	近端测试状态
VSWR TX_ACT	绿色常亮	无 VSWR 告警
	绿色慢闪（1s 亮，1s 灭）	单板正常运行
	红色慢闪（1s 亮，1s 灭）	ANT_TX/RXA 端口有 VSWR 告警
	红色快闪（0.5s 亮，0.5s 灭）	ANT_TX/RXB 端口有 VSWR 告警
	红色常亮	ANT_TX/RXA 和 ANT_TX/RXB 端口有 VSWR 告警
OPTW/E（西向/东向 CPRI 接口指示灯）	绿灯亮	CPRI 链路正常
	红灯亮	光模块接收异常告警
	红灯慢闪（1s 亮，1s 灭）	CPRI 链路失锁
	灭	SFP 模块不在位或者光模块电源下电

RRU 面板分为底部面板、配线腔面板和指示灯区域，提供-48V 电源供给。如图 4-27 所示，图中①为底部面板，②为配线腔面板，③为指示灯区域。如表 4-8 所示为 RRU 单板端口说明。

图 4-27　RRU 面板

表 4-8 RRU 单板端口说明

项 目	面板标志	说 明
底部面板	RX_IN/OUT	射频互联接口
	RET	电调天线通信接口
	ANT_TX/RXA	发送/接收射频接口 A
	ANT_TX/RXB	发送/接收射频接口 B
配线腔面板	RTN+	电源接线柱
	NEG–	
	TX RX CPRI_E	东向光接口
	TX RX CPRI_W	西向光接口
	EXT_ALM	告警接口
	RST	硬件复位按钮
	TST VSWR	驻波测试按钮
	TST CPRI	CPRI 接口测试按钮

思考与练习

1. 填空题

（1）_____将来自天线的接收信号进行放大。

（2）RRU315e-fae 支持的频段为_____。

（3）RRU3152-e 支持的频段为_____。

（4）RRU3233 支持的频段为_____。

2. 简答题

（1）基于 FDD 的与基于 TDD 的 RRU/RFU 有什么区别？

（2）查资料了解书上没有介绍的其他 RRU 的硬件结构。

任务 3 室外站点典型配置应用

【学习目标】

1. 熟悉华为 DBS3900 的典型应用场景

2. 了解掌握如何进行室外站点的配置

【知识要点】

1. 认识并理解室外各种场景站点的类型

2. 熟悉华为 RRU 室外场景配置规范

4.3.1 DBS3900 典型应用场景

场景 1：BBU+RRU+APM+IBBS，如图 4-28 所示。当站址只提供交流电源，并且需要长时间备电时采用此场景。BBU 可安装于 APM 中，APM 为 BBU 和 RRU 提供-48V 直流电源；IBBS 可以为基站提供长时间备电，保障外部交流电源掉电时基站仍可正常工作；RRU 支持抱杆安装、挂墙安装和塔上安装。

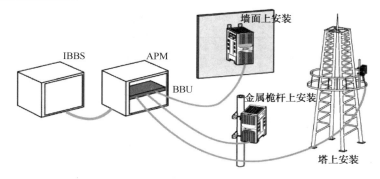

图 4-28　场景 1：BBU+RRU+APM+IBBS

场景 2：BBU+RRU+APM+OFB，如图 4-29 所示。当站址提供交流电源，并且当 APM 中传输空间不够时采用此场景。OFB 提供 5U～11U 传输空间，可放置传输设备或蓄电池；APM 为 BBU 和 RRU 提供-48V 直流电源，同时可以支持直流备电。

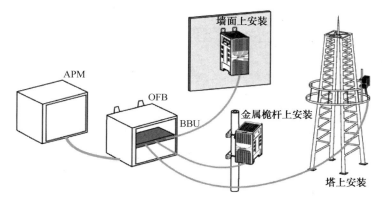

图 4-29　场景 2：BBU+RRU+APM+OFB

场景 3：BBU+RRU+OFB，如图 4-30 所示。当站址没有机房，能够提供-48V 直流供电，客户不需要备电设备时采用此场景。BBU 安装在 OFB 中，OFB 为 BBU 和 RRU 提供-48V 直流电源。

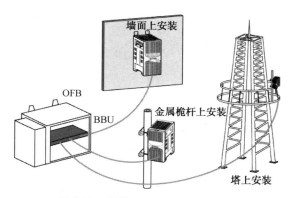

图 4-30　场景 3：BBU+RRU+OFB

4.3.2 华为室外站点典型配置应用

1. 任务描述

现网新建一个室外宏站，3 个扇区，每个扇区 20M 带宽，工作在 D 频段，请根据要求选择合适的硬件并进行连线。

2. 设备选择情况

根据任务要求，设备选择情况：BBU 单板选择 FAN 单板 1 块，LBBPc 单板 3 块，UMPT 单板 1 块，UPEU 单板 1 块；RRU 选择 3 个 RRU3233；天线选择 3 个 8 通道 D 频段的室外天线。

3. 设备连线情况

根据任务要求，BBU 单板安装位置如图 4-31 所示，设备连线如图 4-32 所示。

FAN	LBBP	空着不插单板	空着不插单板
	空着不插单板	空着不插单板	
	LBBP	UMPT	UPEU
	LBBP	空着不插单板	

图 4-31 BBU 单板安装位置图

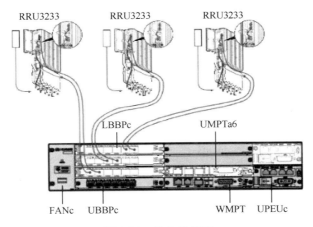

图 4-32 设备连线图

4.3.3 华为室外场景配置规范

1. DRRU3158e-fa（室外改造场景）

使用 LBBPc 组网时，必须配置双光口双光纤连接；使用 LBBPd 组网时，单小区大于 20M+6C 场景采用双光纤；CPRI 光口使用 6.144Gbps 单模模块，要求统一使用单模光纤。

配置规范注意：

● ADD RRUCHAIN：负荷分担组网，RRU 连带 Slot2 槽 LBBP 进行汇聚。

● ADD RRU：类型为 MRRU，模式为 TDS_TDL，8 通道。

● ADD SECTOR：天线模式 8T8R。

2．DRRU3233（新建室外场景）

使用 LBBPc 组网时，Slot0/1/2 基带板各处双光纤独立连接；使用 LBBPc 组网时，Slot4/5 基带板使用 3 对双光纤汇聚连接；CPRI 光口使用 6.144Gbps 单模模块，要求统一使用单模光纤。

配置规范注意：

● ADD RRUCHAIN：负荷分担组网。

● ADD RRU：类型为 LRRU，模式为 LTE_TDD，8 通道。

● ADD SECTOR：天线模式可选 1T1R、2T2R、4T4R、8T8R。

2T2R 配置：R0A&R0E、R0B&R0F、R0C&R0G、R0D&R0H。

4T4R 配置：R0A&R0B&R0E&R0F、R0C&R0D&R0G&R0H。

思考与练习

假设现网新建一个室外宏站，2 个扇区，每个扇区 10M 带宽，工作在 D 频段，请根据要求选择合适的硬件并进行连线。

任务4　室内站点典型配置应用

【学习目标】

1．了解 RRU 类型与场景使用模式

2．了解并掌握如何进行室内站点的配置

【知识要点】

1．掌握并理解华为 RRU 的典型配置和工作模式

2．熟悉华为室内站点的类型及应用环境

4.4.1　华为室内站点典型配置应用

1．任务描述

现网新建一个室分站，1 个扇区，每个扇区 20M 带宽，工作在 E 频段，请根据要求选择合适的硬件并进行连线。

2．设备选择情况

根据任务描述，设备选择情况：BBU 单板选择 FAN 单板 1 块，LBBP 单板 1 块，UMPT 单板 1 块，UPEU 单板 1 块；RRU 选择 1 个 RRU3152-e；天线选择室内双极化吸顶天线 2 个。

3．设备连线情况

根据任务要求，BBU 单板安装位置如图 4-33 所示，设备连线如图 4-34 所示。

FAN	LBBP	空着不插单板	空着不插单板
	空着不插单板	空着不插单板	
	空着不插单板	UMPT	UPEU
	空着不插单板	空着不插单板	

图 4-33 BBU 单板安装位置图

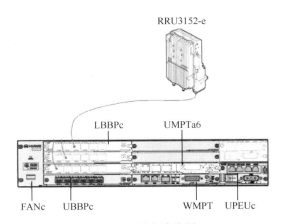

图 4-34 设备连线图

这里 UMPT 单板同 PTN 设备用光纤连接 FE/GE1 业务光口，GPS 接口接 GPS 天线，RRU 和 BBU 连接用光缆，需要在 LBBP 单板端口插入光模块。

4.4.2 华为室内场景配置规范

1. DRRU3151e-fae（利旧改造室内场景）

必须使用 LBBPd 基带板，LBBPc 不支持 DRRU3151-e；利旧天馈场景通常是单通道，只能用 1T1R，速率体验会受影响；CPRI 光口替换 6.144Gbps 单模模块，级联链上光模块要求一致。

配置规范注意如下：
● ADD RRUCHAIN：链型组网，RRU 连到 Slot2 槽 LBBP 进行汇聚。
● ADD RRU：类型为 MRRU，模式为 TDS_TDL，2 通道，R0A 支持 fa 频段，R0B 支持 e 频段。
● ADD SECTOR：天线模式 1T1R，关联 R0B 口。

2. DRRU3152-e（新建室内场景）

使用 LBBPc 组网时，Slot0/1/2 基带板各处 1 个光口连接；使用 LBBPd 组网时，Slot2 槽位基带板处光口汇聚；配合新建双通道室分天馈系统，实现 2T2R MIMO 提高体验；CPRI 光口使用 6.144Gbps 单模模块，级联链上光模块要求一致。

配置规范注意如下：
● ADD RRUCHAIN：链型组网，RRU 连到 Slot2 槽 LBBPd 进行汇聚。
● ADD RRU：类型为 LRRU，模式为 LTE_TDD，2 通道。

● ADD SECTOR：天线模式 2T2R。

思考与练习

假设现网新建一个室内站，2 个扇区，每个扇区 10M 带宽，工作在 E 频段，请根据要求选择合适的硬件并进行连线，画出连线图。

项目 5 中兴 LTE 基站设备硬件结构与安装

任务 1 B8200 硬件结构认知

【学习目标】

1. 了解中兴 B8200 的硬件结构及主要技术特性
2. 了解中兴 B8200 各单板的功能及工作模式

【知识要点】

1. 认识并理解中兴 B8200 整机及机柜的硬件结构
2. 熟悉中兴 B8200 逻辑组成、各功能单板的面板结构和功能原理及特性

5.1.1 B8200 概述

ZXSDR B8200 L200 机箱内部主要由机框和各种单板/模块组成, 槽位编号如图 5-1 所示。

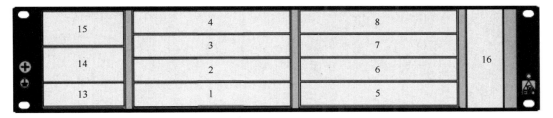

图 5-1 B8200 槽位编号

ZXSDR B8200 L200 机箱具体配置信息参见表 5-1。

表 5-1 B8200 机箱配置信息一览表

单板/模块名称	可插槽位	配置原则
控制与时钟（CC）	1~2	必配, 当主备要求时需配置 2 块
基带处理板（BPL）	3~8	必配, 根据需求的处理能力进行配置
现场告警板（SA）	13	必配
电源模块（PM）	14~15	必配, 当 BPL 板配置 3 块或 3 块以上时需配置 2 块; 当主备要求时需配置 2 块
风扇模块（FAN）	16	必配
光纤交换板（FS）	3~4	选配, 当支持多模时需要配置
现场告警扩展板（SE）	5	选配, 当要求 2 路 RS-232/RS-485 接口、16 路干接点需求时, 需配置 1 块, 并在同一槽位配置 1 块 0.5U 宽的假单板整件（半高）, 用于填补空隙

单板/模块名称	可 插 槽 位	配 置 原 则
通用以太网转换板（UES）	支持 SyncE 功能：2、5 不支持 SyncE 功能：1～8	必配，根据用户的以太网需求进行配置

5.1.2　B8200 的单板介绍

1. CC 单板——控制与时钟单板

CC 单板包含 3 种主要的功能模块：GE 交换模块、GPS/时钟模块和传输模块。GE 交换模块是 CC 板和基带处理板间的交换网络，用来传送用户数据，控制及维护信号。GPS 和时钟模块是将 GPS 接收器集成在 CC 板上，支持的功能有同步各种外部参考时钟，包括 GPS 时钟及 IEEE 1588 时钟；产生和传递时钟信号给其他模块；提供 GPS 接收器接口并对 GPS 接收器进行管理；提供一个实时的计时机制以服务于系统操作和维护，由 O&M 或者 GPS 对其进行校准。传输模块完成系统内业务流和控制流的数据交换，处理 S1/X2 接口协议，提供 GE/FE 物理接口。

CC 单板除了以上功能之外，还提供了管理单板和可编程元件的软件版本，支持本地和远程的软件更新；监控、控制和维护基站系统，提供 LMT 接口；监控系统内每个单板的运行状态等其他功能。

LTE 可能会使用 CC 单板的两种型号为 CC16B 和 CCE1。CC 单板上有两个按键 RST 和 M/S，其中按下 RST 按键时是将 CC 单板进行复位，按下 M/S 按键时是对 CC 单板进行主用和备用的倒换。

CC16B 面板如图 5-2 所示，其中 ETH0 端口用于 S1/X2 协议的以太网接口，该接口为 GE/FE 自适应电接口；DEBUG/CAS/LMT 端口用于级联、调试或本地维护的以太网接口，该接口为 GE/FE 自适应电接口；TX/RX 端口用于 S1/X2 协议的以太网接口，该接口为 GE/FE 光接口，与 ETH0 互斥使用，此处必须使用 1.25Gbps 的光模块；EXT 端口是 HDMI 接口，提供 1 路 1PPS+TOD 输入和 1 路输出和测试时钟信号输出；REF 端口外接 GPS 天线接口；USB 接口是数据更新的串口。

图 5-2　CC16B 面板图

CCE1 单板的面板如图 5-3 所示，其中 ETH0 端口用于 S1/X2 协议的以太网接口，该接口为 GE/FE 自适应接口；ETH1 端口用于级联的以太网接口，该接口为 GE/FE 自适应电接口；DEBUG/LMT 端口用于调试或本地维护的以太网接口，该接口为 GE/FE 自适应电接口；TX ETH2 RX 端口用于 S1/X2 协议的光口，此接口为 1000M/10000M 自适应光口；TX ETH3 RX 端口用于 S1/X2 协议的光口，此接口为 1000M/10000M 自适应光口；EXT 端口是 HDMI 接口，提供 1 路 1PPS+TOD 输入和 1 路输出和测试时钟信号输出；REF 端口外接 GPS 天线接口；USB 接口是数据更新的串口。

图 5-3　CCE1 面板图

CC 单板的指示灯说明如表 5-2 所示。

表 5-2　CC 单板的指示灯说明

指示灯名称	颜　色	含　　义	说　　明
RUN	绿色	运行指示灯	常灭：供电异常 常亮：单板正在加载软件版本 慢闪（0.3s 亮，0.3s 灭）：单板运行正常 快闪（70ms 亮，70ms 灭）：单板外部通信异常
ALM	红色	告警指示灯	常亮：无硬件故障 常亮：硬件告警
M/S	绿色	基站状态指示灯	主备状态指示： 常亮：单板主用状态；常灭：单板处于备用状态 USB 状态开站指示： 慢闪 7 次（0.3s 亮，0.3s 灭，共 4.2s）：检测到 UKEY 插入 常灭：USB 检验不通过 快闪（70ms 亮，70ms 灭）：USB 开站中 慢闪（0.3s 亮，0.3s 灭）：USB 开站完成 系统自检状态指示： 快闪（70ms 亮，70ms 灭）：系统自检 慢闪（0.3s 亮，0.3s 灭）：系统自检完成
REF	绿色	参考源工作状态	常亮：参考源异常 常灭：参考源未配置 慢闪（0.3s 亮，0.3s 灭）：参考源工作正常
ETH0	绿色	面板外网口（ABIS/IUB）状态指示灯	常亮：网线连接正常 闪：有数据收发 常灭：网线未连接
ETH1	绿色	Debug/LMT/CAS 状态指示灯	常亮：网线连接正常 闪：有数据收发 常灭：网线未连接

指示灯名称	颜　色	含　义	说　　明
E0S～E3S	绿色	E1 指示灯	分时闪烁（循环 1 次 8s，每隔 2s 用于指示 1 路状态），0.125s 亮，0.125s 灭： 第 1s，闪 1 下表示第 0 路正常，不亮表示不可用 第 3s，闪 2 下表示第 1 路正常，不亮表示不可用 第 5s，闪 3 下表示第 2 路正常，不亮表示不可用 第 7s，闪 4 下表示第 3 路正常，不亮表示不可用 常灭：E1 线缆连接异常 常亮：逻辑版本未加载
网口自带指示灯	绿色	—	左灯： 常亮：连接成功；常灭：没有连接 右灯： 闪：有数据收发；常灭：无数据收发
HS	—	—	保留

2．FS 单板——光纤交换板

FS 单板支持的功能如下：

（1）下行方向上，从背板接收信号并提取数据和定时；

（2）复用接收数据并提取 I/Q 信号；

（3）I/Q 数据在下行方向的映射以及将 I/Q 信号复用为光信号；

（4）上行方向上接收 I/Q 信号并对 I/Q 信号进行解复用和映射；

（5）将完成 I/Q 信号的复用、解复用和映射；

（6）将完成复用的 I/Q 信号传输到 BP 板上；

（7）通过 HDLC 接口和 RSU/RRU 模块交换 CPU 接口信号；

（8）RadipIO 基带数据交换（此功能仅 CR0 提供）。

LTE 可能用到两种型号的 FS 单板，分别是 FS5 和 CR0，其面板示意图如图 5-4 和图 5-5 所示。

图 5-4　FS5 面板图

图 5-5　CR0 面板图

FS 单板上的 TX0/RX0～TX5/RX5 接口是 6 对 CPRI 光口/电口，用于 BBU 与 RSU/RRU

连接；ETH（CR0）接口是 10GE 以太网接口，用以连接其他 BBU。FS 单板上的按键 RST 是对 FS 单板进行复位。FS 单板上的指示灯情况如表 5-3 所示。

表 5-3　FS 单板上的指示灯情况说明表

指示灯名称	颜　色	含　义	说　明
RUN	绿色	运行指示灯	常灭：供电异常 常亮：单板正在加载软件版本 慢闪（0.3s 亮，0.3s 灭）：单板运行正常 快闪（70ms 亮，70ms 灭）：单板外部通信异常
ALM	红色	告警指示灯	常亮：硬件告警 常灭：无硬件故障
CST	绿色	光口状态指示灯	保留
SCS	绿色	单板时钟状态指示灯	常亮：SyncE 异常 慢闪（0.3s 亮，0.3s 灭）：时钟正常 常灭：50CHIP 时钟异常
FLS	绿色	前向基带链路帧锁定指示灯	常亮：TDM 通道异常 慢闪（0.3s 亮，0.3s 灭）：正常 常灭：TDM 通道未配置
RLS	绿色	光口反向链路帧锁定指示灯	分时闪烁（18s 1 个循环，每隔 3s 分别对 6 个光口的反向基带链路帧锁定状态进行指示）： 闪 1 下：表示光口 0 的反向链路正常 闪 2 下：表示光口 1 的反向链路正常 闪 3 下：表示光口 2 的反向链路正常 闪 4 下：表示光口 3 的反向链路正常 闪 5 下：表示光口 4 的反向链路正常 闪 6 下：表示光口 5 的反向链路正常 常灭：光链路未配置
HS	—	—	保留

3．BPL 单板——基带处理板

　　BPL 单板支持的功能有处理物理层协议；提供上行/下行 I/Q 信号；处理 MAC、RLC 和 PDCP 协议。基带处理 BPL 单板有 BPL1、BPL1A、BPN0 和 BPN0A 四种型号。BPN0 和 BPN0A 是新一代的基带处理单板，它们使用 ZTE 自行研发芯片，具有高性能、低功耗的优点。BPL1、BPL1A、BPN0 和 BPN0A 的功能相同，主要在处理能力、吞吐量、CPRI 接口数目和功耗方面有所区别。BPL1、BPL1A、BPN0 和 BPN0A 的面板如图 5-6 和图 5-7 所示。BPL 面板中 BPL1/BPL1A/BPN0A 单板中的 TX0/RX0～TX2/RX2 端口是 3 对 CPRI 光口/电口，用于连接到 RRU/RSU；BPN0 单板中的 TX0/RX0～TX5/RX5 端口是 6 对 CPRI 光口/电口，用于连接到 RRU/RSU。注：BPN0A 面板和 BPN0 相同，但只能使用 TX0/RX0～TX2/RX2 这 3 对 CPRI 接口。BPL 单板上的 RST 按键是用来复位 BPL 单板时使用的。BPL 指示灯说明如表 5-4 所示。

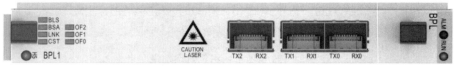

图 5-6　BPL1/BPL1A 面板图

图 5-7　BPN0/BPN0A 面板图

表 5-4　BPL 指示灯说明情况表

指示灯名称	颜　色	含　义	说　明
RUN	绿色	单板运行状态指示灯	常亮：单板正在加载软件版本 常灭：供电异常 慢闪（0.3s 亮，0.3s 灭）：单板运行正常 快闪（70ms 亮，70ms 灭）：单板外部通信异常
ALM	红色	硬件故障指示灯	常亮：硬件故障 常灭：无硬件故障
OF0～OF5	绿色	光口链路状态指示灯	常亮：光口链路异常 慢闪（0.3s 亮，0.3s 灭）：光口通信正常 常灭：光模块不在位/光模块接收无光信号
CST	—	—	保留
HS	—	—	保留
BLS	—	—	保留
BSA	—	—	保留
LNK	—	—	保留

4．PM 单板——电源模块

电源模块（PM）分为 PM3 和 PM4 两种，负责检测其他单板的状态，并向这些单板提供电源。支持 PM1+1 冗余配置，当 BBU 的功耗超过单个 PM 的额定功率时，进行负载均衡。PM 实现的功能如下：

（1）提供两路 DC 输出电压：3.3V 管理电源和 12V 负载电源；

（2）在人机命令的控制下复位 BBU 上的其他单板；

（3）检测 BBU 上其他单板的插拔状态；

（4）输入过压/欠压保护；

（5）输出过流保护和过载电源管理。

LTE 可能用到两种型号的 PM 单板，分别是 PM3 和 PM4，其面板示意图如图 5-8 和图 5-9 所示。PM 单板中 MON 接口是调试用接口，RS-232 串口；-48V/-48V RTN 接口是-48V

输入接口；OFF/ON 是 PM3 单板的开关。PM 单板指示灯如表 5-5 所示。

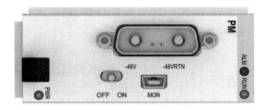

图 5-8　PM3 面板图

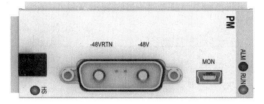

图 5-9　PM4 面板图

表 5-5　PM 单板指示灯情况说明表

指示灯名称	颜　色	含　义	说　明
RUN	绿色	运行指示灯	常灭：供电异常 常亮：单板正在加载软件版本 慢闪（0.3s 亮，0.3s 灭）：单板运行正常 快闪（70ms 亮，70ms 灭）：单板外部通信异常
ALM	红色	告警指示灯	常灭：无硬件故障 常亮：硬件告警
PWR（PM3 面板）	蓝色	电源状态指示灯	常灭：12V 电源异常 常亮：12V 电源正常
HS（PM4 面板）	—	—	保留

5．SA 单板——现场告警板

ZXSDR B8200 L200 支持单个 SA 单板配置。SA 的主要功能如下：

（1）负责风扇转速控制和告警；

（2）提供外部接口；

（3）提供监控串口；

（4）监控单板温度；

（5）为外部接口提供干接点和防雷保护。

SA 面板示意图如图 5-10 所示。SA 单板提供 8 个 E1/T1 接口、1 个 RS-485 接口、1 个 RS-232 接口和 6+2 个干接点接口（6 路输入，2 路双向）。SA 面板指示灯说明如表 5-6 所示。

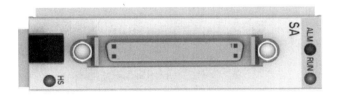

图 5-10　SA 面板图

6．SE 单板——现场告警扩展板

SE 单板提供 E1/T1 传输接口，提供现场告警监控接口，其外观如图 5-11 所示。SE 单板

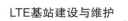

提供 8 个 E1/T1 接口、1 个 RS-485 接口、1 个 RS-232 接口和 6+2 个干接点接口（6 路输入，2 路双向）。SE 单板指示灯说明如表 5-7 所示。

表 5-6   SA 面板指示灯情况说明表

指示灯名称	颜　色	含　义	说　明
RUN	绿色	运行指示灯	常灭：供电异常 常亮：单板正在加载软件版本 慢闪（0.3s 亮，0.3s 灭）：单板运行正常 快闪（70ms 亮，70ms 灭）：单板外部通信异常
ALM	红色	告警指示灯	常灭：无硬件故障 常亮：硬件告警
HS	—	—	保留

图 5-11   SE 面板图

表 5-7   SE 单板指示灯情况说明表

指示灯名称	颜　色	含　义	说　明
RUN	绿色	运行指示灯	常灭：供电异常 常亮：单板正在加载软件版本 慢闪（0.3s 亮，0.3s 灭）：单板运行正常 快闪（70ms 亮，70ms 灭）：单板外部通信异常
ALM	红色	告警指示灯	常灭：无硬件故障 常亮：硬件告警
HS	—	—	保留

7．FAN 单板——风扇模块

ZXSDR B8200 L200 支持单个风扇模块（FAN）配置，FAN 的主要功能有根据设备的工作温度自动调节风速，风扇状态的检测、控制与上报。FAN 单板示意图如图 5-12 所示。FAN 单板指示灯如表 5-8 所示。

表 5-8   FAN 单板指示灯情况说明表

指示灯名称	颜　色	含　义	说　明
RUN	绿色	运行指示灯	常灭：供电异常 慢闪（0.3s 亮，0.3s 灭）：模块运行正常 快闪（70ms 亮，70ms 灭）：外部环境异常

指示灯名称	颜　色	含　义	说　明
ALM	红色	告警指示灯	常灭：无硬件故障
			常亮：风扇故障

8．UES 单板——通用以太网转换板

UES 单板用于同步以太网，完成功能如下：

（1）提供 6 个以太网接口，包括 4 个电口和 2 个光口，支持 100Mbps/1000Mbps 自适应；

（2）支持 L2 以太网转换、802.1q VLAN、支持端口流量控制；

（3）支持 SyncE 功能。

UES 面板如图 5-13 所示，其中 X1～X2 端口是电口，固定作为级联口；X3/UPLINK 端口是电口，可作为级联口或上联口；UPLINK 端口是电口或光口，固定作为级联口；X4/UPLINK 端口是光口，可作为级联口或上联口。UES 面板上的 RST 按键是用来复位 UES 单板使用的。

图 5-12　FAN 单板图

图 5-13　UES 面板图

UES 面板上的指示灯说明如表 5-9 所示。

表 5-9　UES 面板指示灯说明表

指示灯名称	颜　色	含　义	说　明
RUN	绿色	运行指示灯	常灭：供电异常
			常亮：单板正在加载软件版本
			慢闪（0.3s 亮，0.3s 灭）：单板运行正常
			快闪（70ms 亮，70ms 灭）：单板外部通信异常
ALM	红色	告警指示灯	常灭：无硬件故障
			常亮：硬件告警
SCS	绿色	1588 功能指示灯	常亮：支持 1588 协议
			常灭：不支持 1588 协议（目前不支持）
ETS	绿色	时钟状态运行指示状态灯	慢闪（0.3s 亮，0.3s 灭）：锁相环锁定，同步以太网工作时钟正常
			常灭：未定义，默认常灭
			常亮：锁相环失锁，同步以太网工作时钟异常
OP1	绿色	光口 X4/UPLINK 链路运行状态指示	常亮：链路正常但是无数据收发
			正常闪：光通信正常
			常灭：链路中断

续表

指示灯名称	颜　色	含　义	说　明
OP2	绿色	光口 UPLINK 链路运行状态指示	常亮：链路正常但无数据收发 正常闪：光通信正常 常灭：链路中断
HS	—	—	保留

9. UCI 单板——通用时钟接口板

UCI 单板是 RGPS 时钟接口板，其面板如图 5-14 所示。UCI 单板上的 TX、RX 端口是 125Mbps 光口，外接 GPRS 设备作为信号输入；EXT 端口是 HDMI 接口，为本 BBU 内的 CC 板提供 1 路 1PPS+TOD 时钟信号；REF 端口预留，暂时无用；DLINK0 端口是 HDMI 接口，为其他 BBU 的 CC 板提供两路 1PPS+TOD 信号输出；DLINK1 端口是 HDMI 接口，为其他 BBU 的 CC 板提供两路 1PPS+TOD 信号输出。UCI 单板指示灯说明如表 5-10 所示。

图 5-14　UCI 单板面板图

表 5-10　UCI 单板指示灯说明表

指示灯名称	颜　色	含　义	说　明
RUN	绿色	运行指示灯	常灭：供电异常 常亮：单板正在加载软件版本 慢闪（0.3s 亮、0.3s 灭）：单板运行正常 快闪（70ms 亮、70ms 灭）：单板外部通信异常
ALM	红色	告警指示灯	常灭：无硬件故障 常亮：硬件告警
OPT	—	—	保留
P&T	—	—	保留
RMD	—	—	保留
LINK	—	—	保留
HS	—	—	保留

5.1.3　中兴 LTE 基站线缆介绍

1. 电源线缆

直流电源线用于将外部-48V 直流电源接入 BBU 设备。直流电源线外观如图 5-15 所示。-48V RTN 即-48V 的地线（电压 DC 0V），A 端接 A1 引脚，B 端接 B1 引脚（黑色）。-48V 的电源线即电压 DC -48V，A 端接 A2 引脚，B 端接 B2 引脚（蓝色）。电源线缆设备端接 PM

板上的电源接口，对端接电源设备。

图 5-15　电源线缆外观图

2．保护地线缆

保护地线缆连接 ZXSDR B8200 L200 与地网，提供对设备及人身安全的保护。保护地线缆为 $16mm^2$ 黄绿线缆，两头压接 TNR 端子。保护地线外观如图 5-16 所示，设备端接机箱上的保护地接口，对端接接地排。

图 5-16　保护地线缆外观图

3．S1/X2 线缆

S1/X2 线缆连接 ZXSDR B8200 L200 到核心网、eNodeB、传输设备。S1/X2 线缆既可以使用以太网线缆，也可以使用光纤，但两者互斥使用。S1/X2 光纤总体外观如图 5-17 所示。线缆在 BBU 侧的一端为 LC 型接头，另一端常见的有 LC 型接头、SC 型接头和 FC 型接头等。

S1/X2 以太网线缆总体外观如图 5-18 所示，其信号关系如表 5-11 所示。

图 5-17　S1/X2 光纤外观图

图 5-18　S1/X2 以太网线缆外观图

表 5-11　以太网线缆的信号关系表

A 端 引 脚	定　义	线 缆 颜 色	B 端 引 脚
1	ETH-TR1+	白色/橙色	1
2	ETH-TR1−	橙色	2
3	ETH-TR2+	白色/绿色	3
4	ETH-TR3+	绿色	4
5	ETH-TR3−	白色/蓝色	5

续表

A 端引脚	定　义	线 缆 颜 色	B 端引脚
6	ETH-TR2–	蓝色	6
7	ETH-TR4+	白色/棕色	7
8	ETH-TR4–	棕色	8

　　OMC 维护线缆的信号关系和 S1/X2 以太网线缆相同。如果 S1/X2 线缆是光纤，则设备端连接 CC 单板的 TX/RX 接口，对端连接核心网、eNodeB、传输设备；如果 S1/X2 线缆是以太网线缆，则设备端连接 CC 单板的 ETH0 接口，对端连接核心网、eNodeB、传输设备。

4．SA 面板线缆

　　SA 面板线缆 A 端为 SCSI50 芯插头，B1 端为 DB44 插头，B2 端为 DB9 插头，B3 端为 DB25 插头，B4 端压接 TNR 端子，线缆外观如图 5-19 所示，SA 面板线缆接线关系如表 5-12 所示。

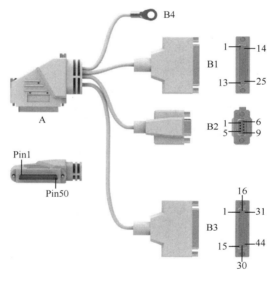

图 5-19　SA 面板线缆图

表 5-12　SA 面板线缆接线关系表

设 备 端	对 端
A 端连接 SA 面板端口	B1 端保留备用 B2 端连接 RS-232/RS-485 串口线缆 B3 端连接干接点线缆 B4 端接地

5．基带—射频线缆

　　基带—射频线缆用于传输 ZXSDR B8200 L200 到 RRU 之间的数据。RRU 接口线缆外观如图 5-20 和图 5-21 所示。其中图 5-20 的 A 端为 LC 型光接口，B 端为防水型光接口（连接

RRU），图 5-21 的两端均为 LC 型光接口。图 5-20 和图 5-21 中的 A 端连接 BBU 上的 BPL 单板的光接口 TX0/RX0、TX1/RX1 和 TX2/RX2，B 端连接 RRU。

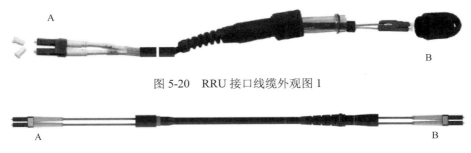

图 5-20　RRU 接口线缆外观图 1

图 5-21　RRU 接口线缆外观图 2

6．GPS 线缆

　　GPS 天线线缆用于将 GPS 卫星信号引入 ZXSDR B8200 L200。GPS 连接线为 SMA（M）—SMA（M），75Ω同轴电缆，用于连接功分器/防雷器。线缆外观如图 5-22 所示，GPS 线缆的 A 端连接 CC 单板的 REF 接口，B 端连接功分器/防雷器。

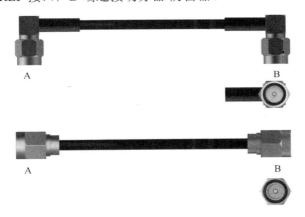

图 5-22　GPS 线缆外观图

7．本地维护线缆

　　本地维护线缆是以太网线，用于连接 ZXSDR B8200 L200 和本地操作维护终端 LMT。以太网线两端都是 RJ45 接口，外观如图 5-23 所示，以太网线缆的设备端连接 CC 单板的 DEBUG/CAS/LMT 接口，对端连接 LMT 终端，以太网线信号说明如表 5-13 所示。

8．干接点接口线缆

　　干接点接口线缆用于连接外部环境监控设备。干接点接口线外观如图 5-24 所示。干接点输入端

图 5-23　以太网线外观图

线缆为 DB26 直式电缆插头，与 RS-232/RS-485 接口共用一个线缆接头，干接点输入线缆引脚说明如表 5-14 所示，干接点输出线缆引脚说明如表 5-15 所示。干接点接口线缆的 A 端连接 SA/SE 面板线缆 B2 端口，B 端连接外部监控设备。

表 5-13　以太网信号说明表

位　序	名　称	信号说明	引　脚
1	LMT_ETH-TR1+	ZXSDR B8200 L200 以太网口对外收发信号	1
2	LMT_ETH-TR1–	ZXSDR B8200 L200 以太网口对外收发信号	2
3	LMT_ETH-TR2+	ZXSDR B8200 L200 以太网口对外收发信号	3
4	LMT_ETH-TR3+	ZXSDR B8200 L200 以太网口对外收发信号	4
5	LMT_ETH-TR3–	ZXSDR B8200 L200 以太网口对外收发信号	5
6	LMT_ETH-TR2-	ZXSDR B8200 L200 以太网口对外收发信号	6
7	LMT_ETH-TR4+	ZXSDR B8200 L200 以太网口对外收发信号	7
8	LMT_ETH-TR4–	ZXSDR B8200 L200 以太网口对外收发信号	8

图 5-24　输入干接点接口线缆

表 5-14　干接点输入线缆引脚说明表

位　序	名　称	信号说明	A 端引脚
1	I_SW10	干接点输入，开关信号	1
2	I_SW11	干接点输入，开关信号	2
3	I_SW12	干接点输入，开关信号	3
4	I_SW13	干接点输入，开关信号	4
5	I_SW14	干接点输入，开关信号	5
6	I_SW15	干接点输入，开关信号	6
7	GND	地	14

表 5-15　干接点输出线缆引脚说明表

位　序	名　称	信号说明	A 端引脚
1	B_SWIO1	干接点输出，开关信号，可以兼容输入	1
2	B_SWIO2	干接点输出，开关信号，可以兼容输入	3
3	GND	干接点输出，开关信号	2，4

思考与练习

1．填空题

（1）CC 单板可插在 B8200 的_____号槽位。

（2）B8200 中可以选配的单板有_____和_____。

（3）CC 单板包含_____、_____和_____三种主要的功能模块。

2．选择题

（1）CC 单板中（ ）接口用来外接 GPS 天线接口。

A．REF   B．ETH0   C．EXT   D．USB

（2）B8200 的基带处理板有哪些型号（ ）？

A．BPN0   B．BPN0A   C．BPL2   D．BPL1A

3．简答题

（1）简要描述光纤接口板的主要功能。

（2）简要描述 SA 单板的主要功能。

任务 2   RRU 硬件结构认知

【学习目标】

1．了解中兴 RRU 的硬件结构及主要技术特性

2．了解中兴 RRU 的功能及工作模式

【知识要点】

1．认识并理解中兴 RRU 整机、机柜的硬件结构

2．熟悉中兴 RRU 逻辑组成，各功能单板的面板结构和功能原理及特性

5.2.1   ZXSDR R8882 L268 介绍

1．设备概述

ZTE 采用 eBBU（基带单元）+eRRU（远端射频单元）分布式基站解决方案，两者配合共同完成 LTE 基站业务功能。ZTE 分布式基站解决方案示意图如图 5-25 所示。

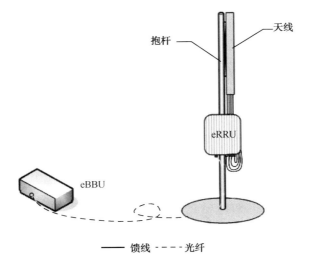

图 5-25   分布式基站解决方案示意图

LTE eBBU+eRRU 分布式基站解决方案具有如下优势：

（1）建网人工费和工程实施费大大降低：eBBU+eRRU 分布式基站设备体积小、重量轻，易于运输和工程安装。

（2）建网快，费用省：eBBU+eRRU 分布式基站适合在各种场景安装，可以上铁塔、置于楼顶、壁挂，站点选择灵活，不受机房空间限制。可帮助运营商快速部署网络，节约机房租赁费用和网络运营成本。

（3）升级扩容方便，节约网络初期的成本：eRRU 可以尽可能地靠近天线安装，节约馈缆成本，减少馈线损耗，提高 eRRU 机顶输出功率，增加覆盖范围。

（4）功耗低，用电省：相对于传统的基站，eBBU+eRRU 分布式基站功耗更小，可降低在电源上的投资及用电费用，节约网络运营成本。

（5）分布式组网，可有效利用运营商的网络资源：支持基带和射频之间的星型、链型组网模式。

（6）采用更具前瞻性的通用化基站平台：同一个硬件平台能够实现不同的标准制式，多种标准制式能够共存于同一个基站。这样可以简化运营商管理，把需要投资的多种基站合并为一种基站（多模基站），使运营商能更灵活地选择未来网络的演进方向，终端用户也将感受到网络的透明性和平滑演进。

LTE 系统中，EPC 负责核心网侧业务，其中 MME 负责信令处理，S-GW 负责数据处理；eNodeB 负责接入网侧业务。eNodeB 与 EPC 通过 S1 接口连接；eNodeB 之间通过 X2 接口连接。eNodeB 采用基带与射频分离方式设计，eBBU 实现 S1/X2 接口信令控制、业务数据处理和基带数据处理；eRRU 实现射频处理。这样既可以将 eRRU 以射频拉远的方式部署，也可以将 eRRU 和 eBBU 放置在同一个机柜内组成宏基站的方式部署。eRRU 和 eBBU 之间采用 CPRI 的光接口。eRRU 在 LTE 网络中的位置如图 5-26 所示。

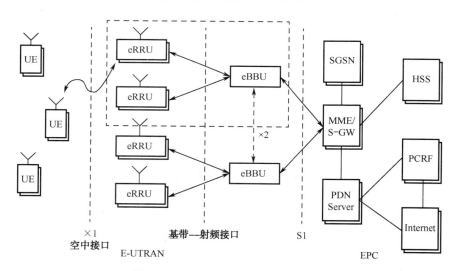

图 5-26　eRRU 在 LTE 网络中的位置

ZXSDR R8882 L268 是远端射频单元，完成上下行基带成型、滤波、射频调制及解调、放大等功能。ZXSDR R8882 L268 机顶功率 2×40W，支持 5M、10M、15M、20M 四种可变带宽。单 eRRU 支持下行 2×2 MIMO 配置，上行支持 4 天线接收。通过 CPRI 级联光口，可以支持 4 级 ZXSDR R8882 L268 级联，同时还能保证系统的时钟性能。

　　ZXSDR R8882 L268 远端射频单元应用于室外覆盖，与 eBBU 配合使用，覆盖方式灵活。ZXSDR R8882 L268 采用小型化设计，为全密封、自然散热的室外射频单元站，满足各种室外应用环境，可安装在靠近天线位置的椸杆或墙面上，有效降低射频损耗。机顶输出 2×40W，可广泛应用于从密集城区到郊区广域覆盖的多种应用场景，ZXSDR R8882 L268 设备外观如图 5-27 所示。ZXSDR R8882 L268 主要安装在抱杆、墙面和龙门架上，此设备支持星型组网（如图 5-28 所示）和链型组网（如图 5-29 所示）。

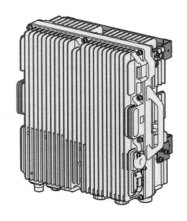

图 5-27　ZXSDR R8882 L268 设备外观示意图

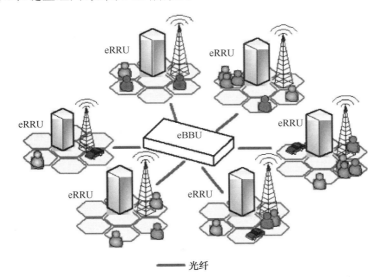

图 5-28　RRU 星型组网示意图

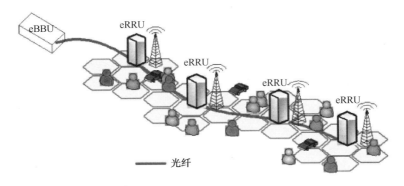

图 5-29　RRU 链型组网示意图

2．设备技术指标

ZXSDR R8882 L268 的物理指标如表 5-16 所示。无线性能方面支持 5MHz、10MHz、15MHz 和 20MHz 带宽；频率范围为 2500MHz～2570MHz（上行）/2620MHz～2690MHz（下行）；灵敏度是-104dBm，RRU 噪声系数小于 3.5dB；机顶发射功率为 2×40W。

传输性能方面，级联时总的传输距离不超过 25km；单级时，最大传输距离为 10km；2×3.072Gbps 和 2×2.4576Gbps 光口速率。组网与传输性能方面，此款 RRU 支持星型和链型组网；最大支持 4 级级联；支持单模和多模光纤；遵从 CPRI 协议 V4.1。

表 5-16　ZXSDR R8882 L268 的物理指标

项　　目	指　　标
尺寸	380mm×320mm×140mm（高×宽×深）
重量	小于 18kg
颜色	银灰
额定输入电压	DC −48V（变化范围为 DC −37V～DC −57V）
峰值功耗	330W
工作环境温度	−40℃～55℃
工作环境相对湿度	5%～100%
储存环境温度	−55℃～70℃
储存环境相对湿度	10%～100%

3．设备硬件介绍

ZXSDR R8882 L268 外部接口位于机箱底部和侧面，如图 5-30 和图 5-31 所示。ZXSDR R8882 L268 外部接口说明如表 5-17 所示。

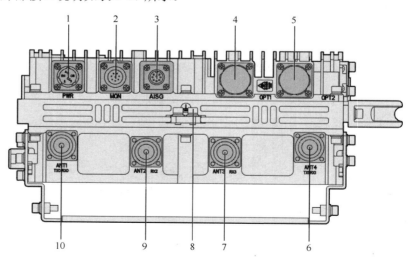

图 5-30　ZXSDR R8882 L268 的机箱底部接口

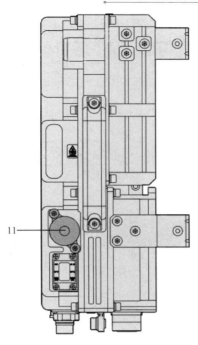

图 5-31 ZXSDR R8882 L268 的机箱侧面接口图

表 5-17 ZXSDR R8882 L268 的外部接口说明表

编　号	丝　印	接　口	接口类型/连接器
1	PWR	电源接口	6 芯塑壳圆形电缆连接器（孔）
2	MON	外部监控接口	8 芯面板安装直式电缆焊接圆形插座（针）
3	AISG	AISG 设备接口	8 芯圆形连接器
4	OPT1	连接 eBBU 的接口	LC 型光接口（IEC 874）
5	OPT2	eRRU 级联接口	LC 型光接口（IEC 874）
6	ANT4	发射/接收天馈接口	50Ω DIN 型连接器
7	ANT3	分集接收天馈接口	50Ω DIN 型连接器
8		接地螺钉	—
9	ANT2	分集接收天馈接口	50Ω DIN 型连接器
10	ANT1	发射/接收天馈接口	50Ω DIN 型连接器
11	LMT	操作维护以太网接口	8P8C 弯式 PCB 焊接屏蔽带 LED 电话插座

ZXSDR R8882 L268 指示灯位于机箱侧下方，指示灯说明如表 5-18 所示。

4. 设备外部线缆安装

安装线缆的流程如图 5-32 所示，可根据现场实际情况进行调整。

表 5-18　ZXSDR R8882 L268 的指示灯说明表

颜　色	名　称	含　义	工 作 方 式
绿色	RUN 指示灯	运行指示	连闪：设备启动 常亮：单板复位或 CPU 挂死 1Hz 闪烁：状态正常 5Hz 闪烁：版本下载过程 灭：断电
红色	ALM 指示灯	告警指示	灭：运行无故障 常亮：单板启动中 5Hz 闪烁：严重或紧急告警 1Hz 闪烁：一般或轻微告警
绿色	OPT1 指示灯	光口 1 状态指示	常亮：物理通，链路不通 灭：物理断 1Hz 闪烁：通信正常
绿色	OPT2 指示灯	光口 2 状态指示	常亮：物理通，链路不通 1Hz 闪烁：通信正常 灭：物理不通
红色	VSWR1 指示灯	发射通道驻波比指示	灭：正常 常亮：VSWR 告警
红色	VSWR2 指示灯	发射通道驻波比指示	灭：正常 常亮：VSWR 告警

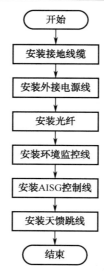

图 5-32　外部线缆安装流程图

（1）安装接地电缆

ZXSDR R8882 L268 接地电缆采用 $25mm^2$ 黄绿色阻燃多股导线制作，两端压接金属圆形裸端子（又称线鼻、铜鼻），如图 5-33 所示。

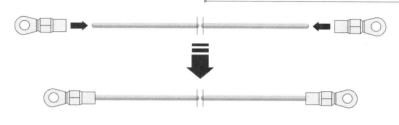

图 5-33 接地电缆结构

将接地电缆的一端套在 ZXSDR R8882 L268 机箱的一个接地螺栓上并固定，如图 5-34 所示。

将接地电缆的另一端连接到防雷箱接地螺栓，并用另一接地电缆连接防雷箱接地螺栓与室外接地铜排，如图 5-35 所示。在接地电缆上粘贴标签；测量接地电阻，要求小于 5Ω；给两端铜鼻涂抹黄油，做好防水。

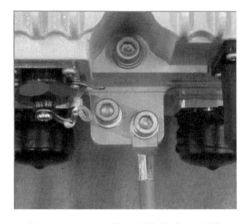

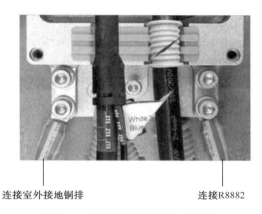

连接室外接地铜排   连接R8882

图 5-34 R8882 接地螺栓连接示意图 　　　　　　图 5-35 防雷箱接地连接示意图

（2）安装外接电源线

电源线缆的连接如图 5-36 所示，图中数字 1 表示电源转接盒输入电源线，数字 2 表示 R8882 输入电源线，数字 3 表示干接点线。

ZXSDR R8882 L268 电源电缆的结构如图 5-37 所示。电源电缆的内部芯线颜色及定义如表 5-19 所示，若采用二芯电缆，则蓝色芯线代表-48V，黑色芯线代表-48V GND；若采用四芯电缆，则需要将两路蓝色芯线并接，代表-48V；两路黑色芯线并接，代表-48V GND。

A端

B端

图 5-36 电源线缆连接示意图 　　　　　　图 5-37 ZXSDR R8882 L268 的电源电缆

表 5-19　电源电缆的内部芯线说明表

芯线颜色	定　义	信　号　说　明
蓝色	-48V	-48V 电源
蓝色	-48V	-48V 电源
黑色	-48V GND	-48V 地
黑色	-48V GND	-48V 地
白色	NODE_IN+	干接点
棕色	NODE_IN-	干接点

安装 R8882 输入电源线时应将电源线 A 端与 R8882 PWR 接口相连接，电源线 B 端连接如图 5-38 所示，蓝色线芯连接-48V 接口，黑色线芯连接-48V RTN 接口，蓝/白干接点线芯连接干接点接口。

安装电源转接盒输入电源线时应将电源转接盒输入电源线的线芯绝缘层剥去适当的长度；将线缆 A 端穿过防水胶圈（2×4mm² 电源线需要穿过胶圈，2×6mm² 和 2×10mm² 电源线不需要穿过胶圈），蓝色线芯连接-48V 接口，黑色线芯连接-48V RTN 接口；用压线板固定电源线，注意要将压线板处的电源线外皮剥去，使压线板触屏蔽层，如图 5-39 所示。电源线 B 端连接室内直流防雷箱的输出接口，蓝色线芯连接-48V 接口，黑色线芯连接-48V RTN 接口。
说明：α、β、γ 扇区的电源线分别与 SPD-1、SPD-2、SPD-3 端子连接。

图 5-38　R8882 输入电源线 B 端连接示意图　　　图 5-39　电源转接盒输入电源线 A 端安装示意图

（3）安装光纤

① 安装 eBBU 与 eRRU 之间的光纤。

必须在 ZXSDR R8882 L268 机箱已经安装并固定完毕之后进行，连接 eBBU 与 ZXSDR R8882 L268 之间的光纤示意图如图 5-40 所示。

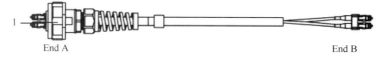

图 5-40　eBBU 连接光纤

ZXSDR R8882 L268 连接 eBBU 时，将 ZXSDR R8882 L268 的基带射频光纤接口（LC1/2）与 eBBU 的光接口相连接。在光纤两头贴好去向标签；面向设备一侧，将光纤有色标的一面朝向人，光纤 A 端对中插入设备光口内，旋紧螺母，如图 5-41 所示，图中数字 1 代表色标。

光纤 A 端与 ZXSDR R8882 L268 的基带射频光纤接口（OPT1/2）相连接；光纤 B 端的 DLC 光接头与 eBBU 光接器相连；拧紧光纤 A 端的户外密封组件以防进水。

② 安装 eRRU 之间的光纤。

需级联的 ZXSDR R8882 L268 机箱已经安装并固定完毕之后进行连接，连接 ZXSDR R8882 L268 之间的级联光纤结构如

图 5-41 安装光纤

图 5-42 所示。图中数字 1 代表户外密封组件，ZXSDR R8882 L268 之间互联时，用光纤将两个 ZXSDR R8882 L268 的基带射频光纤接口（OPT1/2）连接。

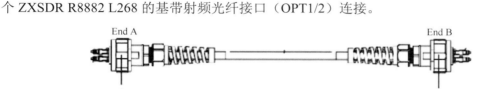

图 5-42 ZXSDR R8882 L268 之间级联光纤

在光纤两头贴好去向标签；将设备朝向人，将光纤有色标的一面朝向人，光纤接头对中插入设备光口内，旋紧螺母，如图 5-43 所示，图中数字 1 代表色标。拧紧光纤的户外密封组件以防进水。

说明：eRRU 之间级联时，上一级的 OPT2 和下一级的 OPT1 相连接。

（4）安装环境监控线缆

ZXSDR R8882 L268 机箱已经安装并固定完毕后进行，环境监控线缆提供一个 RS-485 接口（用于 ZXSDR R8882 L268 环境监控）和 4 路外部干接点监控接入。环境监控线缆的 A 端为 8 芯圆形插头，B 端需要根据工程现场制作，总长度为 1.2m，环境监控线缆如图 5-44 所示。线缆芯线关系

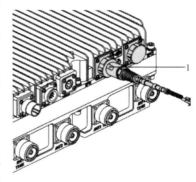

图 5-43 安装光纤

说明如表 5-20 所示，将 eRRU 的第一路干接点用于其与室外直流防雷箱的连接。将环境监控线缆的 A 端连接 ZXSDR R8882 L268 机箱的环境监控接口；将环境监控线缆的 B 端连接外部监控设备或干接点；在 B 端粘贴好标签。

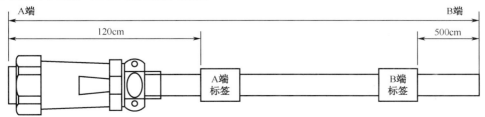

图 5-44 环境监控线缆

表 5-20　环境监控线缆芯线关系说明表

引　脚	芯　线　颜　色	信　号　说　明
PIN1	棕色	干接点输入，正极性
PIN2	黄色	干接点输入，负极性
PIN3	蓝色	干接点输入，正极性
PIN4	白色	干接点输入，负极性
PIN5	绿色	RS-485 总线信号正
PIN6	灰色	RS-485 总线信号负
PIN7	红色	RS-485 总线信号正
PIN8	黑色	RS-485 总线信号负

（5）安装 AISG 控制线

AISG 控制线用于电调天线的控制，AISG 控制线的结构如图 5-45 所示。AISG 控制线的线序含义如表 5-21 所示。将 AISG 控制线的 A 端连接 ZXSDR R8882 L268 的调试接口（AISG）并拧上接口的螺钉；将 AISG 控制线的 B 端连接电调天线的控制接口并拧上接口的螺钉；做好接口的防水处理。

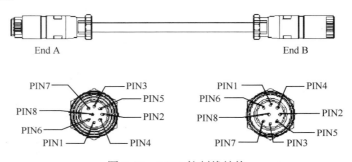

图 5-45　AISG 控制线结构

表 5-21　AISG 控制线的线序含义说明表

A 端 引 脚	B 端 引 脚	名　　称	含　　义
PIN3	PIN1	RS-485B	RS-485-
PIN5	PIN2	RS-485A	RS-485+
PIN6	PIN3，PIN4	直流输出	输出直流电压
PIN7	PIN5，PIN6	直流地	输出直流电压回流地
PIN1，PIN2，PIN4，PIN8	—	NC	空脚

（6）安装天馈跳线

射线跳线是连接主馈线和 ZXSDR R8882 L268 机箱天馈接口的一段线缆，射频跳线的安装一般在主馈线已经安装完成后进行；射频跳线一般采用成品 2m 的二分之一跳线，在现场也可根据实际情况自制。射频跳线的安装位置如图 5-46 所示。将射频跳线的 DIN 型阳头与主馈线的 DIN 型阴头相连接；将射频跳线的 DIN 型阳头与机箱的射频天线接口相连接；做好接口的防水处理。

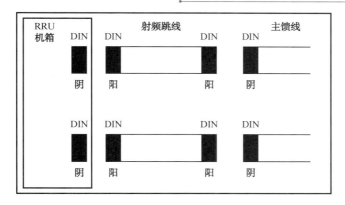

图 5-46 射频跳线安装位置图

5.2.2 ZXSDR R8962 L23A 介绍

1．设备概述

ZXSDR R8962 L23A 远端射频单元应用于室外覆盖，与 eBBU 配合使用，覆盖方式灵活，和 eBBU 间采用光接口相连，传输 I/Q 数据、时钟信号和控制信息；和级联的 eRRU 间也采用光接口相连。ZXSDR R8962 L23A 为采用小型化设计、满足室外应用条件、全密封、自然散热的室外射频单元，具有体积小（小于 13.5L）、重量轻（小于 10kg）、功耗低（160W）、易于安装维护的特点，可以直接安装在靠近天线位置的桅杆或者墙面上，可以有效降低射频损耗，最大支持每天线 20W 机顶射频功率，可以广泛应用于从密集城区到郊区广域覆盖等多种应用场景。设备供电方式灵活，支持 DC −48V 的直流电源配置，也支持 AC 220V 的交流电源配置；支持功放静态调压。

ZXSDR R8962 L23A 在上电初始化后，支持 LTE TDD 双工模式；支持空口上/下行帧结构和特殊子帧结构；通过 eBBU 的控制可以实现 eNodeB 间的 TDD 同步；支持 2300MHz～2400MHz 频段的 LTE TDD 单载波信号的发射与接收；能够建立两发、两收的中射频通道；支持上/下行多种调制方式，支持 QPSK、16QAM、64QAM 的调制方式；支持 10MHz、20MHz 载波带宽。

2．设备技术指标

ZXSDR R8962 L23A 采用分布式电源系统，支持−48V 直流供电方式（范围为−37～−57V）和 220V 交流供电方式（范围为 154～286V），电源具备输入过压保护，欠压保护，输入掉电告警，输出过压保护和调压功能。ZXSDR R8962 L23A 要求接地电阻小于 5Ω，整机功耗 160W。ZXSDR R8962 L23A 的技术指标如表 5-22 所示。

表 5-22 ZXSDR R8962 L23A 技术指标表

项 目	指 标
整机外形尺寸	380mm×280mm×122mm（$H×W×D$）
重量	10kg
颜色	银灰色

项　目	指　标
工作温度	−40℃～+55℃
工作湿度	4%～100%
每天线发射功率	每天线 20W
频段	2300MHz～2400MHz
带宽	支持 10MHz、20MHz
级联	最多支持 4 级级联
每通道额定输出功率	20W
光接口支持的传输距离	光接口支持的最大传输距离不低于 10km
光口传输性能	系统传输的误比特率不大于 10^{-12}，传输误块率要求小于 10^{-7}
光纤接口的最大环回延时	不大于 5μs（不包括光纤线路的传输延时）
光纤接口速率	3.072Gbps
端口驻波比	整机射频输出端口驻波比应小于 1.5
两个发射通道的隔离度	两个发射通道的隔离度大于 70dB

3．设备硬件介绍

ZXSDR R8962 L23A 产品外观如图 5-47 所示，此款 RRU 主要由 4 个功能模块组成，收发信单元、交流电源模块/直流电源模块、腔体滤波器、低噪放功放。

收发信单元完成信号的模数和数模转换、变频、放大、滤波，实现信号的 RF 收发，以及 ZXSDR R8962 L23A 的系统控制和接口功能。交流电源模块/直流电源模块将输入的交流（或直流）电压转化为系统内部所需的电压，给系统内部所有硬件子系统或者模块供电。腔体滤波器内部实现接收滤波和发射滤波，提供通道射频滤波。低噪放功放包括功放输出功率检测电缆和数字预失真反馈电路，实现收发信板输入信号的功率放大，通过配合削峰和预失真来实现高效率；提供前向功率和反向功率耦合输出口，实现功率检测等功能。

eBBU 和 ZXSDR R8962 L23A 采用标准的基带—射频接口连接，接口采用光模块双 LC 头接插件。

ZXSDR R8962 L23A 的物理接口如图 5-48 所示。

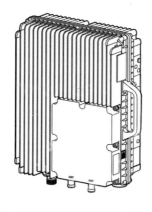

图 5-47　ZXSDR R8962 L23A 外观示意图

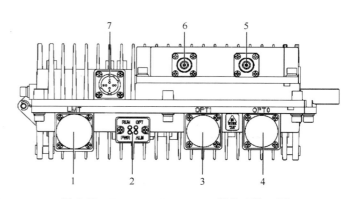

图 5-48　ZXSDR R8962 L23A 的物理接口图

图 5-48 中的数字表示如下：

1—LMT：操作维护接口/干接点接口；

2—状态指示灯：包括设备运行状态指示，光口状态指示，告警，电源工作状态指示；

3—OPT1：连接 eBBU 或级联 ZXSDR R8962 L23A 的接口 1；

4—OPT0：连接 eBBU 或级联 ZXSDR R8962 L23A 的接口 0；

5—ANT0：天线连接接口 0；

6—ANT1：天线连接接口 1；

7—PWR：-48V 直流或 220V 交流电源接口。

ZXSDR R8962 L23A 支持抱杆安装（如图 5-49 所示）和挂墙安装（如图 5-50 所示）。

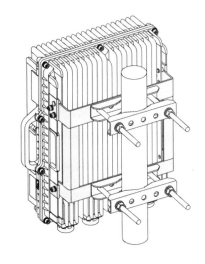

图 5-49　抱杆安装示意图

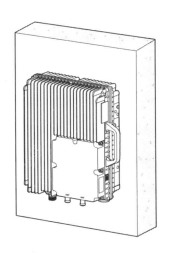

图 5-50　挂墙安装示意图

ZXSDR R8962 L23A 通过标准基带—射频接口和 eBBU 连接，支持星型组网（如图 5-51 所示）、链型组网（如图 5-52 所示）和环型组网（如图 5-53 所示）方式。

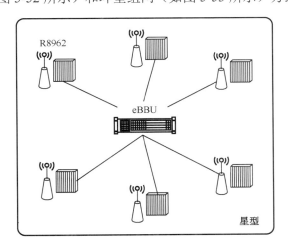

图 5-51　星型组网

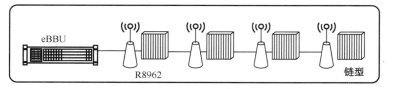

图 5-52　链型组网

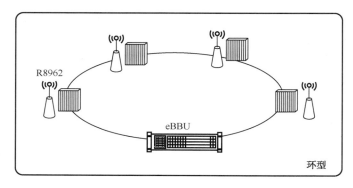

图 5-53　环型组网

5.2.3　ZXSDR R8840 L232 介绍

1．设备概述

ZXSDR R8840 L232 的机箱结构如图 5-54 所示，ZXSDR R8840 L232 机箱的接口如图 5-55 所示。ZXSDR R8840 L232 由 4 个功能模块组成，收发信单元完成信号的模数和数模转换、变频、放大、滤波，实现信号的 RF 收发，以及 ZXSDR R8840 L232 的系统控制和接口功能。电源模块连接−48V 直流电源输入，分别向功放和收发信单元提供 30V 和 5.5V 电压，并向收发信单元提供输入输出电压异常告警上报。腔体滤波器内部集成 2 个滤波器，提供前向功率耦合。功放模块实现收发信单元输入信号的功率放大，提供前向功率和反向功率耦合输出口，实现功率检测和驻波检测等功能。

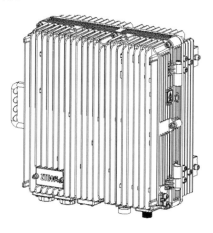

图 5-54　ZXSDR R8840 L232 机箱结构图

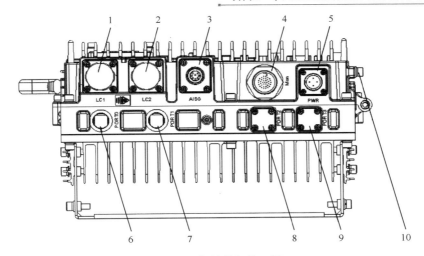

图 5-55　机箱外部接口图

图 5-55 中数字分别代表：

1—LC1：光口 1；

2—LC2：光口 2；

3—AISG：电调天线接口；

4—MON：本地维护端口；

5—PWR：电源接口；

6—PORT0：天线接口 0；

7—PORT1：天线接口 1；

8—PORT2：天线接口 2（暂未使用）；

9—PORT3：天线接口 3（暂未使用）；

10—GND：接地端子。

2．设备线缆介绍

（1）直流电源线缆

ZXSDR R8840 L232 的直流电源线缆用于连接电源接口（DC IN）至供电设备的接口，采用 4 芯电缆，按照工勘长度的要求制作。电缆一端焊接 4 芯直式圆形插头，另一端裸露，在裸露的芯线上粘贴表示信号定义的标签。直流电源电缆的结构如图 5-56 所示。直流电源电缆的蓝色芯线是将两路蓝色芯线并接-48V，黑色芯线是将两路黑色芯线并接-48V GND。

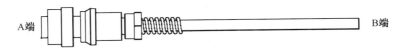

A端　　　　　　　　　　　　　　　　　　　　　　　　　　　　B端

图 5-56　直流电源电缆结构

（2）保护地线缆

ZXSDR R8840 L232 的保护地线缆用于连接机箱的一个接地螺栓和接地铜排，采用 16mm² 黄绿线压接双孔接线端子。接地电缆结构如图 5-57 所示。

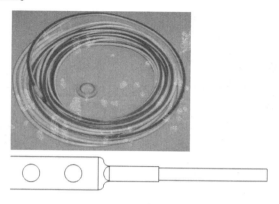

图 5-57　接地线缆结构图

（3）光纤

在 ZXSDR R8840 L232 系统中，光纤有如下用途：作为 eRRU 级联线缆，作为 eRRU 与 eBBU 的连接线缆。ZXSDR R8840 L232 系统与 eBBU 连接的光纤为单模光纤，A 端为 LC 型接口，B 端为防水型 LC 型接口，线缆外观如图 5-58 所示。

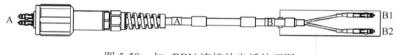

图 5-58　与 eBBU 连接的光纤外观图

ZXSDR R8840 L232 系统的级联光纤为单模光纤，A、B 两端均为 LC 型接口，线缆外观如图 5-59 所示。

图 5-59　级联光纤外观

（4）天馈跳线

射频跳线用于 ZXSDR R8840 L232 与主馈线及主馈线与天线的连接。当主馈线采用 7/8 或 4/5 同轴电缆时，需要采用射频跳线进行转接。射频跳线的外观结构如图 5-60 所示。射频跳线的长度根据现场需要而定。

图 5-60　射频跳线的外观结构

（5）干接点/AISG 接口线缆

干接点接口线缆采用 D37 芯航空线缆，符合 GJB599III，用于连接 ZXSDR R8840 L232 的 MON 口和本地维护终端或外部监控部件，可以实现在本地对设备的操作维护，能够提供对外监控的干接点。干接点接口线缆外形结构如图 5-61 所示。

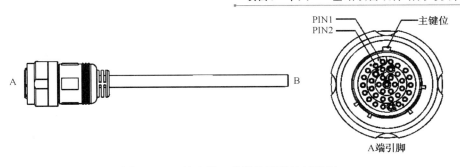

图 5-61　干接点接口线缆外形结构示意图

D37 芯航空插头引脚定义如表 5-23 所示。

表 5-23　D37 芯航空插头引脚定义

引 脚 号	信 号 说 明	颜 色
15/16	干接点 4-/+	白蓝/蓝
17/18	干接点 3-/+	白橙/橙
19/20	干接点 2-/+	白绿/绿
21/22	干接点 1-/+	白棕/棕
23/24	RS-485 收	红蓝/蓝
25/26	RS-485 发	红橙/橙

AISG 线缆用于连接 ZXSDR R8840 L232 的 AISG 接口和电调天线的控制接口，为 AISG 设备提供 AISG 信号连接。AISG 控制线 B 端为 8 芯航空插头，符合 IEC 60130-9-ED 标准，其外观如图 5-62 所示。

图 5-62　AISG 控制线

5.2.4　ZXSDR R8884 L200 介绍

1．设备概述

ZXSDR R8884 L200 是分布式基站的射频拉远单元，它具有三种机型规格：R8884 S2600、R8884 M8026、R8884 M1826。R8884 通过标准的 CPRI 接口与基带处理单元 eBBU 一起组成完整的 eNodeB，实现所覆盖区域的无线传输，以及对无线信道的控制。

ZXSDR R8884 L200 是一款基于 SDR 平台的 RRU，在同一频带下通过软件升级即可实现 GSM/UMTS/CDMA RRU 到 LTE RRU 的平滑过渡。ZXSDR R8884 L200 可在同一频带下支持多模。ZXSDR R8884 L200 可以处理 4 个独立的 1.4MHz/3MHz/5MHz 或 2 个独立的 10MHz/15MHz/20MHz 带宽载波。ZXSDR R8884 L200 的部署将有益于没有连续 20M 带宽的运营商，特别是在稀缺的低频段，支持 4 发 4 收/2 发 4 收/2 发 2 收，下行链路支持 4×4/4×2/2×2MIMO，优化了频谱效率，提高了上行网络性能，提供更好的用户体验。ZXSDR

R8884 L200 支持星型组网。

2．设备技术指标

ZXSDR R8884 L200 的技术指标如表 5-24 所示。

表 5-24　ZXSDR R8884 L200 的技术指标

项　　目	指　　标		
尺寸	600mm×320mm×145mm（高×宽×深）		
重量	≤29kg		
颜色	银灰色		
供电	DC −48V（DC −60V～DC −37V）		
温度	−40℃～55℃		
相对湿度	10%～100%		
接地要求	≤5Ω，在年雷暴日小于 20 天的少雷区，接地电阻可小于 10Ω		
业务带宽	支持 1.4MHz、3MHz、5MHz、10MHz、15MHz、20MHz 业务带宽；可处理 4 个独立的 1.4MHz/3MHz/5MHz 或 2 个独立的 10MHz/15MHz/20MHz 带宽载波		
CPRI 接口	2×6.144Gbps（MIMO 4×4/4×2）		
	R8884 S2600	R8884 M8026	R8884 M1826
频率范围	B7： TX：2620MHz～2690MHz RX：2500MHz～2570MHz	B20： TX：791MHz～821MHz RX：832MHz～862MHz B7： TX：2620MHz～2690MHz RX：2500MHz～2570MHz	B3 Type1： TX：1825MHz～1880MHz RX：1730MHz～1785MHz B3 Type2： TX：1805MHz～1860MHz RX：1710MHz～1765MHz B7： TX：2620MHz～2690MHz RX：2500MHz～2570MHz
发射功率	4×30W	2×40W+2×40W	2×40W+2×40W
功耗（基于单模单载扇室温环境）	平均功耗：340W 峰值功耗：565W	平均功耗：380W 峰值功耗：650W	平均功耗：395W 峰值功耗：685W

3．设备硬件介绍

ZXSDR R8884 L200 设备外观如图 5-63 所示。

ZXSDR R8884 L200 外部接口位于机箱底部和侧面，说明如表 5-25 所示。

OPT1、OPT2 接口使用 6.144Gbps 光模块；ANT1/ANT2 支持 GSM，采用互为分集的方式，完成 2 个通道上信号的分集接收功能。ZXSDR R8884 L200 指示灯位于机箱侧下方，说明如表 5-26 所示。

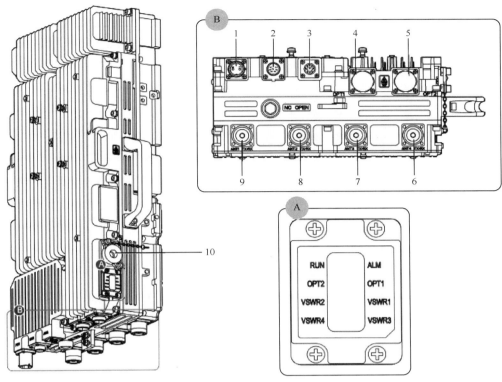

图 5-63　ZXSDR R8884 L200 外观图

表 5-25　设备外部接口说明

编　号	丝　印	接　口	接口类型/连接器
1	PWR	电源接口	2 芯塑壳圆形电缆连接器
2	MON	RS-485/干接点监控接口	8 芯圆形连接器
3	AISG	AISG 设备接口	8 芯圆形连接器
4	OPT1	与 eBBU 的接口	标准 CPRI 接口
5	OPT2	保留	标准 CPRI 接口
6	ANT4	第 4 通道发射/接收天馈	50Ω DIN 型连接器
7	ANT3	第 3 通道发射/接收天馈	50Ω DIN 型连接器
8	ANT2	第 2 通道发射/接收天馈	50Ω DIN 型连接器
9	ANT1	第 1 通道发射/接收天馈	50Ω DIN 型连接器
10	LMT	操作维护以太网接口	8P8C 以太网接口

表 5-26　ZXSDR R8884 L200 的指示灯说明

名　称	颜　色	含　义	工 作 方 式
RUN	绿色	运行指示灯	常亮：重启和开机状态 1Hz 闪：正常状态 5Hz 闪：版本下载中 常灭：自测失败

续表

名　　称	颜　色	含　义	工　作　方　式
ALM	红色	告警指示灯	常灭：运行、重启、开机、软件下载等过程中无故障发生 5Hz 闪：重要告警或紧急告警 1Hz 闪：一般告警或次要告警
OPT1	绿色	光口 1 状态指示灯	常亮：光纤链路正常 常灭：光纤链路断开 5Hz 闪：此链路为时钟参考信号源，锁相回路处于快速捕获状态 0.25Hz 闪：此链路为时钟参考信号源，锁相回路处于跟踪状态
OPT2	绿色	光口 2 状态指示	常亮：光纤链路正常 常灭：光纤链路断开 5Hz 闪：此链路为时钟参考信号源，锁相回路处于快速捕获状态 0.25Hz 闪：此链路为时钟参考信号源，锁相回路处于跟踪状态
VSWR1	红/绿	射频通道 1 驻波告警指示	绿灯亮：无告警 红灯亮：有告警
VSWR2	红/绿	射频通道 2 驻波告警指示	绿灯亮：无告警 红灯亮：有告警
VSWR3	红/绿	射频通道 3 驻波告警指示	绿灯亮：无告警 红灯亮：有告警
VSWR4	红/绿	射频通道 4 驻波告警指示	绿灯亮：无告警 红灯亮：有告警

思考与练习

1．填空题

（1）ZXSDR R882 L268 支持_____组网和_____组网。

（2）对于 2 芯的电源线缆，蓝色代表_____，黑色代表_____。

（3）ZXSDR R8962 L23A 最大支持每天线_____机顶射频功率。

（4）ZXSDR R8962 L23A 支持_____、_____和_____调制方式。

2．选择题

（1）ZXSDR R882 L268 支持（　　）级级联。

A．3　　　　　　B．4　　　　　　C．2　　　　　　D．5

（2）ZXSDR R882 L268 单级时最大支持传输距离为（　　）。

A．5km　　　　B．25km　　　　C．15km　　　　D．10km

（3）ZXSDR R882 L268 接地线缆采用（　　）mm^2 黄绿色阻燃多股导线制作。

A．16　　　　　B．25　　　　　C．20　　　　　D．15

3．简答题

（1）请简要回答分布式基站的解决方案具有哪些优势。

（2）请简要描述 ZXSDR R882 L268 外部线缆安装的流程。

任务3 室外站点典型配置应用

【学习目标】

1．熟悉中兴 B8200 的典型应用场景

2．了解并掌握室外站点的典型配置

【知识要点】

1．认识并理解室外各种场景站点的类型

2．熟悉中兴 RRU 室外场景配置规范

1．任务描述

现网新建一个室外宏站，3 个扇区，每个扇区 20M 带宽，工作在 D 频段，请根据要求选择合适的硬件并进行连线。

2．设备选择情况

根据任务要求，设备选择情况为 BBU 中的 CC 单板选择 1 块，BPL 单板选择 3 块，SA 单板选择 1 块，PM 单板选择 1 块；RRU 选择 3 个 R8882 L268；天线选择 3 个 8 通道 D 频段的室外天线。

3．设备连线情况

根据任务要求，BBU 单板安装位置如图 5-64 所示，设备连线如图 5-65 所示。

PM	空着不插单板	BPL	空着不插单板
空着不插单板	空着不插单板	BPL	
SA	CC	BPL	
	空着不插单板	空着不插单板	

图 5-64 BBU 单板安装位置图

（a）3 个 BPL 单板上的 TX0/RX0 分别用野战光缆与 3 个 R8882 L268 互连

（b）CC 单板上的 REF 同 GPS 天线连接，ETH0 用网线同 PTN 设备互连

图 5-65 设备连线图

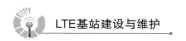

思考与练习

假设现网新建一个室外宏站，2 个扇区，每个扇区 10M 带宽，工作在 D 频段，请根据要求选择合适的硬件并进行连线，画出连线图。

任务4　室内站点典型配置应用

【学习目标】
1．了解 RRU 类型与场景使用模式
2．了解并掌握室内站点的典型配置

【知识要点】
1．掌握并理解中兴 RRU 的典型配置和工作模式
2．熟悉中兴室内站点的类型及应用环境

1．任务描述

现网新建一个室分站，1 个扇区，每个扇区 20M 带宽，工作在 E 频段，请根据要求选择合适的硬件并进行连线。

2．设备选择情况

根据任务描述，设备选择情况为 BBU 单板选择 CC 单板 1 块，BPL 单板 1 块，SA 单板 1 块，PM 单板 1 块；RRU 选择 1 个 R8962 L23A ；天线选择室内双极化吸顶天线 2 个。

3．设备连线情况

根据任务要求，BBU 单板安装位置如图 5-66 所示，设备连线如图 5-67 所示。

PM	空着不插单板	BPL	空着不插单板
空着不插单板	空着不插单板	空着不插单板	
SA	CC	空着不插单板	
	空着不插单板	空着不插单板	

图 5-66　BBU 单板安装位置图

（a）1 个 BPL 单板上的 TX0/RX0 用野战光缆与 R8962 L23A 互连

图 5-67　设备连线图

（b）CC 单板上的 REF 同 GPS 天线连接，ETH0 用网线同 PTN 设备互连

图 5-67 设备连线图（续）

思考与练习

假设现网新建一个室内站，2 个扇区，每个扇区 10M 带宽，工作在 E 频段，请根据要求选择合适的硬件并进行连线，画出连线图。

项目6　烽火虹信 LTE 基站设备硬件结构与安装

任务1　BBU 硬件结构认知

【学习目标】

1. 了解 FH-BBU6164 的硬件结构及主要技术特性
2. 了解 FH-BBU6164 各单板的功能及工作模式

【知识要点】

1. 认识并理解 FH-BBU6164 整机及机柜的硬件结构
2. 认识并理解 FH-BBU6164 的逻辑组成、各功能单板的面板结构和功能原理及特性

6.1.1　FH-BBU6164 概述

1. FH-BBU6164 的产品特点

（1）支持 Ir 接口 10Gbps 速率，最大支持级联 4 级 RRU；

（2）支持小区合并分裂，灵活组网；

（3）支持 GPS/1588V2 多种时钟源；

（4）高带宽的传输能力；

（5）先进的基站平台，可平滑演进；

（6）容量大、吞吐量高；

（7）先进的 SON 功能，完善的 QoS；

（8）完善的 IP 传输机制。

2. FH-BBU6164 外观及接口介绍

FH-BBU6164 整机外观如图 6-1 所示，其面板如图 6-2 所示，FH-BBU6164 共有 7 个槽位，其中 0～2 号槽位固定插 BPU 单板，3 号槽位固定插 CCU 单板，4 号槽位和 5 号槽位插 PWU 单板，6 号槽位插 FCU 单板。

图 6-1　FH-BBU6164 整机外观图

FCU slot6	PWU slot5	CCU slot3
		BPU slot2
	PWU slot4	BPU slot1
		BPU slot0

图 6-2　FH-BBU6164 面板图

FH-BBU6164 的接口说明如表 6-1 所示。

表 6-1　FH-BBU6164 接口说明

标 识 文 字	接口或按钮名称	说　　明
PIO	干接点	干接点连接器
ON/OFF	直流电源开关	拨到 ON 接通 BBU 电源 拨到 OFF 断开 BBU 电源
–48V/GND	直流电源插座	直流电源插座
FRM	外部同步接口	帧同步输入输出接口
OLAN	GE 光口	上行光口
ELAN	GE 电口	上行电口
GEc	调试网口	CPU 调试网口
UARTc	RS-232	CPU 调试串口
RS-485	RS-485	外设管理接口
TOD_IN	TOD 输入	外部时钟接口
TOD_OUT	TOD 输出	外部时钟接口
GPS	GPS 天线	GPS 天线接口
10M	10M	10MHz 输入输出接口
RESET	复位键	BPU 板卡上的复位键，复位单板
RESET	复位键	CCU 板上的复位键，复位 BBU
IR1	IR 接口 1	BBU 与 RRU 之间的连接接口
IR2	IR 接口 2	BBU 与 RRU 之间的连接接口
GEd	DSP 调试网口	DSP 调试网口

3. FH-BBU6164 的系统框图

如图 6-3 所示，FH-BBU6164 系统分为用户面处理单元、控制面处理单元、MAC 层处理单元、基带处理单元和操作维护单元这 5 个部分。其中基带处理单元在下行信道，包括加扰、调制、层映射/预编码、资源粒子映射和 OFDM 信号产生 5 个部分；而在上行信道，包括加扰、调制、变换预编码、资源粒子映射和 SC-FDMA 信号产生 5 个部分。操作维护单元包括各个单板的操作维护。整个 FH-BBU6164 系统提供到核心网的 S1 接口，到其他 eNodeB 的 X2 接口，到 RRU 的 Ir 接口，到 GPS 的 GPS 接口及进行操作维护的网管接口。

4. FH-BBU6164 的安装方式

FH-BBU6164 的安装方式主要有 2 种，挂墙安装和机柜安装，如图 6-4 所示。

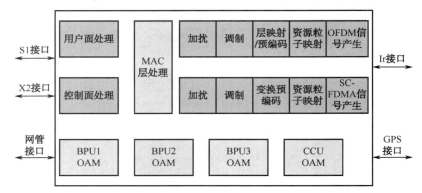

图 6-3　BBU 系统框图

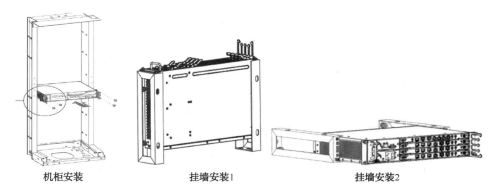

机柜安装　　　　　　　挂墙安装1　　　　　　　挂墙安装2

图 6-4　FH-BBU6164 安装方式

6.1.2　FH-BBU6164 的单板介绍

1. CCU 单板——主控时钟单元

CCU 单板即主控板，为系统提供时钟、同步信号，负责控制码和 eNodeB 的 OAM，同时提供主备倒换功能及 EPC 接口数据转发，此单板是必配单板，一般固定安装在 3 号槽位（默认），端口速率为 1.25Gbps，可提供 OLAN、ELAN、GEc、UARTc、GPS 等多种接口。CCU 单板的面板外形图如图 6-5 所示。

图 6-5　CCU 单板的面板外形图

CCU 单板指示灯亮灭情况说明如表 6-2 所示。

表 6-2　CCU 指示灯亮灭情况说明

指 示 灯	闪 烁 频 率	指 示 含 义
RUN	4Hz（0.125s）	在程序搬移完成后；系统初始化完成后
	1Hz（0.5s）	等待 eNodeB OAM 配置；该单板软件升级
	0.5Hz（1s）	单板正常工作

续表

指 示 灯	闪 烁 频 率	指 示 含 义
ALM	常灭	无故障
	常亮	提示告警
	0.5Hz	一般告警
	1Hz	重要告警
	4Hz	系统初始化完成后，严重告警
OLAN	常亮	对应的光口 OLAN 有光
	常灭	对应的光口 OLAN 无光

2. BPU 单板——基带处理单元

BPU 单板即基带处理板，主要负责基带和 MAC 层协议处理，提供了 IR0、IR1、UARTc、GEc、GEd 等接口，此单板是必配单板，一般安装在 0 号、1 号或 2 号槽位，优先安装在 2 号槽位，最多配 3 块，端口速率为 10Gbps。BPU 单板的面板外形图如图 6-6 所示。

图 6-6　BPU 单板的面板外形图

BPU 单板指示灯亮灭情况说明如表 6-3 所示。

表 6-3　BPU 指示灯亮灭情况说明

指 示 灯	闪 烁 频 率	指 示 含 义
RUN	4Hz（0.125s）	在程序搬移完成后，系统初始化完成后
	1Hz（0.5s）	等待 eNodeB OAM 配置；该单板软件升级
	0.5Hz（1s）	单板开工
ALM	常亮	无故障
	常灭	提示告警
	0.5Hz	一般告警
	1Hz	重要告警
	4Hz	系统初始化完成后，严重告警
IRn	常亮	对应的光口（IR0，IR1）有光
	常灭	对应的光口（IR0，IR1）无光

3. PWU 单板——电源单元

PWU 单板即电源板，主要为系统提供电源，提供了电源接口和设备电源开关，此单板是必配单板，一般安装在 4 号或 5 号槽位，优先安装 4 号槽位，最多配两块。PWU 单板的面板外形图如图 6-7 和图 6-8 所示。此处虹信的电源模块分为-48V 直流电源模块和 220V 交流电源模块两种，而中兴和华为的 LTE 的 BBU 设备中的电源模块都是直流的。PWU 单板的直流面板外形图如图 6-7 所示，PWU 单板的交流面板外形图如图 6-8 所示。

图 6-7　PWU 单板的直流面板外形图　　　　　图 6-8　PWU 单板的交流面板外形图

PWU 单板指示灯亮灭情况说明如表 6-4 所示。

表 6-4　PWU 单板指示灯亮灭情况说明

指　示　灯	闪　烁　频　率	指　示　含　义
PWR	常亮	电源输入正常
	常灭	无电源输入
ALM	常灭	无故障
	常亮	提示告警
	0.5Hz	一般告警
	1Hz	重要告警
	4Hz	系统初始化完成后严重告警

4．FCU 单板——风扇单元

FCU 单板即风扇板，主要完成风扇开关控制、工作状态显示和干接点连接等功能。为整个 BBU 设备散热，支持热插拔，保证设备在稳定的环境温度下正常高效地运行。此单板为必配单板，一般安装在 6 号槽位（默认）。FCU 单板的面板外形图如图 6-9 所示。

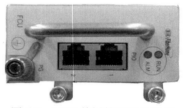

图 6-9　FCU 单板的面板外形图

FCU 单板指示灯亮灭情况说明如表 6-5 所示。

表 6-5　FCU 单板指示灯亮灭情况说明

指　示　灯	闪　烁　频　率	指　示　含　义
RUN	4Hz（0.125s 亮，0.125s 灭）	在程序搬移完成后；系统初始化完成后
	1Hz（0.5s 亮，0.5s 灭）	等待 eNodeB OAM 配置；该单板软件升级
	0.5Hz（1s 亮，1s 灭）	单板开工
ALM	常灭	无故障
	常亮	提示告警
	0.5Hz	一般告警
	1Hz	重要告警
	4Hz	系统初始化完成后；严重告警

思考与练习

1．填空题

（1）FH-BBU6164 支持 Ir 接口_____速率。

（2）FH-BBU6164 的 FRM 是_____接口。

（3）FH-BBU6164 的安装方式主要有_____安装和_____安装两种。

2．选择题

（1）FH-BBU6164 最大支持级联（   ）级 RRU。

A．1   B．2   C．3   D．4

（2）FH-BBU6164 的 3 号槽位可插（   ）单板。

A．CCU   B．PWU   C．BPU   D．FCU

（3）CCU 单板可提供以下哪些接口（   ）？

A．OLAN   B．GPS   C．ELAN   D．UARTc

（4）FH-BBU6164 的 BPU 单板最多可以配（   ）块？

A．2   B．3   C．4   D．1

3．判断题

（1）OLAN 是下行光口。（   ）

（2）CCU 单板正常工作时 RUN 灯 1s 1 闪。（   ）

（3）FH-BBU6164 支持-48V 直流供电和 220V 交流供电。（   ）

4．简答题

请画出 FH-BBU6164 的系统框图。

任务2　RRU 硬件结构认知

【学习目标】

1．了解 FH-RRUE2600-II 的硬件结构及主要技术特性

2．了解 FH-RRUE2600-VIII 的硬件结构及主要技术特性

【知识要点】

1．理解 FH-RRUE2600-II 的接口属性

2．熟悉 FH-RRUE2600-VIII 的接口属性

3．了解 RRU 的安装方式

6.2.1　RRU 概述

1．RRU 系统框图

两通道 RRU 的系统包括 Ir 接口处理单元、数字上/下变频模块、数/模单元、模/数单元、LNA（低噪声放大器）、DPD PA（数字预失真功率放大器）和双工器 7 个部分，如图 6-10 所示。

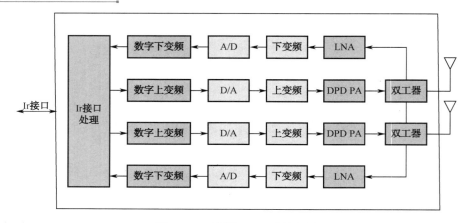

图 6-10　两通道 RRU 系统框图

2．RRU 外观及接口介绍

（1）FH-RRUE2600-II

FH-RRUE2600-II 是工作在 2635MHz～2675MHz 频段的两通道 RRU，其信号带宽支持 5MHz、10MHz、15MHz 和 20MHz 4 种，其产品外观图如图 6-11 所示，每个通道的功率是 40W，Ir 接口速率为 10Gbps，接收灵敏度是-104dBm，重量为 14kg，体积为 15L，支持-48V 的直流供电方式和 220V 的交流供电方式，防护等级为 IP65，支持抱杆安装、挂墙安装和立架安装 3 种方式。

FH-RRUE2600-II 的特点：

① 大功率，满足大型室分需求（80W）；
② 高节能，功放效率超过 35%；
③ 体积小重量轻，方便单手携带，便于施工；
④ 高速率，多频带；
⑤ 支持 2×2MIMO。

（2）FH-RRUE2600-VIII

FH-RRUE2600-VIII 是工作在 2635MHz～2675MHz 频段的 8 通道 RRU，其信号带宽支持 5MHz、10MHz、15MHz 和 20MHz 4 种，其产品外观图如图 6-12 所示，每个通道的功率是 10W，Ir 接口速率为 10Gbps，接收灵敏度是-104dBm，重量为 25kg，体积为 25L，支持-48V 的直流供电方式和 220V 的交流供电方式，防护等级为 IP65，支持抱杆安装、挂墙安装和立架安装 3 种方式。

图 6-11　FH-RRUE2600-II 产品外观图

图 6-12　FH-RRUE2600-VIII 产品外观图

FH-RRUE2600-VIII 的特点：

① 大功率，射频总功率 80W；

② 高节能，功放效率超过 35%；

③ 支持 TM7；

④ 高速率，多频带；

⑤ 支持 8T8R。

（3）RRU 接口介绍

以 FH-RRUE2600-II 为例，其外部接口如图 6-13 所示。编号 1 所指的端口是 ANT1，即射频端口，其作用是将 RRU 通过馈线与天线通道相连；编号 2 所指的端口是 ANT2，即射频端口，其作用是将 RRU 通过馈线与天线通道相连；编号 3 所指的端口是 GND，即接地端口，其作用是将 RRU 与地线相连；编号 4 所指的是 VENT，即透气膜，其作用是平衡 RRU 的内外压差。

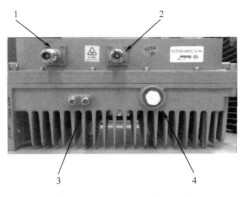

图 6-13　RRU 外部接口图

RRU 的侧面接口如图 6-14 所示，编号 1 所指的端口为 OPT1，即光口 1，其作用是将 RRU 连接 BBU 或当 RRU 级联时，连接上一级 RRU 的 OPT2 端口；编号 2 所指的端口为 OPT2，即光口 2，其作用是将 RRU 连接下一级 RRU 的 OPT1 端口；编号 3 所指的端口是 RJ45，即告警端口，起到干接点的作用；编号 4 所指的端口是 RJ45，即调试网口，对 RRU 进行调试时使用；编号 5 所指的端口是 RS-232，即调试串口，对 RRU 进行调试时使用；编号 6 所指的端口是 AC/DC，即电源接口，其作用是给 RRU 提供电源使用。

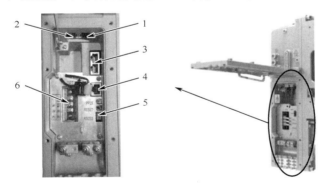

图 6-14　RRU 的侧面接口图

RRU 的内部结构如图 6-15 所示，图中编号 1 是 RRU 中的数字中频盘，编号 2 是 RRU 的功率放大器，编号 3 是 RRU 的防雷模块，编号 4 是 RRU 的电源模块，编号 5 是 RRU 的滤波器。

6.2.2　RRU 的安装

1．RRU 的安装方式

RRU 常见的安装方式有挂墙安装和抱杆安装两种，如图 6-16 和图 6-17 所示。

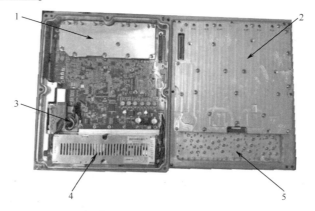

图 6-15　RRU 内部结构图

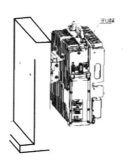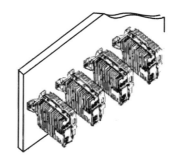

图 6-16　RRU 挂墙安装

图 6-17　RRU 抱杆安装

2．RRU 的线缆安装

下面以两通道 RRU 为例，介绍其线缆安装的过程。

（1）打开配线腔小盖

首先松开 RRU 小盖上的 8 个紧固螺钉，如图 6-18 所示，然后打开小盖，用食指向上轻推小盖的支撑杆，使小盖保持在开启状态。

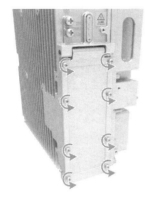

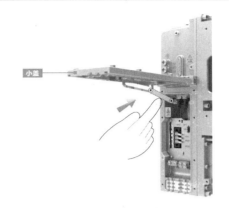

图 6-18　RRU 配线腔小盖上的 8 个紧固螺钉　　　　　图 6-19　打开小盖

（2）连接电源线

电源线外绝缘层剥开 90mm，使屏蔽网在自由状态下预留 20mm，其中 12mm 屏蔽网露出，端部 8mm 屏蔽网用 PVC 绝缘胶带绕缠三圈（PVC 绝缘胶带宽 16mm，多余 8mm 宽 PVC 绝缘胶带绕缠在电源线芯线绝缘皮上）。把叉形预绝缘端子套在剥好内导体的电线上，然后用冷压端子钳压好，如图 6-20 和图 6-21 所示。

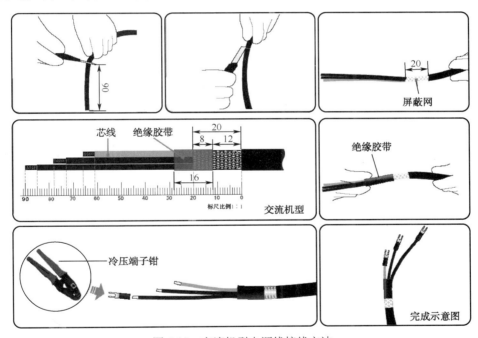

图 6-20　交流机型电源线接线方法

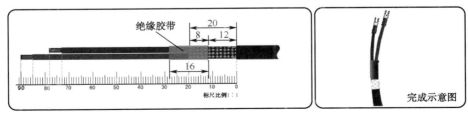

图 6-21　直流机型电源线接线方法

打开 RRU 端子台上的塑料防护盖，把端子台上的 3 个端子固定螺钉逆时针方向拧 3 圈，松开螺钉，如图 6-22 所示。注意：此处松开螺钉不要超过 8 圈，防止螺钉松脱。

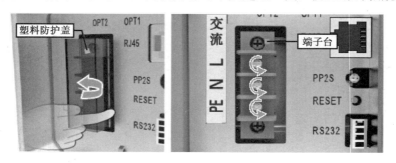

图 6-22　将塑料防护盖内的 3 个端子固定螺钉拧紧

把线架上左边的 3 个螺钉逆时针方向旋转 10 圈左右，松开螺钉，如图 6-23 所示。

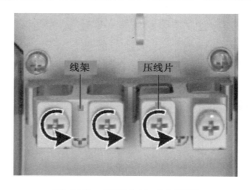

图 6-23　线架上的三个螺钉

在面板的桥形孔中穿入扎带，把压好叉形预绝缘端子的电线从线架的第 3 个槽位横向穿入，使屏蔽网位于线架的正下方，如图 6-24 所示。

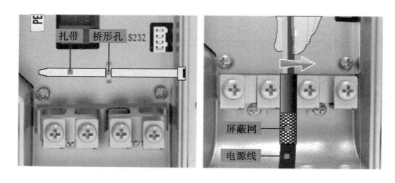

图 6-24　穿入扎带

向上拉动电源线，使整形后屏蔽网部分位于线架压线片正下方，然后锁紧螺钉，使电源线被压线片压紧，如图 6-25 所示。

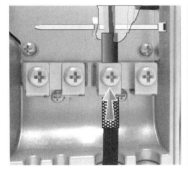
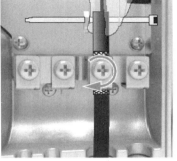

图 6-25 压线

把叉形预绝缘端子插入松开螺钉的端子台中，然后使用扭力起子锁紧螺钉（扭矩小于 6.5N·m），固定好叉形预绝缘端子，注意交流和直流机型的接线关系，交流机型电源线接线完成后如图 6-26 所示，直流机型电源线接线完成后如图 6-27 所示。

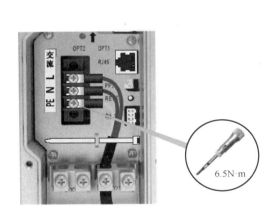
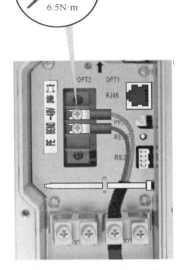

图 6-26 交流机型接线图   图 6-27 直流机型接线图

注意事项：连接电源线之前，需确认 RRU 供电方式，并根据交流与直流的区别严格按图 6-28 连接电源线（交流机型接线关系：棕色线-L，蓝色线-N，黄绿线-PE；直流机型接线关系：蓝色线— -48V，红色线—RTN）。

AC交流	L	N	PE
线缆	——	——	——
DC直流	-48V	RTN	PE
线缆	——	——	——

图 6-28 交流与直流机型电源线连接区别

（3）连接野战光纤

把两根野战光纤分别放入线架左边 2 个线槽中，向上拉动野战光纤使野战光纤外护套尾部的硬质护套位于线架压线片之下，如图 6-29 所示。

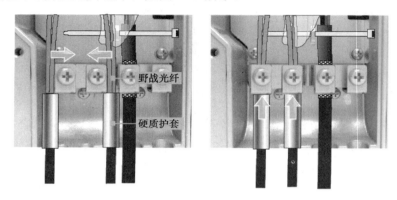

图 6-29　野战光纤放置位置

锁紧螺钉固定好野战光纤的硬质护套，然后把 2 根野战光纤端部的 4 个 LC 接头插入 2 个光模块中，如图 6-30 所示。

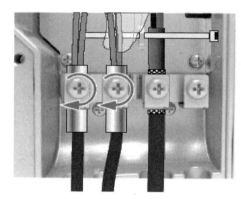
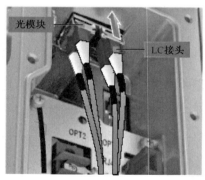

图 6-30　野战光纤与光模块连接

把光纤尾纤部分按图 6-31 所示整形，然后用电线固定片和扎带固定好，完成后效果图如图 6-31 所示。

（4）关闭配线腔小盖

所有线缆安装好后，将未使用的过线槽用对应的防水塞填堵，如图 6-32 所示。

关闭配线腔盖板，然后按图 6-33 所指示的顺序 1→2→3→4→5→6→7→8 用扭力起子依次拧入螺钉，然后再按照此顺序紧固 3 遍，安装完成后如图 6-33 所示。注意此处锁紧小盖螺钉用扭力起子拧 3 遍，扭矩大小为 12N·m。至此两通道的 RRU 线缆安装完成。

图 6-31　尾纤处理

图 6-32 防水塞安装位置　　　　　　　图 6-33 关闭配线腔盖板

思考与练习

1．填空题

（1）RRU 的常用安装方式有_____安装和_____安装。

（2）FH-RRU 的接口速率为_____。

2．选择题

（1）FH-RRUE2600-II 工作频段是（　　）。

A．2635MHz～2675MHz

B．2615MHz～2655MHz

C．2625MHz～2685MHz

D．2635MHz～2695MHz

（2）FH-RRUE2600-VIII 支持（　　）种带宽。

A．4　　　　　　　B．5　　　　　　　C．3　　　　　　　D．6

3．简答题

请简单描述两通道 RRU 线缆连接过程。

任务 3　室外站点典型配置应用

【学习目标】

1．熟悉虹信 BBU6164 的典型应用场景

2．了解并掌握室外站点的典型配置

【知识要点】

1．认识并理解室外各种场景站点的类型

2．熟悉虹信 RRU 室外场景配置规范

6.3.1　室外站点典型配置应用——RRU 不级联的情况

1．任务描述

现网新建一个室外宏站，3 个扇区，每个扇区 20M 带宽，工作在 D 频段，请根据要求选

择合适的硬件并进行连线。

2．设备选择情况

因为是 RRU 不级联的情况，所以 BBU 单板选择情况为 CCU 单板 1 块，BPU 单板 3 块，FCU 单板 1 块，PWU 单板 1 块；RRU 选择情况为 3 个 RRU2600-VIII；天线选择情况为 3 个 8 通道 D 频段的室外天线。

3．设备连线情况

根据任务要求，BBU 单板的安装位置如图 6-34 所示，设备连线如图 6-35 所示。

FCU	空着不插单板	CCU
		BPU
	PWU	BPU
		BPU

图 6-34　BBU 单板安装情况

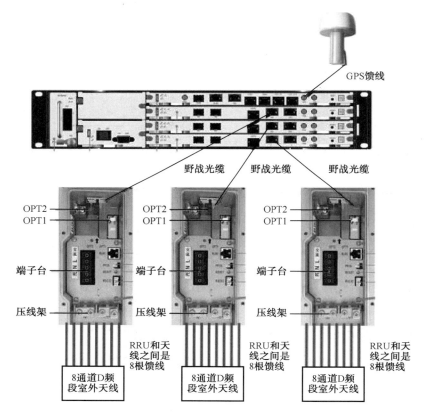

图 6-35　设备连线图

6.3.2　室外站点典型配置应用——RRU 级联的情况

1．任务描述

现网新建一个室外宏站，3 个扇区，每个扇区 20M 带宽，工作在 D 频段，请根据要求选择合适的硬件并进行连线。

2．设备选择情况

因为是 RRU 级联的情况，所以 BBU 单板选择情况为 CCU 单板 1 块，BPU 单板 1 块，FCU 单板 1 块，PWU 单板 1 块；RRU 选择情况为 3 个 RRU2600-VIII；天线选择情况为 3 个 8 通道 D 频段的室外天线。

FCU	空着不插单板	CCU
		BPU
	PWU	空着不插单板
		空着不插单板

图 6-36　BBU 单板安装位置

3．设备连线情况

根据任务要求，BBU 单板的安装位置如图 6-36 所示，设备连线如图 6-37 所示。

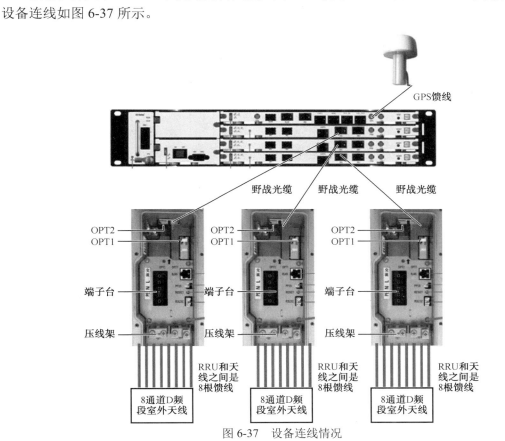

图 6-37　设备连线情况

思考与练习

假设现网新建一个室外宏站，2 个扇区，每个扇区 10M 带宽，工作在 D 频段，请根据要求选择合适的硬件并进行连线。注意：需考虑 RRU 级联和不级联的两种情况。

任务 4　室内站点典型配置应用

【学习目标】

1．了解 RRU 类型与场景使用模式

2．了解并掌握室内站点的典型配置

【知识要点】

1．掌握并理解虹信 RRU 的典型配置和工作模式

2．熟悉虹信室内站点的类型及应用环境

1．任务描述

现网新建一个室分站，1 个扇区，每个扇区 20M 带宽，工作在 E 频段，请根据要求选择合适的硬件并进行连线。

2．设备选择情况

因为是室内站点，所以 BBU 单板选择情况为 CCU 单板 1 块，BPU 单板 1 块，FCU 单板 1 块，PWU 单板 1 块；RRU 选择情况为 1 个 RRU2300；天线选择情况为室内双极化吸顶天线 2 个。

FCU	空着不插单板	CCU
		BPU
	PWU	空着不插单板
		空着不插单板

3．设备连线情况

根据任务要求，BBU 单板的安装位置如图 6-38 所示，设备连线如图 6-39 所示。

图 6-38　BBU 单板的安装位置

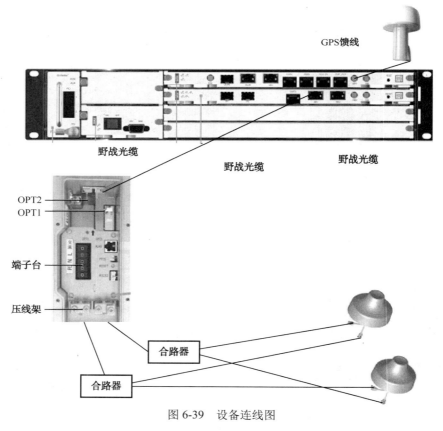

图 6-39　设备连线图

注意：此处从合路器到吸顶天线的线路应该按照通信工程施工要求走线，不能有交叉。

思考与练习

假设现网新建一个室内站，2 个扇区，每个扇区 10M 带宽，工作在 E 频段，请根据要求选择合适的硬件并进行连线。

项目 7　华为 LTE 基站数据配置

任务 1　单站全局数据配置

【学习目标】

1. 熟识华为单站全局设备数据配置
2. 熟识华为 DBS3900 的单板配置命令

【知识要点】

1. 熟悉单站全局数据配置流程
2. 了解 Offline-MML 工具，记住各个命令参数

7.1.1　华为单站全局数据配置

1. 单站全局数据配置流程

LTE 单站的基本配置如图 7-1 所示，此时配置了 1 块 FAN 单板，1 块 LMPT 单板，1 块 UPEU 单板和 3 块 LBBP 单板，1 个 BBU 同 3 个 RRU 用光纤连接。单站全局设备数据配置流程如图 7-2 所示，单站全局数据配置 MML 命令如表 7-1 所示。

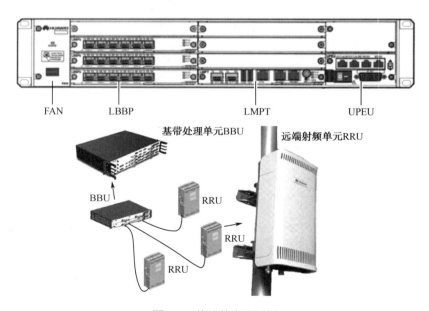

图 7-1　单站基本配置图

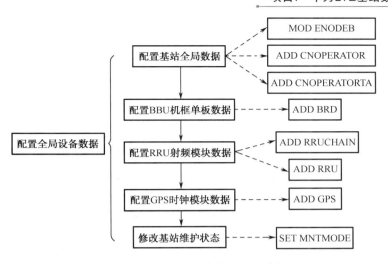

图 7-2 单站全局设备数据配置流程

表 7-1 单站全局数据配置命令功能表

命令+对象	MML 命令用途	命令使用注意事项
MOD ENODEB	配置 eNodeB 基本站型信息	基站标识在同一 PLMN 中唯一 基站类型为 DBS3900_LTE BBU-RRU 接口协议类型： 　CPRI 采用华为私有协议（TDL 单模常用），TD_IR 采用 CMCC 标准协议（TDS-TDL 多模）
ADD CNOPERATOR	增加基站所属运营商信息	国内 TD-LTE 站点归属于一个运营商，也可以实现 多运营商共用无线基站共享接入
ADD CNOPERATORTA	增加跟踪区域 TA 信息	TA（跟踪区）相当于 2G/3G 中 PS 路由器
ADD BRD	添加 BBU 单板	主要单板类型：UMPT/LBBP/UPEU/FAN； LBBPc 支持 FDD 与 TDD 两种工作方式，TD-LTE 基站选择 TDD（时分双工）
ADD RRUCHAIN	增加 RRU 连环，确定 BBU 与 RRU 的组网方式	可选组网方式：链型/环型/负荷分担
ADD RRU	增加 RRU 信息	可选 RRU 类型：MRRU/LRRU MRRU 支持多制式，LRRU 只支持 TDL 制式
ADD GPS	增加 GPS 信息	现场 TDL 单站必配，TDS-TDL 共框站点可从 TDS 系统 WMPT 单板获取
SET MNTMODE	设置基站工程模式	用于标记站点告警，可配置项目：普通/新建/扩容/ 升级/调测（默认出厂状态）

2. 单站全局数据配置步骤

（1）配置 eNodeB 与 BBU 单板数据

① 打开 Offline-MML 工具，在命令输入窗口执行 MML 命令，如图 7-3 所示。

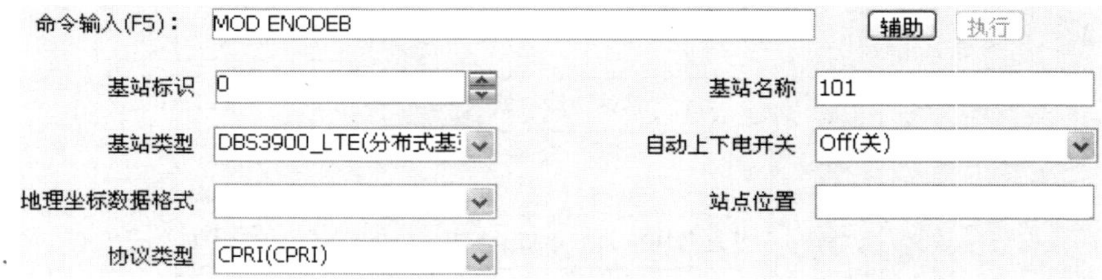

命令输入(F5)：　MOD ENODEB　　　　　　　　　　　　　　　　　　辅助　执行

基站标识　0　　　　　　　　　　　　基站名称　101

基站类型　DBS3900_LTE(分布式基　　　自动上下电开关　Off(关)

地理坐标数据格式　　　　　　　　　　站点位置

协议类型　CPRI(CPRI)

图 7-3　修改基站命令参数输入

MOD ENODEB 命令重点参数：

- 基站标识：在一个 PLMN 内编号唯一，是小区全球标识 CGI 的一部分。
- 基站类型：TD-LTE 只采用 DBS3900_LTE（分布式基站）类型。
- 协议类型：BBU-RRU 通信接口协议类型，TDL 单模建网时使用；TDL_IR 表示 CMCC 定义的 IR 通信协议，TDL 多模使用。

此处的 PLMN（Public Land Mobile Network）即公共陆地移动网；CGI（Cell Global Identifier）是小区全球标识；CPRI（Common Public Radio Interface）是通用公共无线接口；CMCC（China Mobile Communications Corporation）是中国移动通信公司；IR（Infrared）是红外线通信协议。

② 保存脚本文件。

首次执行 MML 命令时，会弹出保存窗口进行脚本保存，继续执行命令会自动追加保存在此脚本文件中。

③ 增加基站所属运营商配置信息，如图 7-4 和图 7-5 所示。

命令输入(F5)：　ADD CNOPERATOR　　　　　　　　　　　　　　　辅助　执行

运营商索引值　0　　　　　　　　　　运营商名称　CMCC

运营商类型　CNOPERATOR_PRIMARY　　　移动国家码　460

移动网络码　00

图 7-4　添加运营商命令参数输入

命令输入(F5)：　ADD CNOPERATORTA　　　　　　　　　　　　　　辅助　执行

跟踪区域标识　0　　　　　　　　　　运营商索引值　0

跟踪区域码　0

图 7-5　添加运营商跟踪区命令参数输入

ADD OPERATOR/OPERATORTA 命令重点参数：

- 运营商索引值：范围 0～3，最多可配置 4 个运营商信息。
- 运营商类型：与基站共享模式配合使用，当基站共享模式为独立运营商模式时，只能添加一个运营商且必须为主运营商；当基站共享模式为载频共享模式时，添加主运营商后，最多可添加 3 个从运营商；后续配置模块中通过运营商索引值、跟踪区域标识来索引绑定站点信息所配置的全局信息数据。

● 移动国家码、移动网络码、跟踪区域码：需要与核心网 MME 配置协商参数一致。

说明： 通过 MOD ENODEBSHARINGMODE 命令可修改基站共享模式。

④ 增加设备机柜和机框，如图 7-6 和图 7-7 所示。

图 7-6   添加设备机柜命令参数输入

图 7-7   添加设备机框命令参数输入

ADD SUBRACK 命令执行后会出现提示对话框，如图 7-8 所示，单击"是"按钮即可。

图 7-8   ADD SUBRACK 命令执行后弹出的对话框

ADD CABINET/SUBRACK 命令重点参数：

● ADD CABINET 命令中机柜型号：本仿真软件需选择 VIRTUAL（虚拟机柜）。

⑤ 参考图 7-1 中的 BBU 硬件配置，执行 MML 命令增加 BBU 单板。此步骤需要增加 LBBP、LMPT 和 FAN 三种单板。增加基带板 LBBP 的命令参数输入界面如图 7-9 所示。

图 7-9   添加 LBBP 单板命令参数输入

增加主控板 LMPT 的命令参数输入界面如图 7-10 所示。

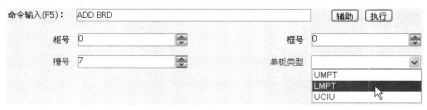

图 7-10　添加 LMPT 单板命令参数输入

添加 LMPT 单板命令执行会引发系统复位，系统要求重新登录，相应的两个提示对话框分别如图 7-11 和图 7-12 所示，单击"是"按钮即可。

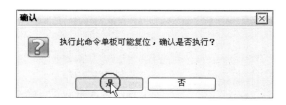

图 7-11　添加 LMPT 单板引发的系统复位提示对话框

图 7-12　添加 LMPT 单板引发的重新登录提示对话框

增加风扇模块 FAN 的命令参数输入界面如图 7-13 所示。

图 7-13　添加 FAN 单板命令参数输入

增加环境监控模块 UPEU 的命令参数输入界面如图 7-14 所示。

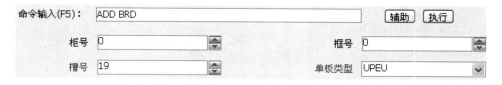

图 7-14　添加 UPEU 单板命令参数输入

ADD BRD 命令重点参数：

● LBBP 单板工作模式：TDD 为时分双工模式；TDD_ENHANCE 表示支持 TDD 波束赋形 BF；TDD_8T8R 表示支持 TD-LTE 单模 8T8R，支持 BF，其 BBU 与 RRU 之间的接口协议为 CPRI；TDD_TL 表示支持 TD-LTE&TDS-CDMA 双模或 TD-LTE 单模，包括 8T8R BF 以及 2T2R MIMO，其 BBU 与 RRU 之间的接口协议为 IR 协议；LMPT 单板

增加命令执行成功后会要求单板重启动加载，维护链路会中断。

（2）配置 RRU 设备数据

① 增加 RRU 链环数据如图 7-15 所示。

图 7-15　添加 RRU 链环命令参数输入

ADD RRUCHAIN 命令重点参数：

● 组网方式：CHAIN（链型）、RING（环型），LOADBALANCE（负荷分担）。

● 接入方式：本端端口表示 LBBP 通过本单板 CPRI 与 RRU 连接；对端端口表示 LBBP 通过背板汇聚到其他槽位基带板与 RRU 连接。

● 链/环头槽号：表示链/环头 CPRI 端口所在单板的槽号。

● 链/环头光口号：表示链/环头 CPRI 端口所在单板的端口号。

● CPRI 线速率：用户设定速率，设置 CPRI 线速率与当前运行的速率不一致时，会产生 CPRI 相关告警。

② 增加 RRU 设备数据，如图 7-16 所示。

图 7-16　添加 RRU 设备命令参数输入

ADD RRU 命令重点参数：

● RRU 类型：TD-LTE 网络只用 MRRU&LRRU，MRRU 根据不同的硬件版本可以支持多种工作制式，LRRU 支持 LTE_FDD/LTE_TDD 两种工作制式。

● RRU 工作制式：TDL 单站选择 TDL（LTE_TDD），多模 MRRU 可选择 TL（TDS_TDL）工作制式。

说明：RRU3233 类型为 LRRU，工作制式为 TDL（LTE_TDD）。

（3）配置 GPS、修改基站维护态

① 增加 GPS 设备信息。

ADD GPS/SET CLKMODE 命令重点参数：

● GPS 工作模式：支持多种卫星同步系统信号接入。

● 优先级：取值范围 1～4，1 表示优先级最高，现场通常设置 GPS 优先级最高，LMPTa6

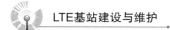

单板自带晶振时钟，优先级默认为 0，优先级别最低，可用于测试使用。
● 时钟工作模式：AUTO（自动），MANUAL（手动），FREE（自振）；手动模式表示用户手动指定某一路参考时钟源；自动模式表示系统根据参考时钟源的优先级和可用状态自动选择参考时钟源；自振模式表示系统工作于自由振荡状态，不跟踪任何参考时钟源。

说明：实验设备设置时钟工作采用自振（FREE）。

② 设置基站维护态。

SET MNTMODE 命令重点参数：

● 工程状态：网元处于特殊状态时，告警上报方式将会改变；主控板重启不会影响工程状态的改变，自动延续复位前的网元特殊状态。说明：设备出厂默认将设备状态设置为"TESTING"（调测）。

7.1.2 单站全局数据配置脚本示例

```
//修改基站参数
MOD        ENODEB:        ENODEBID=0,        NAME="101",        ENBTYPE=DBS3900_LTE,
AUTOPOWEROFFSWITCH=Off, PROTOCOL=CPRI;
//运营商配置信息
ADD        CNOPERATOR:        CnOperatorId=0,        CnOperatorName="CMCC",
CnOperatorType=CNOPERATOR_PRIMARY, Mcc="460", Mnc="00";
ADD CNOPERATORTA: TrackingAreaId=0, CnOperatorId=0, Tac=0;
//增加设备机柜
ADD CABINET: CN=0, TYPE=VIRTUAL;
//增加设备机框
ADD SUBRACK: CN=0, SRN=0, TYPE=BBU3900;
//增加BBU单板
ADD BRD: SN=3, BT=LBBP, WM=TDD;
ADD BRD: SN=7, BT=LMPT;
ADD BRD: SN=16, BT=FAN;
ADD BRD: SN=19, BT=UPEU;
//配置RRU设备数据
ADD RRUCHAIN: RCN=0, TT=CHAIN, HSN=3, HPN=0;
ADD RRU: CN=0, SRN=60, SN=0, RCN=0, PS=0, RT=LRRU, RS=TDL, RXNUM=2, TXNUM=2;
//时钟模式设置
SET CLKMODE: MODE=FREE;
```

思考与练习

（1）单站全局数据配置包括哪些模块？配置流程是什么？

（2）单站全局数据配置需要哪些协商规划参数？各自从哪些协商规划数据表中查找？

（3）输出脚本中哪些配置会影响到后面的配置？各自影响关系如何？

任务2　单站传输数据配置

【学习目标】

1. 了解华为 DBS3900 单站传输组网命令与参数

2．了解华为 DBS3900 单站传输组网各单板配置
【知识要点】
1．基础传输配置包括的接口、参数、流程
2．输出脚本中配置间的影响

7.2.1 DBS3900 单站传输数据配置

eNodeB 网络传输接口如图 7-17 所示，eNodeB 与 MME 之间是 S1-C 接口，eNodeB 与 S-GW 之间是 S1-U 接口，eNodeB 与 UE 之间是 LTE-Uu 接口，eNodeB 之间是 X2 接口。

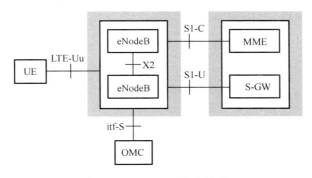

图 7-17　eNodeB 网络传输接口

单站 S1 接口组网拓扑如图 7-18 所示。单站传输接口只考虑维护链路与 S1 接口，包括 S1-C（信令）、S1-U（业务数据）。

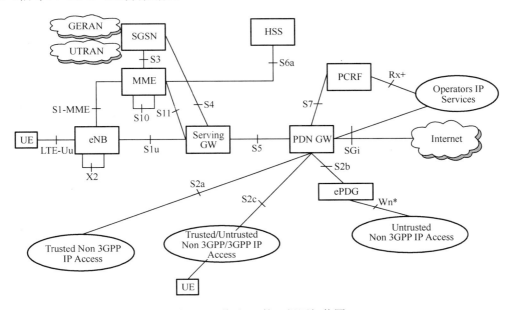

图 7-18　单站 S1 接口组网拓扑图

DBS3900 单站传输数据配置流程如图 7-19 所示，其 MML 命令如表 7-2 所示。

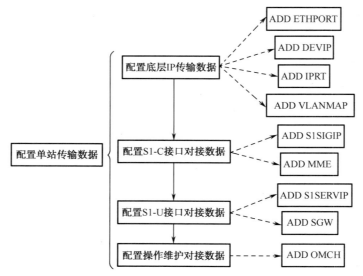

图 7-19　DBS3900 单站传输数据配置流程

表 7-2　单站传输接口数据配置功能集

命令+对象	MML 命令用途	命令使用注意事项
ADD ETHPORT	增加以太网端口；以太网端口速率、双工模式、端口属性参数	TD-LTE 基站端口配置 1Gbps，采用全双工模式对接；新增单板时默认已配置，不需要新增，使用 SET ETHPORT 修改
ADD DEVIP	端口增加设备 IP 地址	每个端口最多可增加 8 个设备 IP，现网规划单站使用 IP 不能重复
ADD IPRT	增加静态路由信息	单站必配路由有三条：S1-C 接口到 MME、S1-U 接口到 UGW、OMCH 到网管；如采用 IPCLK 时钟需额外增加路由信息，多站配置 X2 接口也需要新增站点间路由信息。目的 IP 地址与掩码取值相与必须为网络地址
ADD VLANMAP	根据下一条增加 VLAN 标识	现网通常规划多个 LTE 站点使用一个 VLAN 标识
ADD S1SIGIP	增加基站 S1 接口信令	采用 End-point（自建立方式）配置方式时应用：配置 S1/X2 接口的端口信息，系统根据端口信息自动创建 S1/X2 接口控制面承载（SCTP 链路）和用户面承载（IP path）Link 配置方式采用手工参考协议栈模式进行配置
ADD MME	增加对端 MME 信息	
ADD S1SERVIP	增加基站 S1 接口服务 IP	
ADD SGW	增加对端 SGW/UGE 信息	
ADD OMCH	增加基站远程维护通道	最多增加主/备两条，绑定路由后，无须单独增加路由信息

1. DBS3900 单站传输数据配置步骤

（1）配置底层 IP 传输数据

① 增加物理端口配置，如图 7-20 所示。

图 7-20 添加以太网端口命令参数输入

ADD ETHPORT 命令的生效需要关闭"远端维护通道自动建立开关"，具体操作如图 7-21 所示。

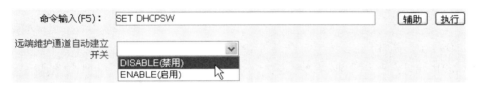

图 7-21 关闭"远端维护通道自动建立开关"命令参数输入

执行后，会弹出提示对话框，如图 7-22 所示，单击"是"按钮。

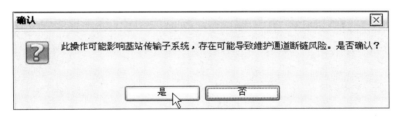

图 7-22 关闭"远端维护通道自动建立开关"命令执行后弹出的对话框

ADD ETHPORT 命令重点参数：

● 端口属性：LMPT 单板 0 号端口为 FE/GE 电口，1 号端口为 FE/GE 光口（现场使用光口）；

● 端口速率/双工模式：需要与传输协商一致，现场使用 1000Mbps/FULL（全双工）。

说明：设备出厂默认端口速率/双工模式为自协商。

本步骤添加以太网端口需操作两次，每次操作的端口号不同，后面添加以太网端口业务 IP 也需对应操作两次。

② 以太网端口业务/维护通道 IP 配置，如图 7-23 和图 7-24 所示。

ADD DEVIP 命令重点参数：

● 端口类型：在未采用 Trunk 配置方式的场景下选择 ETH（以太网端口）即可，目前 TD-LTE 现网均未使用 Trunk 连接方式。

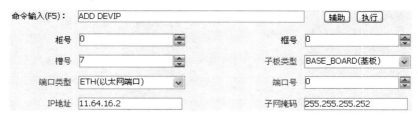

图 7-23 添加以太网端口业务 IP 参数输入

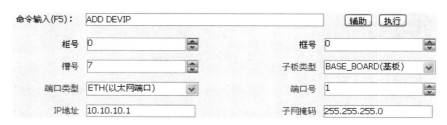

图 7-24 添加以太网端口维护通道 IP 参数输入

● IP 地址：同一端口最多配置 8 个设备 IP 地址。IP 资源紧张的情况下，单站可以只采用一个 IP 地址，既用于业务链路通信，也用于维护链路互通；端口 IP 地址与子网掩码确定基站端口连接传输设备的子网范围大小，多个基站可以配置在同一子网内。

说明：实验室规划基站维护与业务子网段分开配置，便于识别与区分。

③ 配置业务路由信息（略）。

④ 配置基站业务/维护 VLAN 标识（略）。

（2）End-point 自建立方式配置 S1 接口对接数据

① 配置基站本端 S1-C 信令链路参数，如图 7-25 所示。

图 7-25 添加基站本端 S1-C 信令链路参数输入

ADD S1SIGIP 命令重点参数：

● 运营商索引值：默认为 0，单站归属一个运营商，建议不更改，后续配置无线全局数据时存在索引关系。说明：End-point 自建立配置方式比 Link 方式简单，配置重点为基站本端信令 IP 地址、本端端口号；基站侧端口号上报给 MME 后会自动探测添加，不需要与核心网进行人为协商；现场采用信令链路双归属组网时，可配置备用信令 IP 地址，与主用实现 SCTP 链路层的双归属保护倒换；现场使用安全组网场景时需要将

IPSec 开关打开。

② 配置对端 MME 侧 S1-C 信令链路参数，如图 7-26 所示。

图 7-26　添加对端 MME 侧 S1-C 信令链路参数输入

ADD MME 命令重点参数：

● 运营商索引值：默认为 0，单站归属一个运营商，建议不更改，后续配置无线全局数据时存在索引关系。说明：MME 协商参数包括信令 IP、应用层端口，MME 协议版本号也需要与对端 MME 配置协商一致；现场采用信令链路双归属组网时，对端 MME 侧也需要配置备用信令 IP 地址，与主用实现 SCTP 链路层的双归属保护倒换；现场使用安全组网场景时需要将 IPSec 开关打开。

③ 配置基站本端与对端 MME 的 S1-U 业务链路参数，如图 7-27 和图 7-28 所示。

图 7-27　添加基站本端 S1-U 业务链路参数输入

图 7-28　添加对端 SGW/UGW 侧 S1-U 业务链路参数输入

ADD S1SERVIP/ADD SGW 命令重点参数：

● 运营商索引值：默认为 0，单站归属一个运营商，建议不更改，后续配置无线全局数据时存在索引关系。说明：配置 S1-U 链路重点为基站本端与对端 MME 的 S1 业务 IP 地址，建议打开通道检测开关，实现 S1-U 业务链路的状态监控。

（3）Link 方式配置 S1 接口对接数据

① 配置 SCTP 链路数据，用 ADD SCTPLIK 命令，如图 7-29 所示。

说明：采用 Link 方式进行配置时，需要手工添加传输层承载链路，相关参数更为详细，重点协商参数包括两端 IP 地址与端口号。

② 配置基站 S1-C 接口信令链路数据，用 ADD S1INTERFACE 命令，如图 7-30 所示。

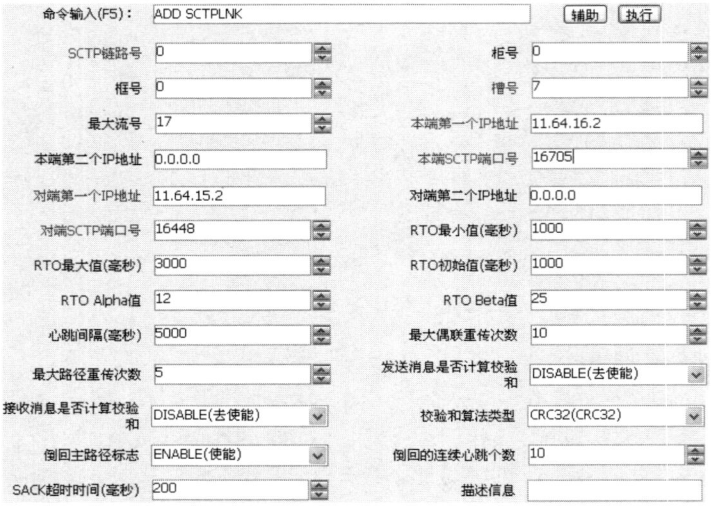

图 7-29 添加基站 S1-C 信令承载 SCTP 链路参数输入

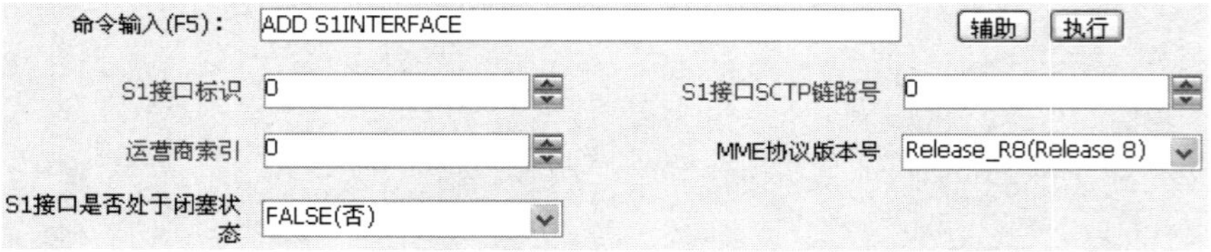

图 7-30 添加基站 S1-C 信令链路参数输入

说明：S1 接口信令承载链路需要索引底层 SCTP 链路以及全局数据中的运营商信息；MME 对端协议版本号需要与核心网设备协商一致。

③ 配置 S1-U 接口 IPPATH 链路数据。

用 ADD IPPATH 命令，如图 7-31 所示。

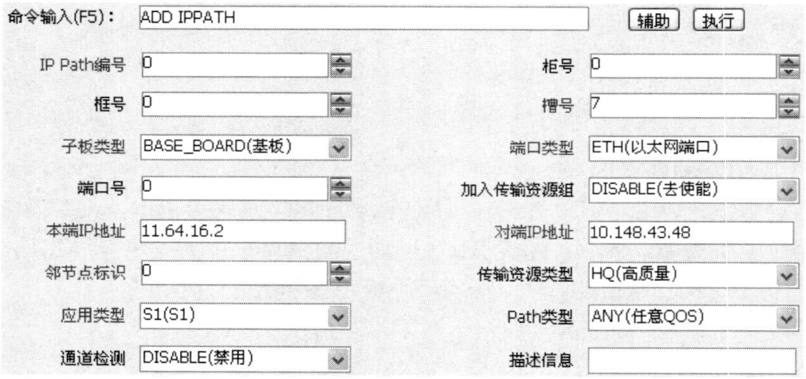

图 7-31 添加基站 S1-U 接口业务链路参数输入

说明：S1 接口数据承载链路 IPPATH 配置重点协商 IP 地址，目前场景未区分业务优先级，传输 IPPATH 只配置一条即可。

7.2.2　单站传输数据配置脚本示例

```
//增加物理端口配置
ADD ETHPORT: SN=7, SBT=BASE_BOARD, PA=COPPER, SPEED=AUTO, DUPLEX=AUTO;
//远端维护通道自动建立开关
SET DHCPSW: SWITCH=DISABLE;
//配置业务IP
ADD  DEVIP:  SN=7,  SBT=BASE_BOARD,  PT=ETH,  PN=0,  IP="11.64.16.2",
MASK="255.255.255.252";
//配置维护IP
ADD  DEVIP:  SN=7,  SBT=BASE_BOARD,  PT=ETH,  PN=1,  IP="10.10.10.1",
MASK="255.255.255.0";
//配置基站本端S1-C信令链路参数
ADD  S1SIGIP:  SN=7,  S1SIGIPID="TO  MME",  LOCIP="11.64.16.2",
LOCIPSECFLAG=DISABLE,  SECLOCIPSECFLAG=DISABLE,  LOCPORT=16705,
SWITCHBACKFLAG=ENABLE;
//配置对端MME侧S1-C信令链路参数
ADD  MME:  MMEID=0,  FIRSTSIGIP="11.64.15.2",  FIRSTIPSECFLAG=DISABLE,
SECIPSECFLAG=DISABLE, LOCPORT=16448;
//配置基站本端S1-U业务链路参数
ADD  S1SERVIP:  SN=7,  S1SERVIPID="TO  SGW",  S1SERVIP="11.64.16.2",
IPSECFLAG=DISABLE;
//配置对端SGW侧S1-U业务链路参数
ADD  SGW:  SGWID=0,  SERVIP1="10.148.43.48",  SERVIP1IPSECFLAG=DISABLE,
SERVIP2IPSECFLAG=DISABLE, SERVIP3IPSECFLAG=DISABLE, SERVIP4IPSECFLAG=DISABLE;
```

思考与练习

（1）基站传输配置包括哪些接口参数？配置方式、流程是什么？

（2）配置需要哪些协商规划参数？各自从哪些协商规划数据表中查找？

（3）输出脚本中哪些配置会影响到后边的配置？各自影响关系怎样？

任务3　单站无线数据配置

【学习目标】

1．了解小区和扇区的区别

2．了解华为单站无线数据配置的流程

【知识要点】

1．掌握华为单站无线数据配置MML命令

2．熟悉华为单站无线数据配置步骤

7.3.1　华为单站无线数据配置

TD-LTE eNodeB101无线网络基础规划如图7-32所示，DBS3900单站无线数据配置流程如图7-33所示，单站无线数据配置MML命令如表7-3所示。

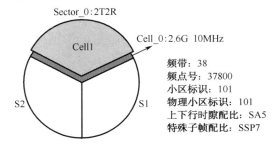

图 7-32　TD-LTE eNodeB101 无线网络基础规划数据示意图

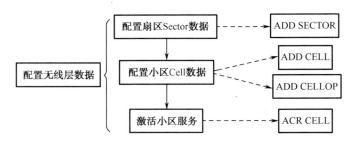

图 7-33　DBS3900 单站无线数据配置流程

表 7-3　单站无线数据配置命令功能集

命令+对象	MML 命令用途	命令使用注意事项
ADD SECTOR	增加扇区信息数据	指定扇区覆盖所用射频器件，设置天线收发模式、MIMO 模式；TD-LTE 支持普通 MIMO：1T1R、2T2R、4T4R、8T8R 2T2R 场景可支持 UE 互助 MIMO
ADD CELL	增加无线小区数据	配置小区频点、带宽；TD-LTE 小区带宽只有两种有效：10MHz（50RB）与 20MHz（100RB）；小区标识 CellID+eNodeB 标识+PLMN（Mcc&Mnc）=eUTRAN 全球唯一小区标识号（ECGI）
ADD CELLOP	激活小区与运营商对应关系信息	绑定本地小区与跟踪区信息，在开启无线共享模式情况下可通过绑定不同运营商对应的跟踪区信息，分配不同运营商可使用的无线资源 RB 的个数
ACT CELL	激活小区	是否激活的结果使用 DSP CELL 进行查询

1．DBS3900 单站无线数据配置步骤

（1）配置基站扇区数据，用 ADD SECTOR 命令，如图 7-34 所示。

说明：TD-LTE 制式下，扇区支持 1T1R、2T2R、4T4R 和 8T8R 四种天线模式，其中 2T2R 支持双拼，双拼只能用于同一 LBBP 单板上的一级链上的两个 RRU。

普通 MIMO 扇区的情况下，扇区使用的天线端口分别在两个 RRU 上称为双拼扇区。

普通 MIMO 扇区，在 8 个发送通道和 8 个接收通道的 RRU 上建立 2T2R 的扇区，需要保证使用的通道在不同极化方向上。即此时扇区使用的天线端口必须为以下组合：R0A（path1）和 R0E（path5）或 R0B（path2）和 R0F（path6）或 R0C（path3）和 R0G（path7）或 R0D（path4）和 R0H（path8）。

图 7-34 配置基站扇区数据

不使用的射频 path 通道可使用 MOD TXBRANCH/RXBRANCH 命令关闭。

（2）配置基站小区数据

① 配置基站小区信息数据，用 ADD CELL 命令，如图 7-35 所示。

图 7-35 添加无线小区参数输入

说明：TD-LTE 制式下，载波带宽只有 10MHz 和 20MHz 两种配置有效。

小区标识用于 MME 标识引用，物理小区标识用于空中 UE 接入识别。

CELL_TDD 模式下，上下行子帧配比使用 SA5，下行获得速率最高，特殊子帧配比一般使用 SSP7，能保证有效覆盖前提下提供合理上行接入资源。

配置 10MHz 带宽载波，预期单用户下行速率能达到 40～50Mbps。

② 配置小区运营商信息数据并激活小区，如图 7-36 所示。

图 7-36　添加小区运营商参数输入

ADD CELLOP 命令重点参数：

- 小区为运营商保留：通过 UE 的 AC 接入等级划分决定，是否将本小区作为终端重选过程中的候补小区，默认关闭。
- 运营商上行 RB 分配比例：在 RAN 共享模式下，且小区算法开关中的 RAN 共享模式开关打开时，一个运营商所占下行数据共享信道（PDSCH）传输 RB 资源的百分比。当数据量足够的情况下，各个运营商所占 RB 资源的比例将达到设定的值，所有运营商占比之和不能超过 100%。

说明：现网站点未使用 SharingRAN 方案，不开启基站共享模式。

7.3.2　单站无线数据配置脚本示例

```
//配置基站扇区数据
ADD    SECTOR:    SECN=0,    GCDF=SEC,    SECM=NormalMIMO,    ANTM=2T2R,
COMBM=COMBTYPE_SINGLE_RRU, CN1=0, SRN1=60, SN1=0, PN1=R0A, CN2=0, SRN2=60, SN2=0,
PN2=R0B, ALTITUDE=10;
//配置基站小区数据
ADD    CELL:    LocalCellId=0,    CellName="0",    SectorId=0,    FreqBand=40,
UlEarfcnCfgInd=NOT_CFG,         DlEarfcn=38950,         UlBandWidth=CELL_BW_N100,
DlBandWidth=CELL_BW_N100,    CellId=0,    PhyCellId=0,    FddTddInd=CELL_TDD,
SubframeAssignment=SA2,    SpecialSubframePatterns=SSP0,    RootSequenceIdx=0,
CustomizedBandWidthCfgInd=NOT_CFG,              EmergencyAreaIdCfgInd=NOT_CFG,
UePowerMaxCfgInd=NOT_CFG, MultiRruCellFlag=BOOLEAN_FALSE;
//添加小区运营商参数
ADD CELLOP: LocalCellId=0, TrackingAreaId=0;
//激活小区
ACT CELL: LocalCellId=0;
```

思考与练习

（1）基站无线数据配置包括哪些数据？配置流程是什么？

（2）配置需要哪些协商规划参数？各自从哪些协商规划数据表中查找？

任务 4　脚本验证与业务验证

【学习目标】

1. 了解华为 DBS3900 脚本验证
2. 了解华为 DBS3900 业务验证

【知识要点】

1. 熟悉脚本验证和业务验证方法，弄懂各个参数的意义
2. 熟悉验证步骤以及故障要点

7.4.1 单站脚本验证

命令对象索引关系如图 7-37 所示，单站脚本验证的方法：首先通过 WEB 方式登录基站的 OMC，在 IE 浏览器地址栏中输入地址 http://OMC920 IP 地址/eNodeB omIP/，例如输入 http://10.77.199.43/10.20.9.102/，并输入对应的用户名和密码及验证码，如图 7-38 所示。单击批处理执行 MML 脚本，对单站的脚本进行验证，如图 7-39 所示。

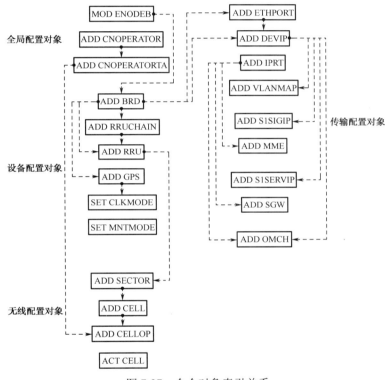

图 7-37　命令对象索引关系

图 7-38　OMC 代理 WEB 方式登录基站

187

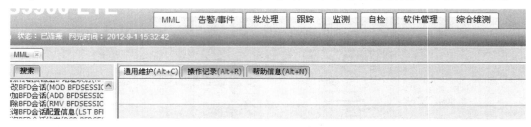

图 7-39　批处理执行 MML 脚本

7.4.2　业务验证

（1）使用 MML 命令 DSP CELL，检查小区状态是否正常，如图 7-40 所示。

```
%%DSP CELL:;%%
RETCODE = 0   执行成功
查询小区动态参数
                    本地小区标识  =  0
                  小区的实例状态  =  正常
          最近一次小区状态变化的原因  =  小区建立成功
      最近一次引起小区建立的操作时间  =  2012-09-25 15:19:29
      最近一次引起小区建立的操作类型  =  小区健康检查
      最近一次引起小区删除的操作时间  =  2012-09-25 15:19:26
      最近一次引起小区删除的操作类型  =  小区建立失败
              小区节能减排状态  =  未启动
                符号关断状态  =  未启动
                基带板槽位号  =  2
              小区 topo 结构  =  基本模式
    最大发射功率(0.1 毫瓦分贝)  =  400
(结果个数 = 1)

小区使用的 RRU 或 RFU 信息

柜号  框号  槽号
0    69    0
(结果个数 = 1)
───    END
```

图 7-40　检查小区状态

（2）使用 MML 命令 DSP BRDVER，检查设备单板是否能显示版本号，如显示则说明状态正常，如图 7-41 所示。

```
%%DSP BRDVER:;%%
RETCODE = 0  执行成功
单板版本信息查询结果

框号  框号  槽号  类型   软件版本            硬件版本         BootROM 版本      操作结果

0    0    2    LBBP   V100R005C00SPC340  45570                            04.018.01.001   执行成功
0    0    6    UMPT   V100R005C00SPC340  2576                             00.012.01.003   执行成功
0    0    16   FAN    101                FAN.2            NULL            执行成功
0    0    18   UPEU   NULL               NULL             NULL            执行成功
0    0    19   UPEU   NULL               NULL             NULL            执行成功
0    69   0    LRRU   18.500.10.017      TRRU.HWE1.x0A120002  18.235.10.017  执行成功
(结果个数 = 6)
---   END
```

图 7-41 检查设备单板信息

（3）使用 MML 命令 DSP S1INTERFACE，检查 S1-C 接口状态是否正常，如图 7-42 所示。

```
%%DSP S1INTERFACE:;%%
RETCODE = 0  执行成功
查询 S1 接口链路

                    S1 接口标识  = 0
              S1 接口 SCTP 链路号  = 0
                    运营商索引  = 0
                MME 协议版本号  = Release 8
          S1 接口是否处于闭塞状态  = 否
                S1 接口状态信息  = 正常
        S1 接口 SCTP 链路状态信息  = 正常
          核心网是否处于过载状态  = 否
            接入该 S1 接口的用户数  = 0
                核心网的具体名称  = NULL
            服务公共陆地移动网络  = 460-02
        服务核心网的全局唯一标识  = 460-02-32769-1
                核心网的相对负载  = 255
                  S1 链路故障原因  = 无
(结果个数 = 1)
---   END
```

图 7-42 检查接口状态

（4）使用 MML 命令 DSP IPPATH，检查 S1-U 接口状态是否正常，如图 7-43 所示。

```
%%DSP IPPATH:;%%
RETCODE = 0  执行成功
查询 IP Path 状态

              IP Path 编号  = 0
  非实时预留发送带宽(千比特/秒)  = 0
  非实时预留接收带宽(千比特/秒)  = 0
      实时发送带宽(千比特/秒)  = 0
      实时接收带宽(千比特/秒)  = 0
    非实时发送带宽(千比特/秒)  = 0
    非实时接收带宽(千比特/秒)  = 0
            传输资源类型  = 高质量
          IP Path 检测结果  = 正常
(结果个数 = 1)
---   END
```

图 7-43 检查接口状态

项目 8　中兴 LTE 基站数据配置

任务 1　单站全局数据配置

【学习目标】
1. 了解中兴基站开局步骤及配置前的准备工作
2. 掌握中兴基站设备的连接顺序

【知识要点】
1. 熟悉中兴基站的 LMT 配置
2. 掌握中兴单站的全局数据配置

8.1.1　单站配置准备

1. 基站开局

基站开局的步骤如下：

（1）开启连线；

（2）选择"Data recovery"→选择设备 eNodeB→"OK"；

（3）拓扑图连线；

（4）进入"Virtual eNodeB"；

（5）搬设备进房间→ZXSDR BS8800；

（6）进入 ZXSDR BS8800→放入 SDR B8200、FAN、PDM、RSU（3 个）（注意：此处根据网络拓扑选择 3 个 RSU）；

（7）进入 ZXSDR BS8800→放入 CC、BPL、SA、PM 板；

（8）选择"Network Topology"→拖网元进基站→进入基站；

（9）开始进行设备连线。

2. 设备连线

设备连线：按照地线→电源线→高速线缆→传输线→馈线的顺序进行连接，以下介绍的方法是在中兴的 LTE 仿真教学软件中使用的，实际现网设备在连线的时候可以参考此步骤。

（1）地线

进入机柜 ZXSDR→BBU→接地→"Power cable and grounding cable"→25mm 黄绿线 A 端口→接地→25mm 黄绿线 B 端口→进入机柜 ZXR→接地。

（2）电源线

进入 PDM 板→"Power cable and grounding cable"→25mm 黑蓝双线→蓝线 A 端口接-48V，黑线 A 端口接-48V RFN→进入配电箱→蓝线 B 端口接 DB9→黑色 B 端口接地（如图 8-1 所示）。

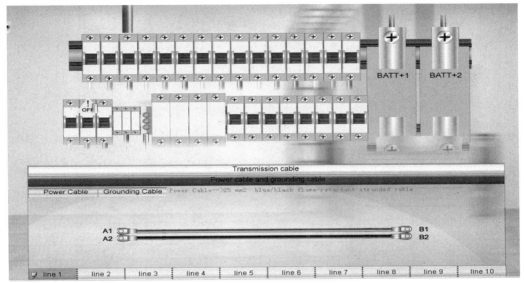

图 8-1 电源线连接示意图

（3）高速线缆

进入"RSU82"→"Transmission cable"→"Optical Fiber"→"High speed cable"→A 端口接 TX1 RX1→B 端口接 TX1 RX1（line1），RSU82（line2）和 RSU82（line3）连接方法同 RSU82（line1），如图 8-2 所示。

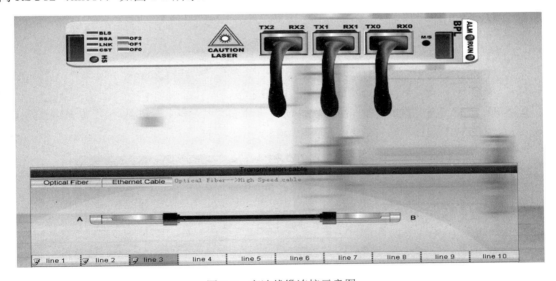

图 8-2 高速线缆连接示意图

（4）传输线

进入 CC 主控板→"Transmission cable"→"Enternet Fiber"→"CAT5E straight Ethernet cable"→A 接 CC 板 ETH 口→建 19 英寸机框→放入 NR 8250→进入 NR 8250 B 端口接口，如图 8-3 所示。

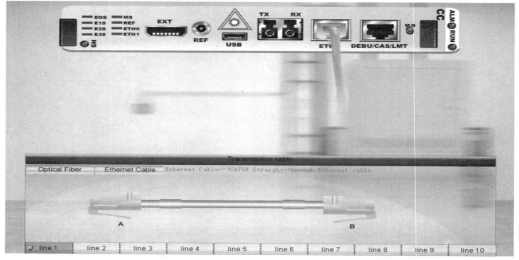

图 8-3　传输线连接示意图

（5）馈线

进入 RSU82→选择"Feeder"→"Main Feeder"→"1/2 jumper（RSU side）"，B 接 ANT1口→7/8 Main Feeder 2→右击"Be Used for connecting"→"1/2 jumper（RSU side）"，A 接 7/8延长线端口→进入α基站→选择 1/2 jumper（RRU side）→A 接α，B 接延长线端口（line1），RSU 82（β基站 line2）和 RSU 82（γ基站 line3）连接方法同 RSU 82（α基站 line1）。

3．LMT 配置

（1）网线连接

进入 CC 主控板→"Transmission cable"→"CAT5E straight Ethernet cable"→A 接 CC 板DEBU/CAS/LMT 口（line2）→进入电脑桌面→B 接电脑网口。

配置 IP：进入电脑桌面→双击图标"Shortcut to local Area Connection"→"IP：192.254.1.24 Subnet mask:255.255.255.0"→"OK"，如图 8-4 所示。

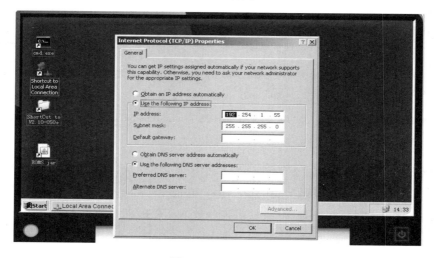

图 8-4　LMT 配置

（2）双击进入"EOMS.jar"→"OK"，然后按照以下顺序进行配置。

① GE Parameter 配置，此处全部按照默认配置；

② 单击"GE Parameter"→"Add"→"OK"；

③ Global Port Parameter 配置；

④ IP Parameter 配置；

⑤ Static Route Parameter 配置；

⑥ OMC Parameter 配置。

在以上配置中，②～⑥中的参数要依据实际的网络拓扑情况进行相应的参数配置。

8.1.2 单站全局数据配置脚本示例

（1）进入 OMC 界面

填入服务器地址为安装网管时的 IP 地址，这里是 192.254 网段地址，用户名为 admin，密码为空。此处的级联 IP 也就是服务端机的 IP 地址。下图是学生机，教师机地址是192.254.1.70。

进入 OMC 后，选择"视图"→"配置管理"，如图 8-6 所示。

图 8-5　OMC 登录界面

图 8-6　配置管理设置

（2）创建子网

进入配置管理界面后，右击，弹出如图 8-7 所示的对话框，选择"创建子网"。

图 8-7　创建子网

如图 8-8 所示，此例中用户标识设置为"TD-LTE"，子网 ID 设置为"0"，子网类型选择"接入网[1]"。 在配置中要注意的是用户标识可以自由设置，子网 ID 不可重复。

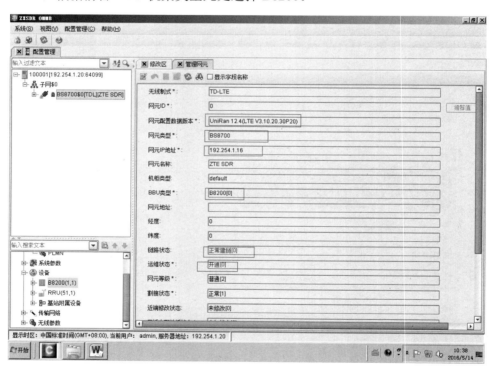

图8-8　子网配置

（3）创建网元

子网配置好后会在配置管理窗口出现创建好的子网名称，右击创建好的子网，然后选择"管理网元"，在弹出的界面中对网元进行设置，如图8-9所示，此处网元IP地址即基站和外部通信的 eNodeB 地址（若在实验室适用 Debug 口直连 1 号槽位的 CC 板，直接配置为192.254.1.16，根据前台BBU机架类型此处选择B8200。

图8-9　创建网元

（4）申请互斥权限

网元设置好后，右击设置好的网元名，在弹出的菜单中选择"申请互斥权限"，只有申请了互斥权限才能进行后面的操作，如图8-10所示。

（5）运营商配置

如图 8-11 所示，创建运营商，此处运营商名称和运营商信息设置为"CMCC"。运营商创建好后，选择"运营商"→"PLMN"，此处移动国家码设置为"460"，移动网络码设置为"07"，如图8-12所示。

没有权限需申请权限，有权限就不需要申请

图 8-10 申请互斥权限

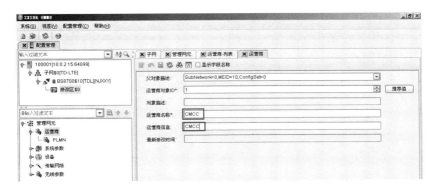

图 8-11 创建运营商

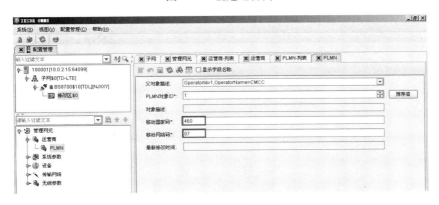

图 8-12 PLMN 设置

思考与练习

1．填空题

（1）中兴 LTE BBU 设备中，CC 板用于 LMT 配置的默认 IP 为＿＿＿＿＿＿＿＿。

（2）IP over FE/GE 的物理连接是_____通过网线或者光纤与 EPC 连接。

2．问答题

中兴基站设备单站配置中，链路协议需要配置什么内容？

任务2 单站传输数据配置

【学习目标】

1．了解中兴单站传输数据配置过程

2．了解中兴单站数据配置中设备配置方法

【知识要点】

1．掌握中兴单站传输数据配置方法

2．熟悉设备配置、连线配置和传输配置的具体流程

8.2.1 设备配置

1．添加 BBU 侧设备

添加 BBU 设备步骤：首先单击网元，选中修改区，双击"设备"后（如图 8-13 所示），会在右边显示出机架图。根据前台实际位置情况添加 CCC（即 CC16）板以及其他单板，单板板位图如图 8-14 所示，注意在实际配置中板位图要和前台的设备配置情况保持一致。

图 8-13　添加 BBU 设备

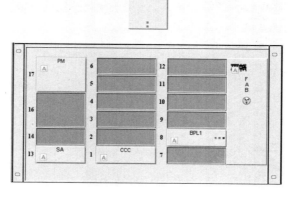

图 8-14　板位图

在弹出机架图中按图 8-14 所示的面板板位图进行配置，如增加 PM 板，如图 8-15 所示。

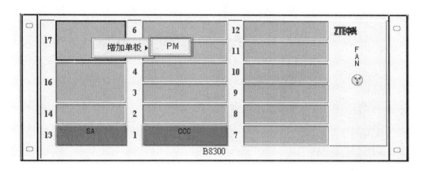

图 8-15 添加单板

2．配置 RRU

在机架图上单击 图标添加 RRU 机架和单板，RRU 编号可以自动生成，用户也可以自己填写。但是前台限制是 51～107，请按前台的编号范围填写。添加 RRU，右击"设备"，单击添加 RRU，会弹出 RRU 类型选择框，选中类型即可，如图 8-16 所示。

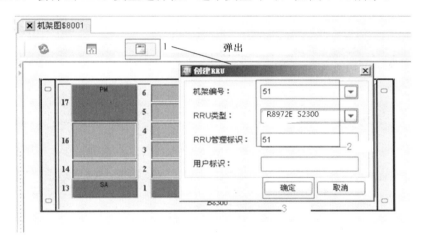

图 8-16 配置 RRU

3．BPL 光口设备配置

如图 8-17 所示，首先选择"光口设备表"→"光口设备"，双击"光口设备"，双击光口设备列表中的第一行即第 1 个光口，即进入光口设置界面，此处需要配置光模块类型、光模块协议和无线制式几个参数，具体配置如图 8-18 所示。

光口设置好后，再进入光口设备集配置界面，此处需要选择上行连接方式为"单光纤上联"，自动调整数据帧头选项选择"是"。

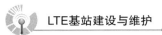

图 8-17　光口设备配置

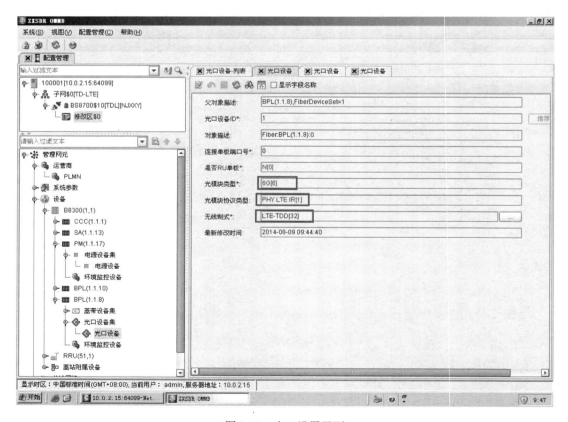

图 8-18　光口设置界面

图 8-19 光口设备集配置

8.2.2 连线配置

1. 光纤配置

光纤配置是配置光接口板和 RRU 的拓扑关系。光纤的上级对象光口和下级对象光口必须存在，上级对象光口可以是基带板的光口也可以是 RRU 的光口，RRU 是否支持级联，需要检查。光口的速率和协议类型必须匹配。单击下拉箭头，可以选择上下级光口，具体配置步骤如图 8-20 所示。

2. 配置天线物理实体对象

如图 8-21 所示，选择"天线服务功能"→"天线物理实体对象"，双击"天线物理实体对象"后就创建了一个新的天线物理实体对象列表，然后单击"修改"按钮，进入天线物理实体参数配置界面，如图 8-22 所示，此处选择覆盖场景为"室内"，如图 8-23 所示，此处选择天线属性为"AntProfile=201"，其他参数选择默认配置，配置好后单击图 8-23 中的"保存"按钮，将配置参数进行保存。以此类推，其他天线参数配置可参考以上步骤。

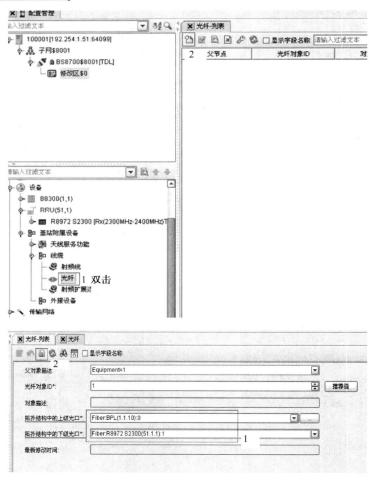

图 8-20　光纤配置

图 8-21　创建天线物理实体对象

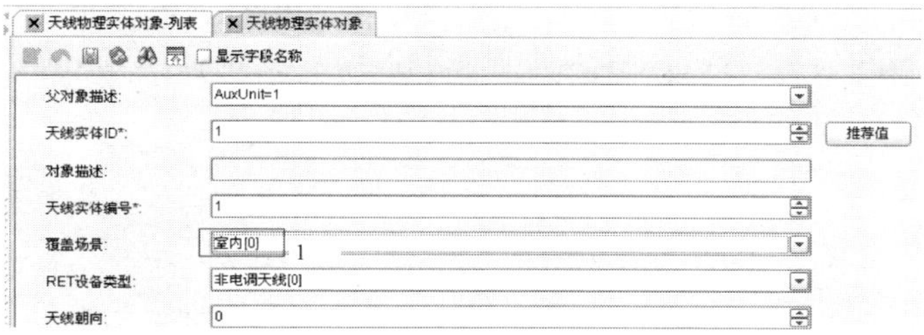

图 8-22　覆盖场景设置

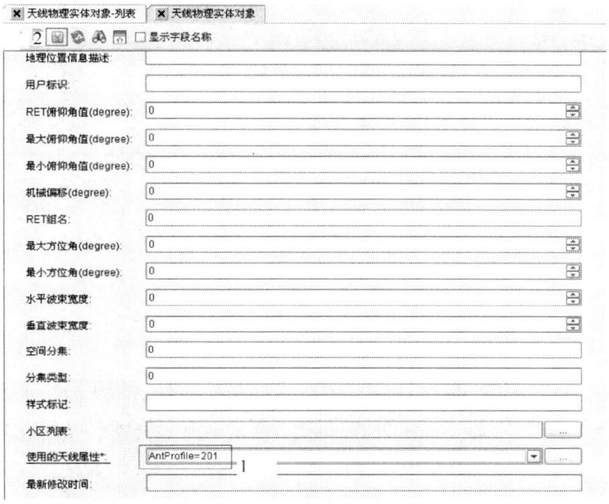

图 8-23　天线属性设置

3．射频线配置

如图 8-24 所示，选择"线缆"→"射频线"，双击"射频线"，则创建射频线列表，然后单击"修改"按钮对射频线参数进行设置，如图 8-25 所示。

图 8-24　创建射频线

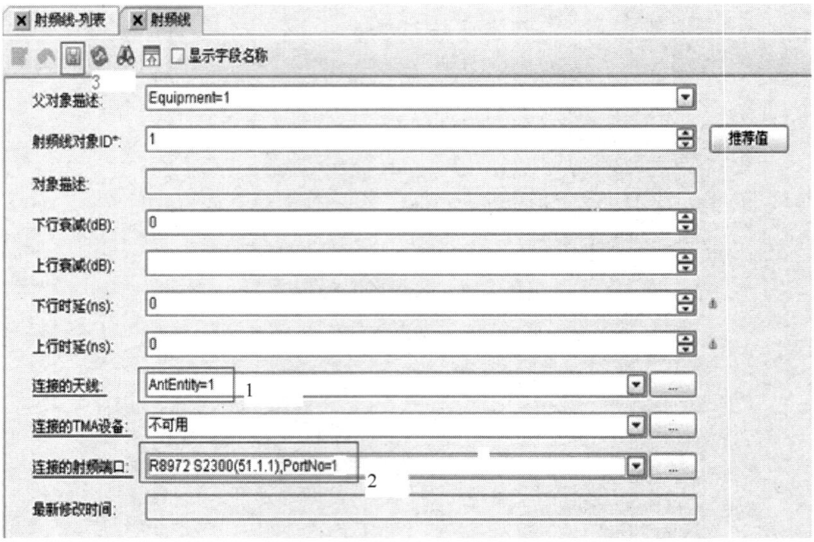

图 8-25　射频线参数设置

4．Ir 天线组对象配置

如图 8-26 所示，选择"天线服务功能"→"Ir 天线组对象"，双击"Ir 天线组对象"即创建成功，然后单击"修改"按钮，对 Ir 天线组参数进行配置，如图 8-27 所示。

图 8-26　创建 Ir 天线组

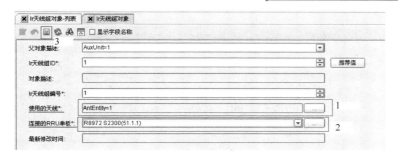

图 8-27　Ir 天线组对象设置

5. 配置时钟设备

如图 8-28 所示，选择"CCC（1.1.1）"→"时钟设备集"→"时钟设备"，双击"时钟设备"即创建成功，然后单击"修改"按钮，对时钟设备参数进行配置，如图 8-29 所示。

图 8-28　创建时钟设备列表

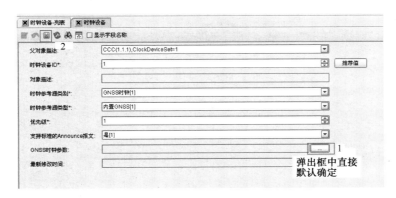

图 8-29　时钟设备参数配置

8.2.3 传输配置

1．物理层端口配置

如图 8-30 所示，选择"传输网络"→"物理承载"→"物理层端口"，双击"物理层端口"即创建成功，然后单击"修改"按钮，对物理层端口参数进行配置，如图 8-31 所示。

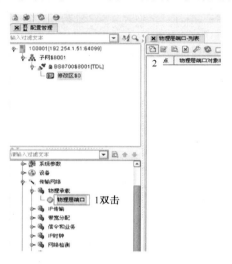

图 8-30　创建物理层端口

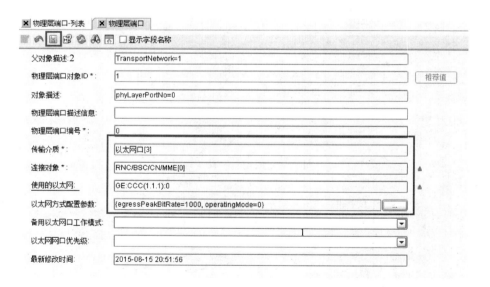

图 8-31　物理层端口参数设置

2．以太网链路层配置

如图 8-32 所示，选择"传输网络"→"IP 传输"→"以太网链路层"，双击"以太网链路层"即创建成功，然后单击"修改"按钮，对以太网链路层参数进行配置，如图 8-33 所示。

图 8-32 创建以太网链路层

图 8-33 以太网链路层参数设置

3．IP 层配置

如图 8-34 所示，选择"传输网络"→"IP 传输"→"IP 层配置"，双击"IP 层配置"即创建成功，然后单击"修改"按钮，对 IP 层配置参数进行配置，如图 8-35 所示，此处 IP 地址配置为 192.168.11.100，网关 IP 配置为 192.168.11.111。

图 8-34 创建 IP 层配置列表

图 8-35　IP 层配置参数设置

4．带宽配置

如图 8-36 所示，选择"传输网络"→"带宽分配" →"带宽资源组"，双击"带宽资源组"即创建成功，然后单击"修改"按钮，对带宽资源组参数进行配置，如图 8-37 所示。

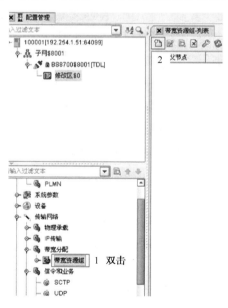

图 8-36　创建带宽资源组

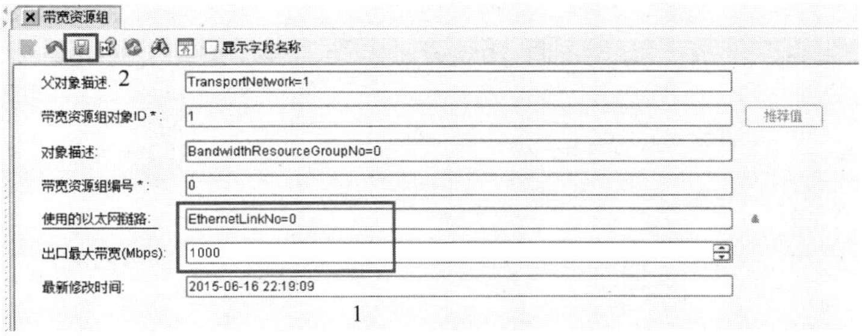

图 8-37 带宽资源组参数配置

带宽资源组设置好后，选择"传输网络"→"带宽分配"→"带宽资源组"→"带宽资源"，双击"带宽资源"即创建成功，如图 8-38 所示，然后单击"修改"按钮，对带宽资源参数进行设置，如图 8-39 所示。带宽资源设置好后，选择"传输网络"→"带宽分配"→"带宽资源组"→"带宽资源"→"带宽资源 QoS 队列"，选择"带宽资源 QoS 队列"即创建成功，然后单击"修改"按钮，对带宽资源 QoS 队列进行参数设置，如图 8-40 所示。

图 8-38 创建带宽资源

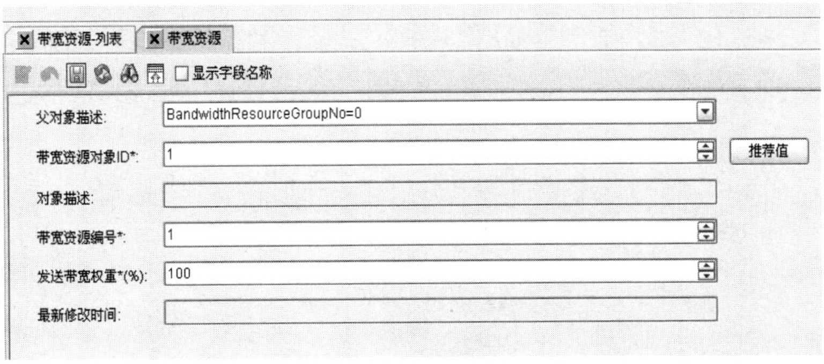

图 8-39 带宽资源参数配置

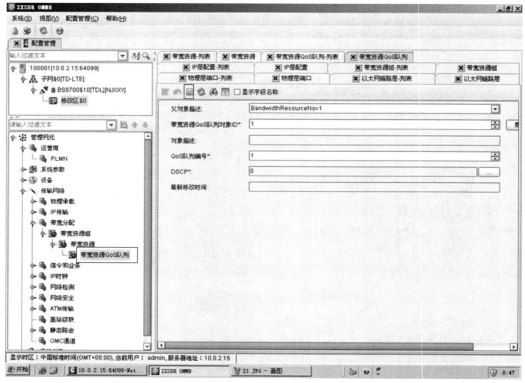

图 8-40　带宽资源 Qos 队列参数设置

5. SCTP 配置

如图 8-41 所示，选择"传输网络"→"信令和业务"→"SCTP"，双击"SCTP"即创建成功，然后单击"修改"按钮，对 SCTP 参数进行配置，如图 8-42 所示。

图 8-41　创建 SCTP 配置

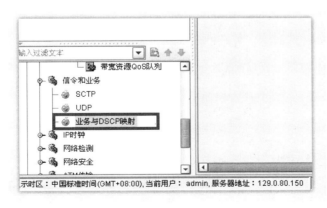

图 8-42　SCTP 参数配置

6. 业务与 DSCP 映射配置

如图 8-43 所示，选择"传输网络"→"信令和业务"→"业务与 DSCP 映射"，双击"业务与 DSCP 映射"即创建成功，然后单击"修改"按钮，对物理层端口业务及 DSCP 映射参数进行配置，如图 8-44 所示，此处填入系统默认数据即可。

图 8-43　创建业务与 DSCP 映射

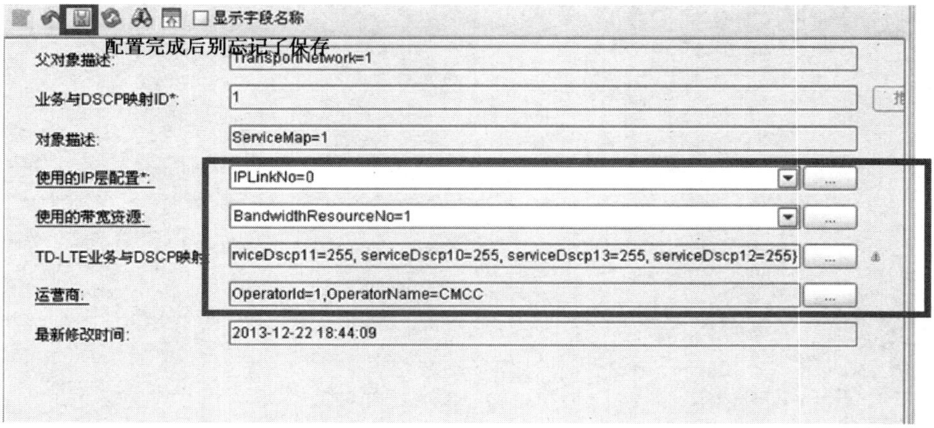

显示字段名称
配置完成后别忘记了保存
父对象描述:
TransportNetwork=1
业务与DSCP映射ID*:
1
对象描述:
ServiceMap=1
使用的IP层配置*:
IPLinkNo=0
使用的带宽资源:
BandwidthResourceNo=1
TD-LTE业务与DSCP映射
rviceDscp11=255, serviceDscp10=255, serviceDscp13=255, serviceDscp12=255}
运营商:
OperatorId=1,OperatorName=CMCC
最新修改时间:
2013-12-22 18:44:09

图 8-44　业务与 DSCP 映射参数配置

7．静态路由配置

如图 8-45 所示，选择“传输网络”→“静态路由”→“静态路由配置”，双击“静态路由配置”即创建成功，然后单击“修改”按钮，对静态路由配置参数进行配置，如图 8-46 所示。

静态路由配置-列表
100001[192.254.1.51:64099]
子网$8001
BS8700$8001[TDL]
修改区$0
2
静态路由配置
物理承载
IP传输
带宽分配
带宽资源组
信令和业务
IP时钟
网络检测
网络安全
ATM传输
基站级联
静态路由
静态路由配置
1双击

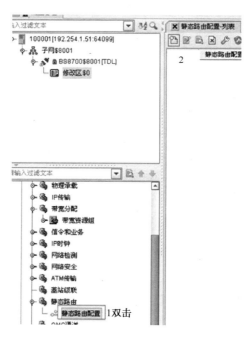

图 8-45　创建静态路由

8．OMCB 通道配置

如图 8-47 所示，选择“传输网络”→“OMC 通道”，双击“OMC 通道”即创建成功，然后单击“修改”按钮，对 OMC 通道参数进行配置，如图 8-48 所示。

图 8-46 静态路由参数配置

图 8-47 创建 OMC 通道

图 8-48　OMC 通道参数配置

思考与练习

1．OMCB 动态管理可以实现的功能有（　　）。

A．小区关断　　　　　　　　　　　B．小区状态查询

C．单板重启　　　　　　　　　　　D．查询网元状态

2．OMCB 诊断测试可以实现的功能有（　　）。

A．小区功率查询　　　　　　　　　B．驻波比

C．RRU 序列号　　　　　　　　　　D．光口功率

3．OMCB 配置管理可以实现的功能有（　　）。

A．小区数据修改　　　　　　　　　B．传输数据修改

C．数据同步　　　　　　　　　　　D．数据导入、导出

任务3　单站无线数据配置

【学习目标】

1．了解中兴单站无线数据配置流程

2．了解服务小区参数配置原则

【知识要点】

1．掌握单站无线数据配置的原则和流程

2．能熟练进行单站无线数据配置

1．创建 LTE 网络

如图 8-49 所示，选择"无线参数"→"TD-LTE ENB Function TDD"，双击"TD-LTE ENB Function TDD"即创建成功，然后单击"修改"按钮，对 TD-LTE ENB Function TDD 参数进行配置，如图 8-50 所示。

图 8-49　创建 LTE 网络

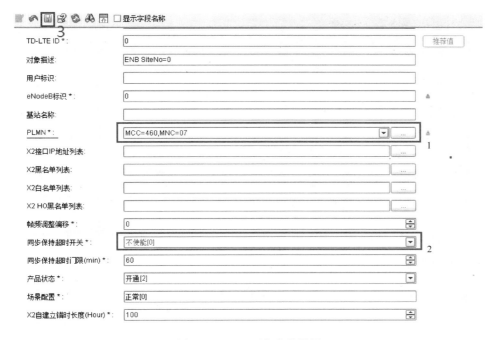

图 8-50　LTE 网络参数设置

2．基站资源配置

如图 8-51 所示，选择"无线参数"→"TD-LTE"→"资源接口配置"→"基带资源"，双击"基带资源"即创建成功，然后单击"修改"按钮，对基带资源参数进行配置，如图 8-52 所示，其中小区 CP ID 参数一项，范围是 0～2，表示一个 LTE 小区内最多只有 3 个 CP。一般从 0 开始编号。发射和接收设备配置中，天线端口标有数字，代表着频段。

图 8-51　创建基带资源

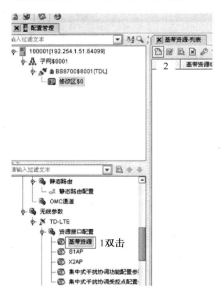

图 8-52　基带资源参数配置

3．配置服务小区

选择"无线参数"→"TD-LTE"→"E-UTRAN TDD 小区"，双击"EUTRAN TDD 小区"即创建成功，然后单击"修改"按钮，对服务小区参数进行配置，如图 8-53 所示。

图 8-53　服务小区参数设置

思考与练习

1．BPL1 上 3 个光口可使用的光模块大小为（　　）。

A．1.25G　　　　B．2.5G　　　　C．6G　　　　D．10G

2．以下哪个网元设备不能被 OMC 管理（　　）。

A．eNodeB　　　B．SGSN　　　C．MME　　　D．SGW

任务4　脚本验证与业务验证

【学习目标】

1．了解中兴基站脚本验证

2．了解中兴基站业务验证

【知识要点】

1．熟悉脚本验证和业务验证的方法，弄懂各个参数的意义

2．熟悉验证步骤

8.4.1 单站批量加载

1. 基站配置管理

右击选择"OMC"→"基站配置管理"进入基站配置管理界面，如图8-54所示。

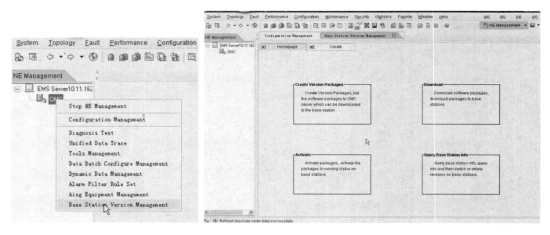

图 8-54 基站配置管理

2. 基站版本管理

进入基站配置管理界面后，选择"基站版本管理"，查看软件版本信息和基站版本信息，如图8-55所示，然后选择最新的版本信息进行加载，如图8-56所示，版本加载成功如图8-57所示。

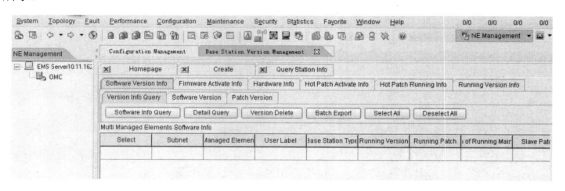

图 8-55 查询版本信息和软件版本信息

3. 激活基站

版本加载成功后一步是激活基站，如图8-58所示，固件加载如图8-59所示，至此单站配置工作完成。

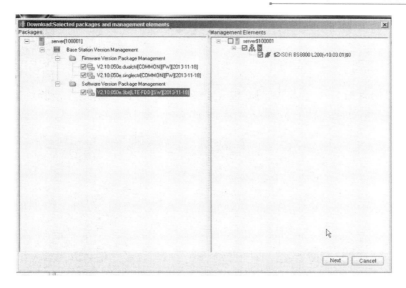

图 8-56　版本加载

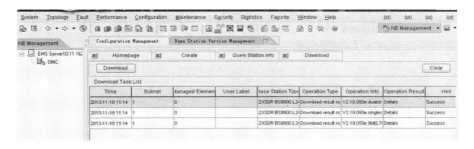

图 8-57　版本加载成功

图 8-58　激活基站

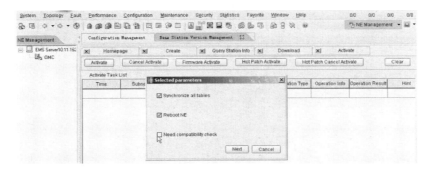

图 8-59　固件加载

8.4.2 单站业务验证

1. 基站连接验证

在中兴 LTE 仿真软件中，双击"Mobile Broadband"，弹出基站连接验证窗口，选择天线类别，如果上面的配置成功，则此时会显示连接成功，如图 8-60 所示。

图 8-60 基站连接验证

2. 数据服务验证

在中兴 LTE 仿真软件中，双击 FTP 服务器，弹出数据服务验证窗口，选择服务器地址：10.33.33.33，用户名为 lte，密码为 lte，端口号为 21，单击"连接"按钮，如果前面的配置无问题，则此时会显示连接成功，如图 8-61 所示。

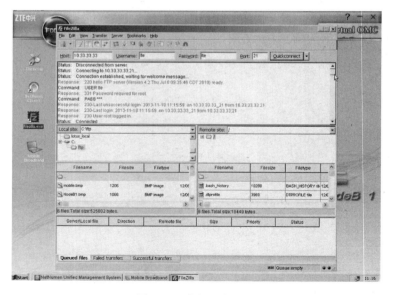

图 8-61 数据服务验证

思考与练习

1．选择题

（1）LTE 基站设备的 IP 地址为 192.254.216.1，子网掩码为 255.255.255.252，则若想将电脑与该设备通信，则电脑的 IP 地址应设为（　　）。

A．192.254.216.1　　　　　　　B．192.254.216.2

C．192.254.1.2　　　　　　　　D．192.254.1.254

（2）软件运行异常告警处理方法包括（　　）。

A．检查是否有其他相关告警　　B．复位单板

C．重新下载版本　　　　　　　D．检查产品进程是否正常

（3）小区退出服务可能原因为（　　）。

A．设备掉电　　　　　　　　　B．RRU 断链

C．数据配置错误导致　　　　　D．光口链路故障

2．简答

请简述运营网络中 eNB 版本升级的五个步骤。

项目 9　烽火虹信 LTE 基站数据配置

任务 1　单站全局数据配置

【学习目标】

1. 熟悉虹信单站全局数据配置
2. 熟悉虹信 BBU 和 RRU 的单板配置命令

【知识要点】

1. 熟悉基站全局信息配置与 BBU 单板配置
2. 熟悉虹信 LTE 基站数据配置软件，了解各命令配置参数要求

9.1.1　知识准备

虹信 LTE 产品的单站全局数据配置包括以下三个方面：基站信息配置、时钟配置和单板配置。

虹信 BBU 单板的编号规则如表 9-1 所示，BBU 的机框号系统默认为 0。

表 9-1　虹信 BBU 单板的编号规则

		CCU 单板　slot3
FCU 单板 slot6	PWU 单板　slot5	BPU 单板　slot2
	PWU 单板　slot4	BPU 单板　slot1
		BPU 单板　slot0

虹信 RRU 的编号规则如表 9-2 所示，RRU 机框编号依据此表且固定不变。例如，BPU1 单板的 Ir1 第 2 级 RRU 的机框号只能为 8，即使在 BPU0、BPU2 单板没有配置的情况下。在后台数据配置 RRU 时，单板号全部填写为 0，机框号依据此表来填写。

表 9-2　虹信 RRU 的编号规则

BPU ID	BPU0		BPU1		BPU2	
光口	Ir1	Ir2	Ir1	Ir2	Ir1	Ir2
第一级	1	4	2	5	3	6
第二级	7	10	8	11	9	12
第三级	13	16	14	17	15	18
第四级	19	22	20	23	21	24

虹信 LTE 站点的常见应用场景主要有三种：室外 RRU 不级联的情况、室外 RRU 级联的情况和室内 RRU 应用场景。

（1）室外 RRU 不级联应用场景

室外 RRU 不级联时共配置 3 块 BPU 单板和 3 台 RRU，其中 BPU 单板分别为 BPU0、BPU1、

BPU2，如图 9-1 所示，三台 RRU 的连接情况为 RRU1 连接 BPU0 单板的 Ir1 端口，RRU2 连接 BPU1 单板的 Ir1 端口，RRU3 连接 BPU2 单板的 Ir1 端口。

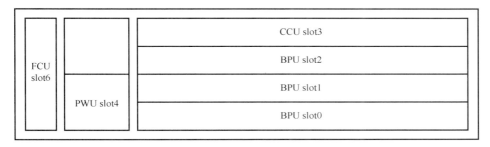

图 9-1　室外 RRU 不级联情况下的单板配置

（2）室外 RRU 级联应用场景

室外 RRU 级联时共配置 1 块 BPU 单板和 3 台 RRU，其中 BPU 单板插在槽位 2 即 BPU2，如图 9-2 所示，三台 RRU 的连接情况为 RRU3 连接 BPU2 单板的 Ir1 端口，RRU9 连接 RRU3 的 OPT2 端口，RRU15 连接 RRU9 的 OPT2 端口。

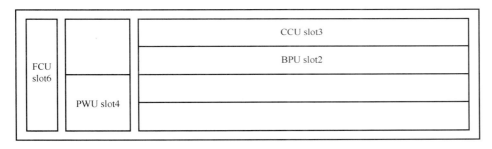

图 9-2　室外 RRU 级联情况下的单板配置

（3）室内 RRU 应用场景

室内 RRU 应用场景共配置 1 块 BPU 板卡和 1 台 RRU，其中 BPU 单板插在槽位 2 即 BPU2，RRU3 连接 BPU2 单板的 Ir1 端口，如图 9-3 所示。

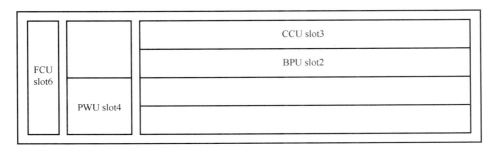

图 9-3　室内 RRU 应用场景的单板配置

9.1.2　单站全局数据配置流程

单站全局数据配置流程如图 9-4 所示，主要分为 3 个步骤，第 1 步是基站信息配置，第 2 步是时钟配置，第 3 步是单板配置。

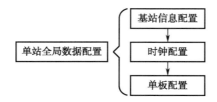

图 9-4　单站全局数据配置流程

9.1.3　单站全局数据配置步骤

将本地电脑 IP 地址设置为 10.168.XXX.XXX/16，网线连接 CCU 单板的 Gec 端口，然后在本地维护电脑上双击"LTELMT.EXE"可执行文件，在弹出的对话框（如图 9-5 所示）中分别填入用户名、密码和设备 IP，此处用户名为 "admin"，密码为"admin"，设备 IP 为 "10.168.7.1"，填好后单击"登录"按钮。

图 9-5　用户登录界面

登录成功后进入如图 9-6 所示的界面，系统默认的界面是"Mml 命令控制台" 。

图 9-6　基站系统本地维护界面

1. 基站信息配置

当建立和 MME 的 S1 连接的时候，常常需要知道 eNodeB 的一些基本信息，如基站名称和基站全局标识等，此配置项就是用来全局地唯一标识基站的信息。需要配置的关键信息如表 9-3 所示。

表 9-3 基站信息关键信息

PLMN ID	64F004
eNB ID	00000050
基站名称	测试
基站类型	TDD
时钟	GPS

基站信息配置的命令名称为 MDY ENodeBINFO，此命令用于修改基站信息配置。在 LMT 界面左侧逐层展开"TD-LTE 分布式基站 MML 命令"→"配置管理"→"基站信息配置"，选择"修改基站信息配置"，如图 9-7 所示。

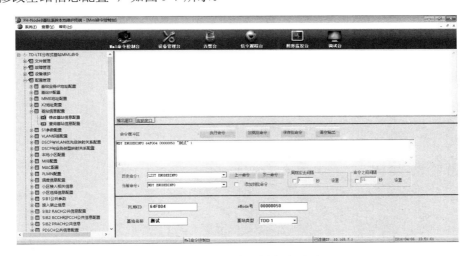

图 9-7 基站信息配置命令界面

基站信息配置命令对应的参数说明如表 9-4 所示。

表 9-4 基站信息配置命令的参数说明

参 数 名 称	参 数 含 义	参 数 类 型	参 数 属 性	参 数 取 值
ENBNAME	基站名称	字符串类型	必选	可显示的字符串，eNodeB 名称
PLMN_ID	PLMN_ID 号	16 进制数组类型（3 字节）	必选	3 字节长，表示本基站对应的 PLMN_ID 号
ENBID	Enodeb	16 进制数组	必选	等于 E-UTRAN Cell Identifier 的高 20 比特，用来全局地表示某个 PLMN 下的一个基站（全局的小区 ID 是 28 比特，即后 8 个比特用来区分本基站下的不同小区）

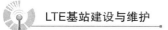

实际执行结果如图9-8所示。

图9-8 基站信息配置命令的执行结果

基站信息配置命令：

```
MDY ENODEBINFO 64F004 00000050 "测试" 1
```

执行成功：

```
MDY ENODEBINFO 64F004 00000050 "测试" 1  Command sent please wait...

%%FIBERHOME  2016-04-06  10:51:26
命令名称 ＝ MDY ENODEBINFO
RET_CODE ＝ 0

 操作结果 ＝ 执行成功

%%END
```

2. 时钟配置

LTE 基站支持多种时钟源，并且每种时钟源能够设置优先级，当系统工作时会自动选择优先级最高的时钟作为系统的主时钟，当优先级最高的时钟出现故障时，系统能自动切换到次低优先级的时钟源。

时钟配置的命令名称为 ADD CLKSRC，此命令用于增加时钟源，并赋以初始化优先级。

在 LMT 界面左侧逐层展开"TD-LTE 分布式基站 MML 命令"→"配置管理"→"时钟源和优先级"，选择"增加时钟源和优先级"，如图9-9所示。

时钟配置命令对应的参数说明如表9-5所示。

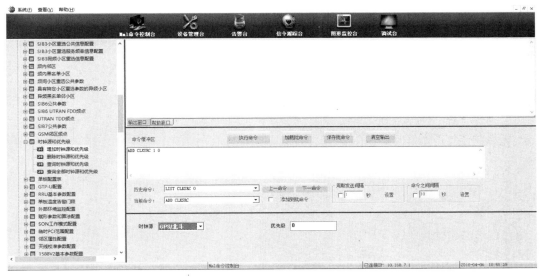

图 9-9　时钟配置命令界面

表 9-5　时钟配置命令的参数说明

参 数 名 称	参 数 含 义	参 数 类 型	参 数 属 性	参 数 取 值
ClkSrc	时钟源	枚举类型： IEEE 1588 GPS/北斗 1PPS+TOD 外接 10MHz 信号	必选	取值 0～3

实际执行结果如图 9-10 所示。

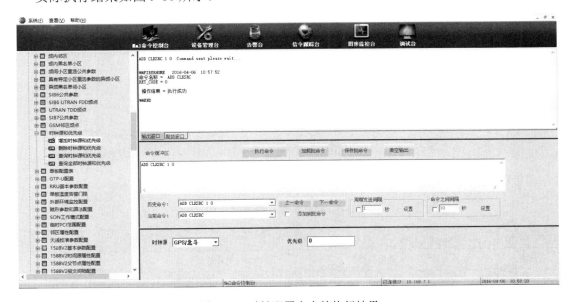

图 9-10　时钟配置命令的执行结果

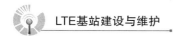

时钟配置命令：

```
ADD CLKSRC 1 0
```

执行成功：

```
ADD CLKSRC 1 0  Command sent please wait...

%%FIBERHOME   2016-04-06  10:57:52
命令名称 =  ADD CLKSRC
RET_CODE = 0

 操作结果 = 执行成功

%%END
```

3. 单板配置

LTE 基站中 RRU 和 BPU 单板可能存在多块，为了便于管理，只有配置的单板才有可能获取配置数据并开工，没有配置的单板即便插入对应的槽位也不会工作。

单板配置的命令名称为 ADD BRDCFG，此命令用于增加单板配置。

在 LMT 界面左侧逐层展开"TD-LTE 分布式基站 MML 命令"→"配置管理"→"单板配置表"，选择"增加单板配置表"，如图 9-11 所示。

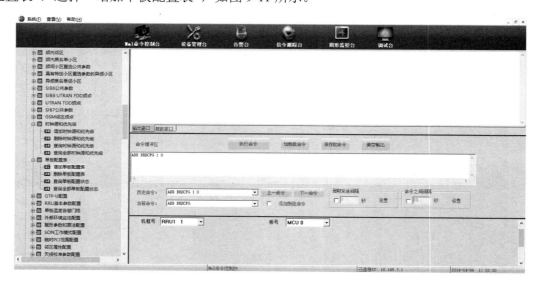

图 9-11 单板配置命令界面

单板配置命令对应的参数说明如表 9-6 所示。

表 9-6 单板配置命令参数说明

参 数 名 称	参 数 含 义	参 数 类 型	参 数 属 性	参 数 取 值
FrmID	机框号	数值类型	必选	U8，具体取值为 0～6
BrdID	单板号	枚举类型	必选	U8，具体取值为 0（此时对应的 FrmID 为 RRU）或者 BPU 对应的单板 ID 号

实际执行结果如下：

（1）室外RRU不级联场景（共6条命令）

① 命令1——添加BPU0。

```
ADD BRDCFG 0 0
```

执行成功：

```
ADD BRDCFG 0 0  Command sent please wait...


%%FIBERHOME   2016-04-06  11:00:35
命令名称 = ADD BRDCFG
RET_CODE = 0


 操作结果 = 执行成功


%%END
```

② 命令2——添加BPU1。

```
ADD BRDCFG 0 1
```

执行成功：

```
ADD BRDCFG 0 1  Command sent please wait...


%%FIBERHOME   2016-04-06  11:00:35
命令名称 = ADD BRDCFG
RET_CODE = 0
 操作结果 = 执行成功
%%END
```

③ 命令3——添加BPU2。

```
ADD BRDCFG 0 2
```

执行成功：

```
ADD BRDCFG 0 2  Command sent please wait...


%%FIBERHOME   2016-04-06  11:00:35
命令名称 = ADD BRDCFG
RET_CODE = 0


 操作结果 = 执行成功


%%END
```

④ 命令4——添加RRU1。

```
ADD BRDCFG 1 0
```

执行成功：

```
ADD BRDCFG 1 0  Command sent please wait...


%%FIBERHOME   2016-04-06  11:00:35
命令名称 = ADD BRDCFG
RET_CODE = 0


 操作结果 = 执行成功
```

%%END

⑤ 命令5——添加 RRU2。

```
ADD BRDCFG 2 0
```
执行成功:
```
ADD BRDCFG 2 0  Command sent please wait...

%%FIBERHOME  2016-04-06  11:00:35
命令名称 =  ADD BRDCFG
RET_CODE = 0

 操作结果 = 执行成功


%%END
```

⑥ 命令6——添加 RRU3。

```
ADD BRDCFG 3 0
```
执行成功:
```
ADD BRDCFG 3 0  Command sent please wait...

%%FIBERHOME  2016-04-06  11:00:35
命令名称 =  ADD BRDCFG
RET_CODE = 0

 操作结果 = 执行成功
%%END
```

（2）室外 RRU 级联场景（共4条命令）

① 命令1——添加 BPU2。

```
ADD BRDCFG 0 2
```
执行成功:
```
ADD BRDCFG 0 2  Command sent please wait...

%%FIBERHOME  2016-04-06  11:00:35
命令名称 =  ADD BRDCFG
RET_CODE = 0

 操作结果 = 执行成功


%%END
```

② 命令2——添加 RRU3。

```
ADD BRDCFG 3 0
```
执行成功:
```
ADD BRDCFG 3 0  Command sent please wait...

%%FIBERHOME  2016-04-06  11:00:35
命令名称 =  ADD BRDCFG
RET_CODE = 0
```

操作结果 = 执行成功

%%END

③ 命令3——添加RRU9。

ADD BRDCFG 9 0

执行成功：

ADD BRDCFG 9 0 Command sent please wait...

%%FIBERHOME 2016-04-06 11:00:35

命令名称 = ADD BRDCFG

RET_CODE = 0

　操作结果 = 执行成功

%%END

④ 命令4——添加RRU15。

ADD BRDCFG 15 0

执行成功：

ADD BRDCFG 15 0 Command sent please wait...

%%FIBERHOME 2016-04-06 11:00:35

命令名称 = ADD BRDCFG

RET_CODE = 0

　操作结果 = 执行成功

%%END

（3）室内RRU应用场景（共2条命令）

① 命令1——添加BPU2。

ADD BRDCFG 0 2

执行成功：

ADD BRDCFG 0 2 Command sent please wait...

%%FIBERHOME 2016-04-06 11:00:35

命令名称 = ADD BRDCFG

RET_CODE = 0

　操作结果 = 执行成功
%%END

② 命令2——添加RRU3。

ADD BRDCFG 3 0

执行成功：

ADD BRDCFG 3 0 Command sent please wait...
%%FIBERHOME 2016-04-06 11:00:35

命令名称 = ADD BRDCFG

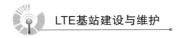

```
RET_CODE = 0
 操作结果 = 执行成功
%%END
```

思考与练习

请针对室外 RRU 不级联应用场景、室外 RRU 级联应用场景和室内 RRU 应用场景对虹信 LTE 基站进行全局数据配置。

任务 2　单站传输数据配置

【学习目标】
1．了解虹信单站传输数据配置命令
2．了解虹信单站传输数据配置参数要求
【知识要点】
1．熟悉单站传输数据配置流程
2．了解单站传输数据配置中各接口及参数配置要求

9.2.1　单站传输数据配置流程

虹信单站传输数据配置流程如图 9-12 所示，主要分为 4 个步骤，分别是基站业务 IP 地址配置、基站 IP 配置、MME 地址配置和 GTP-U 配置。

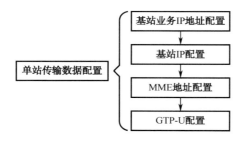

图 9-12　单站传输数据配置流程

9.2.2　单站传输数据配置步骤

1．基站业务 IP 地址配置

基站用户面、控制面和网络同步使用同一个 IP 地址，此 IP 地址应该和基站 O&M IP 地址不同，被称为基站业务 IP 地址。

基站业务 IP 地址配置的命令名称为 MDY ENB_SVRIP，此命令用于增加时钟源，并赋以初始化优先级。

在 LMT 界面左侧逐层展开"TD-LTE 分布式基站 MML 命令"→"配置管理"→"基站业务 IP 地址配置"，选择"修改基站业务 IP 地址配置"，如图 9-13 所示。

图 9-13　基站业务 IP 地址配置界面

基站业务 IP 地址配置命令的相关参数说明如表 9-7 所示。

表 9-7　基站业务 IP 地址配置命令参数说明

参 数 名 称	参 数 含 义	取 值 范 围	默 认 取 值	作 用 范 围
IpVersion	IP 协议版本	0：IPV4 1：IPV6	0	ENB
svrNbIp	基站业务 IP 地址		根据分配的基站业 务 IP 地址	ENB
SvrNbIpMask	基站业务 IP 地址掩码		根据分配的基站业 务 IP 地址掩码	ENB
SgwIp	业务网关地址		根据分配的业务网 关 IP 地址	ENB
SgwIpBackup	业务网关备份地址		根据分配的业务网 关备份 IP 地址	ENB
IpSecFlag	是否支持 IPSec	DISABLED，ACTIVATED		ENB

实际执行结果如下：

基站业务 IP 地址配置命令：

MDY ENB_SVRIP 0 172.16.114.46 255.255.255.0 172.16.114.255 0.0.0.0 0 0 0.0.0.0 0.0.0.0 0.0.0.0

执行成功：

MDY ENB_SVRIP 0 172.16.114.46 255.255.255.0 172.16.114.255 0.0.0.0 0 0 0.0.0.0 0.0.0.0 0.0.0.0 Command sent please wait...

%%FIBERHOME　2016-04-13　13:46:03

命令名称 = MDY ENB_SVRIP
RET_CODE = 0

操作结果 = 执行成功

%%END

2．基站 IP 配置

基站 IP 配置命令的名称为 SET ENBIP，此命令用于修改基站 IP 配置。

在 LMT 界面左侧逐层展开"TD-LTE 分布式基站 MML 命令"→"配置管理"→"基站 IP 配置"，选择"设置基站 IP 配置"，如图 9-14 所示。

图 9-14　基站 IP 配置界面

基站 IP 配置命令的相关参数说明如表 9-8 所示。

表 9-8　基站 IP 配置命令参数说明

参 数 名 称	参 数 含 义	参 数 类 型	参 数 属 性	参 数 取 值
BOOTMODE	获取 IP 地址的方式	枚举类型	必选	枚举类型，取值为 DHCP 获取，固定方式获取
HOSTIP	eNodeB 地址	IP 类型	可选 On BootMode=1	
SERVERIP	EMS 地址	IP 类型	可选 On BootMode=1	
GATEWAYIP	缺省网关地址	IP 类型	可选 On BootMode=1	
NETMASK	子网掩码	IP 类型	可选 On BootMode=1	

实际执行结果如下：

基站IP配置命令：

SET ENBIP 0 172.16.114.55 172.16.114.31 172.16.114.255 0 255.255.255.0 1 0 0 0 0 0.0.0.0 0

执行成功：

SET ENBIP 0 172.16.114.55 172.16.114.31 172.16.114.255 0 255.255.255.0 1 0 0 0 0 0.0.0.0 0 Command sent please wait...

%%FIBERHOME 2016-04-13 13:50:11

命令名称 = SET ENBIP

RET_CODE = 0

操作结果 = 执行成功

%%END

3. MME 地址配置

当 eNodeB 启动后，一旦获取地址，就应该尝试建立和所有的 MME 的 SCTP 连接，最多支持和 16 个 MME 建立连接。本配置项的主要目的是帮助 eNodeB 建立和 MME 的 SCTP 连接。

MME 地址配置命令名称为 ADD MMEIP，此命令用于增加 MME 地址配置。

在 LMT 界面左侧逐层展开"TD-LTE 分布式基站 MML 命令"→"配置管理"→"MME 地址配置"，选择"增加 MME 地址配置"，如图 9-15 所示。

图 9-15　MME 地址配置界面

MME 地址配置命令相关参数说明如表 9-9 所示。

表 9-9　MME 地址配置命令参数说明

参 数 名 称	参 数 含 义	参 数 类 型	参 数 属 性	参 数 取 值
BOOTMODE	获取 IP 地址的方式	枚举类型	必选	枚举类型，取值为 DHCP 获取，固定方式获取
HOSTIP	eNodeB 地址	IP 类型	可选 On BootMode=1	
SERVERIP	EMS 地址	IP 类型	可选 On BootMode=1	
GATEWAYIP	默认网关地址	IP 类型	可选 On BootMode=1	
NETMASK	子网掩码	IP 类型	可选 On BootMode=1	

实际执行结果如下：

```
MME 地址配置命令：
ADD MMEIP 0 172.16.114.245 36412
执行成功：
ADD MMEIP 0 172.16.114.245 36412  Command sent please wait...

%%FIBERHOME   2016-04-13  13:52:24
命令名称 =  ADD MMEIP
RET_CODE = 0

 操作结果 = 执行成功

%%END
```

4．GTP-U 配置

当 eNodeB 启动后，将从此表获取 IP 地址尝试和 MME 建立 SCTP 连接，从而完成 S1 接口的建立。本配置项主要目的是帮助 eNodeB 建立和 MME 的 SCTP 连接。

GTP-U 配置命令的名称为 MDY GTP_U_CFG，此命令用于增加 MME 地址配置。

在 LMT 界面左侧逐层展开"TD-LTE 分布式基站 MML 命令"→"配置管理"→"GTP-U 配置"，选择"增加 GTP-U 配置"，如图 9-16 所示。

图 9-16　GTP-U 配置命令界面

GTP-U 配置命令的相关参数说明如表 9-10 所示。

表 9-10　GTP-U 配置命令参数说明

参 数 名 称	参 数 含 义	参 数 类 型	参 数 属 性	参 数 取 值
T3_RSP_TIMER	等待 Echo Response 消息时的超时长度	数值类型	必选	默认值 3000
N3REQ_NUM	Echo Request 消息的最大重传次数	数值类型	必选	默认值 5
TECHO_DURATION	周期发送 EchoRequest 的时间长度，不小于 60s	数值类型	必选	默认值 60000

实际执行结果如下：

```
GTP-U 配置命令
MDY GTP_U_CFG 3000 5 60000
执行成功：
MDY GTP_U_CFG 3000 5 60000  Command sent please wait...

%%FIBERHOME   2016-04-13  13:59:37
命令名称 = MDY GTP_U_CFG
RET_CODE = 0

 操作结果 = 执行成功

%%END
```

思考与练习

请针对室外 RRU 不级联应用场景、室外 RRU 级联应用场景和室内 RRU 应用场景对虹信 LTE 基站进行单站传输数据配置。

任务3　单站无线数据配置

【学习目标】

1．了解虹信单站无线数据配置的流程

2．掌握虹信单站无线数据配置的不同应用场景

【知识要点】

1．熟悉虹信单站无线数据配置针对不同应用场景的参数配置要求

2．熟悉虹信单站无线数据配置的步骤

9.3.1　单站无线数据配置流程

虹信单站无线数据配置流程如图 9-17 所示，主要分为 4 个步骤，分别是本地小区配置、MIB 配置、SIB1 公共参数配置和 SIB2 上行频率信息配置。

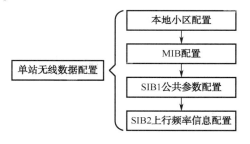

图 9-17　单站无线数据配置流程

9.3.2　单站无线数据配置步骤

虹信单站无线数据配置根据不同场景的具体配置步骤有所不同。

1. 室外 RRU 不级联应用场景

虹信室外 RRU 不级联应用场景的规划参数如表 9-11 所示，此规划数据为实验室环境数据，实际操作时可依据具体情况自行规划。

表 9-11　室外 RRU 不级联应用场景示例规划参数表

本地小区 ID	小区全局标识号	物理小区号	天线信息	带宽	中心频点	下行子帧配置	SpecialSubframePatterns
0	00005000	100	八天线	20M	38100	SA1	SSP7
1	00005001	101	八天线	20M	38100	SA1	SSP7
2	00005002	102	八天线	20M	38100	SA1	SSP7

（1）本地小区配置

本配置项把基站协议中的全局小区、物理小区和本地实际的扇区、BPU 单板和 RRU 关联起来。本地小区的其他属性，如频点、天线信息（天线数量、工作模式等），在对应的系统消息配置中说明。

本地小区配置命令名称为 ADD LOCALCELLCFG，此命令用于增加本地小区配置。

在 LMT 界面左侧逐层展开"TD-LTE 分布式基站 MML 命令"→"配置管理"→"本地小区配置"，选择"增加本地小区配置"，如图 9-18 所示。

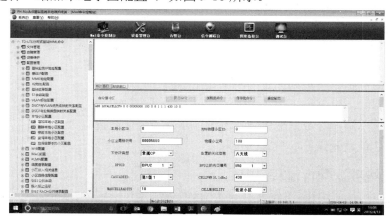

图 9-18　本地小区配置界面

本地小区配置命令的相关参数说明如表 9-12 所示。

表 9-12 本地小区配置命令参数说明

参 数 名 称	参 数 含 义	参 数 类 型	参 数 属 性	参 数 取 值
PHYCELL_ID	物理小区 ID，仅在一定的域内有效	数值类型	必选	（0～503）
eNB_Cell_Global_Id	小区全局标识号，用 4 字节整数表示，低 28 比特有效。注意高 20 比特和 eNbId 相同	16 进制	必选	小区全局标识号，用 4 字节整数表示，低 28 比特有效。注意高 20 比特和 eNbId 相同
LOGANTINFO	说明小区和BPU支持逻辑天线资源之间的映射关系。逻辑天线资源单位为 5MHz，假设小区带宽为 WMHz（只能是 5M/10M/20M，如果为 W =15M 则按照 20M 映射），则其逻辑天线映射起始位置比特 n 关系满足 n%（W/5）= 0	比特类型	必选	Bit0～Bit15 分别表示是否选中对应的逻辑天线资源，1 表示选中，0 表示不选。选中逻辑天线的个数 N 和本小区支持的天线端口数 P 之间的关系为 P=（5×N）/W，其中 W 是小区的系统带宽
OPLNKID	0～5 分别表示 OXU 面板上的光口 ID，0 表示 RL0，其他以此类推	数值类型	必选	0～5 分别表示 OXU 面板上的光口 ID，0 表示 RL0，其他以此类推
CASCADEID	Bit0 表示小区是否建立在第 1 级（距离 BBU 距离）RRU 上，1 表示建立；Bit1 表示小区是否建立在第 2 级 RRU 上，以此类推。注意一个小区可以建立在多个 RRU 上	比特类型	必选	Bit0 表示小区是否建立在第 1 级（距离 BBU 距离）RRU 上，1 表示建立；Bit1 表示小区是否建立在第 2 级 RRU 上，以此类推。注意一个小区可以建立在多个 RRU 上

实际执行结果如下：

① 本地小区配置命令 1（共 3 条命令）——添加小区 0。

```
ADD LOCALCELLCFG 0 0 00005000 100 0 8 2 1 1 430 10 0
```

执行成功：

```
ADD LOCALCELLCFG 0 0 00005000 100 0 8 2 1 1 430 10 0  Command sent please
wait...

    %%FIBERHOME   2016-04-13  14:07:33
    命令名称 =  ADD LOCALCELLCFG
    RET_CODE = 0

     操作结果 = 执行成功

    %%END
```

② 本地小区配置命令 2（共 3 条命令）——添加小区 1。

```
ADD LOCALCELLCFG 1 0 00005001 101 0 8 1 1 1 430 10 0
```

执行成功：

```
ADD LOCALCELLCFG 1 0 00005001 101 0 8 1 1 1 430 10 0  Command sent please
```

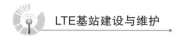

wait...

> %%FIBERHOME　2016-04-13　14:07:33
> 命令名称 ＝ ADD LOCALCELLCFG
> RET_CODE ＝ 0
>
> 操作结果 ＝ 执行成功
>
> %%END

③ 本地小区配置命令 3（共 3 条命令）——添加小区 2。

ADD LOCALCELLCFG 2 0 00005002 102 0 8 0 1 1 430 10 0

执行成功：

ADD LOCALCELLCFG 2 0 00005002 102 0 8 0 1 1 430 10 0　Command sent please
wait...

> %%FIBERHOME　2016-04-13　14:07:33
> 命令名称 ＝ ADD LOCALCELLCFG
> RET_CODE ＝ 0
>
> 操作结果 ＝ 执行成功
>
> %%END

（2）MIB 配置

本配置项和对应小区的 MIB 广播信息相对应。

MIB 配置命令名称为 ADD MIBCFG，此命令用于增加 MIB 配置。

在 LMT 界面左侧逐层展开 "TD-LTE 分布式基站 MML 命令" → "配置管理" → "MIB
配置"，选择 "增加 MIB 配置"，如图 9-19 所示。

图 9-19　MIB 配置命令界面

MIB 配置命令相关参数说明如表 9-13 所示。

表 9-13　MIB 配置命令参数说明

参 数 名 称	参 数 含 义	参数类型	参数属性	参 数 取 值
DL_BAND_WIDTH	下行带宽	枚举类型	必选	{n6, n15, n25, n50, n75, n100}
PHICH_DURATION	PHICH 持续时间	枚举类型	必选	{normal, extended}
PHICH_RESOURCE	PHICH Ng	枚举类型	必选	{oneSixth, half, one, two}
DL_CP_TYPE	下行 CP 类型	枚举类型	必选	{Normal,Extended}，分别表示常规类型或者扩展类型

实际执行结果如下：

① MIB 配置命令 1（共 3 条命令）——配置小区 0 MIB。

```
ADD MIBCFG 0 5 0 0
执行成功：
ADD MIBCFG 0 5 0 0  Command sent please wait...


%%FIBERHOME   2016-04-13  14:07:33
命令名称 =  ADD MIBCFG
RET_CODE = 0


 操作结果 = 执行成功


%%END
```

② MIB 配置命令 2（共 3 条命令）——配置小区 1 MIB。

```
ADD MIBCFG 1 5 0 0
执行成功：
ADD MIBCFG 1 5 0 0  Command sent please wait...


%%FIBERHOME   2016-04-13  14:07:33
命令名称 =  ADD MIBCFG
RET_CODE = 0


 操作结果 = 执行成功


%%END
```

③ MIB 配置命令 3（共 3 条命令）——配置小区 2 MIB。

```
ADD MIBCFG 2 5 0 0
执行成功：
ADD MIBCFG 2 5 0 0  Command sent please wait...


%%FIBERHOME   2016-04-13  14:07:33
命令名称 =  ADD MIBCFG
RET_CODE = 0


 操作结果 = 执行成功
```

%%END

（3）SIB1 公共参数

SIB1 公共参数配置命令名称为 ADD SIB1，此命令用于增加 SIB1 公共参数配置。

在 LMT 界面左侧逐层展开"TD-LTE 分布式基站 MML 命令"→"配置管理"→"SIB1 公共参数"，选择"增加 SIB1 公共参数"，如图 9-20 所示。

图 9-20　SIB1 公共参数配置命令界面

SIB1 公共参数配置命令相关参数说明如表 9-14 所示。

表 9-14　SIB1 公共参数配置命令参数说明

参 数 名 称	参 数 含 义	参数类型	参 数 属 性	参 数 取 值
PHYCELL_ID	物理小区 ID	数值类型	必选	数值类型 （0～503）
PMAX	UE 最大发射功率	数值类型	可选	数值类型（-30～33）
FREQBAND_INDICATOR	本小区工作频段	数值类型	必选	数值类型 （1～64）
SUB_FRAME_ASSIGNMENT	下行子帧配置	枚举类型	可选 on TDD	枚举类型{sa0, sa1,sa2, sa3, sa4, sa5,sa6}
SPECIAL_SUBFRAME_PATTERNS	SpecialSubframePatterns	枚举类型	可选 on TDD	枚 举 类 型 {sp0,ssp1,ssp2, ssp3,ssp4,ssp5,ssp6,ssp7,ssp8}
SIWINDOWLENGTH	SiWindowLength	枚举类型	必选	枚举类型{ms1, ms2, ms5, ms10, ms15, ms20,ms40}

实际执行结果如下：

① SIB1 公共参数配置命令 1——配置小区 0 SIB1 公共参数。

```
ADD SIB1 0 23 38 5 1 7
```

执行成功：

```
ADD SIB1 0 23 38 5 1 7 Command sent please wait...

%%FIBERHOME  2016-04-13 14:16:28
命令名称 = ADD SIB1
RET_CODE = 0

 操作结果 = 执行成功

%%END
```

② SIB1 公共参数配置命令 2——配置小区 1 SIB1 公共参数。

```
ADD SIB1 1 23 38 5 1 7
```

执行成功：

```
ADD SIB1 1 23 38 5 1 7 Command sent please wait...

%%FIBERHOME  2016-04-13 14:16:28
命令名称 = ADD SIB1
RET_CODE = 0

 操作结果 = 执行成功

%%END
```

③ SIB1 公共参数配置命令 3——配置小区 2 SIB1 公共参数。

```
ADD SIB1 2 23 38 5 1 7
```

执行成功：

```
ADD SIB1 2 23 38 5 1 7 Command sent please wait...

%%FIBERHOME  2016-04-13 14:16:28
命令名称 = ADD SIB1
RET_CODE = 0

 操作结果 = 执行成功

%%END
```

（4）SIB2 上行频率信息配置

SIB2 上行频率信息配置命令名称为 ADD SIB2UlFREQ_INFO，此命令用于增加 SIB2 上行频率信息。

在 LMT 界面左侧逐层展开"TD-LTE 分布式基站 MML 命令"→"配置管理"→"SIB2 上行频率信息配置"，选择"增加 SIB2 上行频率信息配置"，如图 9-21 所示。

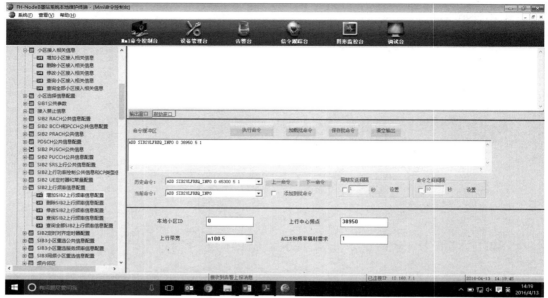

图 9-21 SIB2 上行频率信息配置界面

SIB2 上行频率信息配置命令相关参数说明如表 9-15 所示。

表 9-15 SIB2 上行频率信息配置命令参数说明

参 数 名 称	参 数 含 义	参 数 类 型	参数属性	参 数 取 值
PHYCELL_ID	物理小区号	数值类型	必选	数值类型 U16（0～503）
ULCARRIERFREQ	上行中心频率	数值类型	必选	数值类型 U16（0～65535）
ULBAND_WIDTH	上行带宽	枚举类型	必选	枚举类型 {n6, n15, n25, n50, n75, n100}
ADDITIONAL_SPECT RUME_MISSION	ACLR 和频率辐射需求	数值类型	必选	数值类型 U8（1～32）

实际执行结果如下：

① SIB2 上行频率信息配置命令 1——配置小区 0 SIB2 上行频率信息。

```
ADD SIB2ULFREQ_INFO 0 38100 5 1
```

执行成功：

```
ADD SIB2ULFREQ_INFO 0 38100 5 1  Command sent please wait...

%%FIBERHOME  2016-04-13  13:59:37
命令名称 = ADD SIB2ULFREQ_INFO
RET_CODE = 0

 操作结果 = 执行成功

%%END
```

② SIB2 上行频率信息配置命令 2——配置小区 1 SIB2 上行频率信息。

```
ADD SIB2ULFREQ_INFO 1 38100 5 1
```

执行成功：

```
ADD SIB2ULFREQ_INFO 1 38100 5 1  Command sent please wait...


%%FIBERHOME   2016-04-13  13:59:37
命令名称 = ADD SIB2ULFREQ_INFO
RET_CODE = 0


 操作结果 = 执行成功


%%END
```

③ SIB2 上行频率信息配置命令 3——配置小区 2 SIB2 上行频率信息。

```
ADD SIB2ULFREQ_INFO 2 38100 5 1
执行成功:
ADD SIB2ULFREQ_INFO 2 38100 5 1  Command sent please wait...


%%FIBERHOME   2016-04-13  13:59:37
命令名称 = ADD SIB2ULFREQ_INFO
RET_CODE = 0


 操作结果 = 执行成功


%%END
```

2. 室外 RRU 级联应用场景

虹信室外 RRU 级联应用场景的规划参数如表 9-16 所示,此规划数据为实验室环境数据,实际操作时可依据具体情况自行规划。

表 9-16 室外 RRU 级联应用场景的规划参数

本地小区 ID	小区全局标识号	物理小区号	天线信息	带宽	中心频点	下行子帧配置	SpecialSubframePatterns
0	00005000	100	八天线	20M	38100	SA1	SSP7
1	00005001	101	八天线	20M	38100	SA1	SSP7
2	00005002	102	八天线	20M	38100	SA1	SSP7

(1)本地小区配置

本配置项把基站协议中的全局小区、物理小区和本地实际的扇区、BPU 单板和 RRU 关联起来。本地小区的其他属性,如频点、天线信息(天线数量、工作模式等),在对应的系统消息配置中说明。

命令名称:ADD LOCALCELLCFG,此命令用于增加本地小区配置。

在 LMT 界面左侧逐层展开"TD-LTE 分布式基站 MML 命令"→"配置管理"→"本地小区配置",选择"增加本地小区配置",如图 9-22 所示。

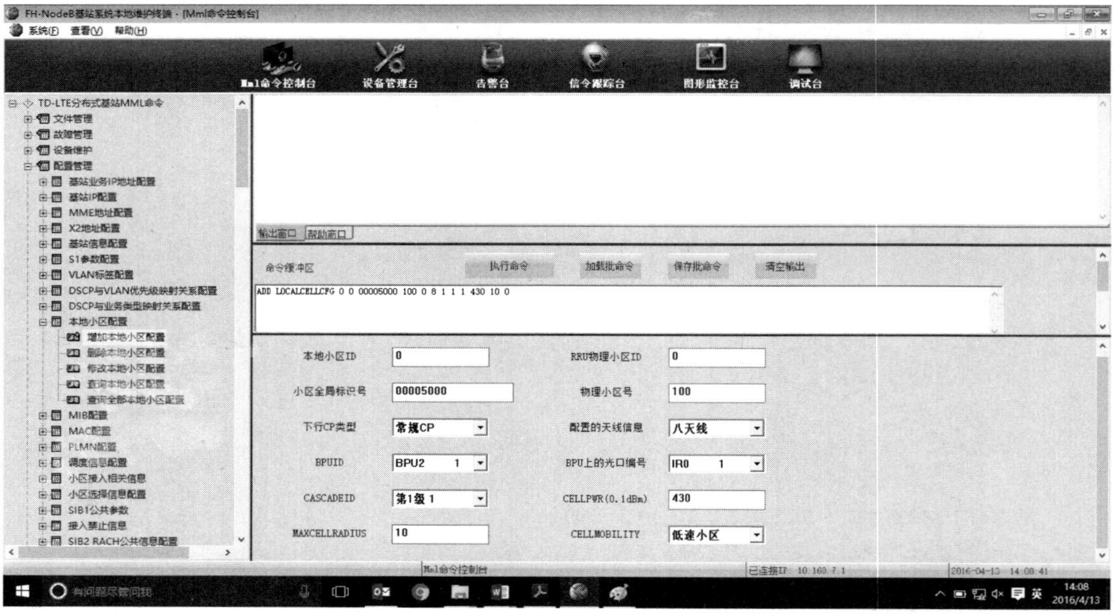

图 9-22 本地小区配置命令界面

实际执行结果如下：

① 命令 1（共 3 条命令）——添加小区 0。

ADD LOCALCELLCFG 0 0 00005000 100 0 8 2 1 1 430 10 0

执行成功：

ADD LOCALCELLCFG 0 0 00005000 100 0 8 2 1 1 430 10 0 Command sent please wait...

%%FIBERHOME 2016-04-13 14:07:33
命令名称 = ADD LOCALCELLCFG
RET_CODE = 0

操作结果 = 执行成功

%%END

② 命令 2（共 3 条命令）——添加小区 1。

ADD LOCALCELLCFG 1 0 00005001 101 0 8 2 1 2 430 10 0

执行成功：

ADD LOCALCELLCFG 1 0 00005001 101 0 8 2 1 2 430 10 0 Command sent please wait...

%%FIBERHOME 2016-04-13 14:07:33
命令名称 = ADD LOCALCELLCFG
RET_CODE = 0

操作结果 = 执行成功

%%END

③ 命令3（共3条命令）——添加小区2。

ADD LOCALCELLCFG 2 0 00005002 102 0 8 2 1 3 430 10 0

执行成功：

ADD LOCALCELLCFG 2 0 00005002 102 0 8 2 1 3 430 10 0 Command sent please
wait...

%%FIBERHOME   2016-04-13   14:07:33
命令名称 = ADD LOCALCELLCFG
RET_CODE = 0

操作结果 = 执行成功

%%END

（2）MIB 配置

本配置项和对应小区的 MIB 广播信息相对应。

命令名称：ADD MIBCFG，此命令用于增加 MIB 配置。

在 LMT 界面左侧逐层展开"TD-LTE 分布式基站 MML 命令"→"配置管理"→"MIB
配置"，选择"增加 MIB 配置"，如图 9-23 所示。

图 9-23　MIB 配置界面

实际执行结果：

① 命令1（共3条命令）——配置小区 0 MIB。

ADD MIBCFG 0 5 0 0

执行成功：

ADD MIBCFG 0 5 0 0 Command sent please wait...

```
%%FIBERHOME   2016-04-13  14:07:33
命令名称 =  ADD MIBCFG
RET_CODE = 0

   操作结果 = 执行成功


%%END
```

② 命令2（共3条命令）——配置小区1 MIB。

```
ADD MIBCFG 1 5 0 0
```

执行成功：

```
ADD MIBCFG 1 5 0 0  Command sent please wait...


%%FIBERHOME   2016-04-13  14:07:33
命令名称 =  ADD MIBCFG
RET_CODE = 0

   操作结果 = 执行成功


%%END
```

③ 命令3（共3条命令）——配置小区2 MIB。

```
ADD MIBCFG 2 5 0 0
```

执行成功：

```
ADD MIBCFG 2 5 0 0  Command sent please wait...


%%FIBERHOME   2016-04-13  14:07:33
命令名称 =  ADD MIBCFG
RET_CODE = 0

   操作结果 = 执行成功


%%END
```

（3）　SIB1 公共参数

命令名称：ADD SIB1，此命令用于增加 SIB1 公共参数配置。

在 LMT 界面左侧逐层展开"TD-LTE 分布式基站 MML 命令"→"配置管理"→"SIB1 公共参数"，选择"增加 SIB1 公共参数"，如图 9-24 所示。

实际执行结果：

① 命令1（共3条命令）——配置小区0 SIB1 公共参数。

```
ADD SIB1 0 23 38 5 1 7
```

执行成功：

```
ADD SIB1 0 23 38 5 1 7  Command sent please wait...


%%FIBERHOME   2016-04-13  14:16:28
命令名称 =  ADD SIB1
RET_CODE = 0
```

图 9-24 SIB1 公共参数配置界面

操作结果 = 执行成功

%%END

② 命令 2（共 3 条命令）——配置小区 1 SIB1 公共参数。

ADD SIB1 1 23 38 5 1 7

执行成功：

ADD SIB1 1 23 38 5 1 7 Command sent please wait...

%%FIBERHOME 2016-04-13 14:16:28

命令名称 = ADD SIB1

RET_CODE = 0

操作结果 = 执行成功

%%END

③ 命令 3（共 3 条命令）——配置小区 2 SIB1 公共参数。

ADD SIB1 2 23 38 5 1 7

执行成功：

ADD SIB1 2 23 38 5 1 7 Command sent please wait...

%%FIBERHOME 2016-04-13 14:16:28

命令名称 = ADD SIB1

RET_CODE = 0

操作结果 = 执行成功

%%END

（4） SIB2 上行频率信息配置

命令名称：ADD SIB2UlFREQ_INFO，此命令用于增加 SIB2 上行频率信息。

在 LMT 界面左侧逐层展开"TD-LTE 分布式基站 MML 命令"→"配置管理"→"SIB2 上行频率信息配置"，选择"增加 SIB2 上行频率信息配置"，如图 9-25 所示。

图 9-25　SIB2 上行频率信息配置界面

执行结果如下：

① 命令 1（共 3 条命令）——配置小区 0 SIB2 上行频率信息。

```
ADD SIB2ULFREQ_INFO 0 38100 5 1
```

执行成功：

```
ADD SIB2ULFREQ_INFO 0 38100 5 1  Command sent please wait...

%%FIBERHOME   2016-04-13  13:59:37
命令名称 = ADD SIB2ULFREQ_INFO
RET_CODE = 0

 操作结果 = 执行成功


%%END
```

② 命令 2（共 3 条命令）——配置小区 1 SIB2 上行频率信息。

```
ADD SIB2ULFREQ_INFO 1 38100 5 1
```

执行成功：

```
ADD SIB2ULFREQ_INFO 1 38100 5 1  Command sent please wait...

%%FIBERHOME   2016-04-13  13:59:37
命令名称 = ADD SIB2ULFREQ_INFO
RET_CODE = 0

 操作结果 = 执行成功
```

```
%%END
```

③ 命令3（共3条命令）——配置小区2 SIB2上行频率信息。

```
ADD SIB2ULFREQ_INFO 2 38100 5 1
```

执行成功：

```
ADD SIB2ULFREQ_INFO 2 38100 5 1  Command sent please wait...


%%FIBERHOME   2016-04-13  13:59:37
命令名称 = ADD SIB2ULFREQ_INFO
RET_CODE = 0


 操作结果 = 执行成功


%%END
```

3. 室内 RRU 应用场景

虹信室内 RRU 级联应用场景的规划参数如表 9-18 所示，此规划数据为实验室环境数据，实际操作时可依据具体情况自行规划。

表 9-18　室内 RRU 应用场景规划参数

本地小区 ID	小区全局标识号	物理小区号	天线信息	带宽	中心频点	下行子帧配置	SpecialSubframePatterns
0	00005000	100	两天线	20M	39100	SA1	SSP7

（1）本地小区配置

本配置项把基站协议中的全局小区、物理小区和本地实际的扇区、BPU 单板和 RRU 关联起来。本地小区的其他属性，如频点、天线信息（天线数量、工作模式等），在对应的系统消息配置中说明。

命令名称：ADD LOCALCELLCFG，此命令用于增加本地小区配置。

在 LMT 界面左侧逐层展开 "TD-LTE 分布式基站 MML 命令"→ "配置管理"→ "本地小区配置"，选择 "增加本地小区配置"，如图 9-26 所示。

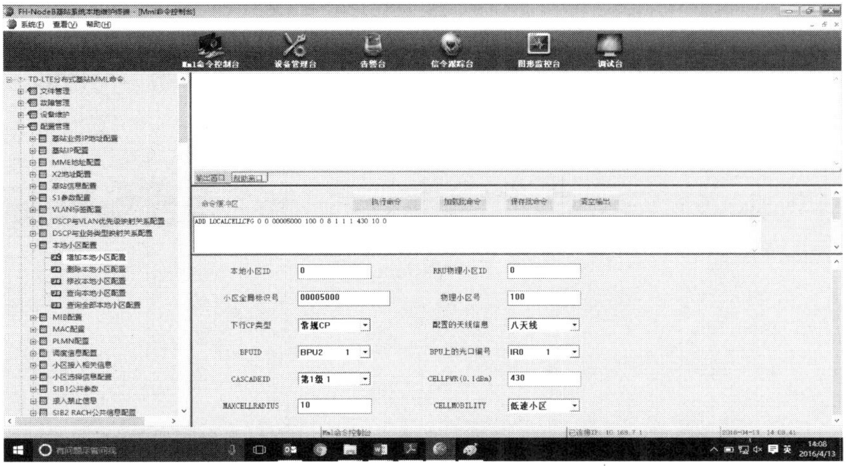

图 9-26　本地小区配置界面

实际执行结果：

本地小区配置命令

ADD LOCALCELLCFG 0 0 00005000 100 0 8 2 1 1 430 10 0

执行成功：

ADD LOCALCELLCFG 0 0 00005000 100 0 8 2 1 1 430 10 0 Command sent please wait...

%%FIBERHOME   2016-04-13 14:07:33
命令名称 = ADD LOCALCELLCFG
RET_CODE = 0

操作结果 = 执行成功

%%END

（2）MIB 配置

本配置项和对应小区的 MIB 广播信息相对应。

命令名称：ADD MIBCFG，此命令用于增加 MIB 配置。

在 LMT 界面左侧逐层展开 "TD-LTE 分布式基站 MML 命令" → "配置管理" → "MIB 配置"，选择 "增加 MIB 配置"，如图 9-27 所示。

图 9-27 MIB 配置界面

实际执行结果：

命令 1（共 1 条命令）

ADD MIBCFG 0 5 0 0

执行成功：

ADD MIBCFG 0 5 0 0 Command sent please wait...

```
%%FIBERHOME   2016-04-13  14:07:33
命令名称 =  ADD MIBCFG
RET_CODE = 0
 操作结果 = 执行成功


 %%END
```

（3）SIB1 公共参数

命令名称：ADD SIB1，此命令用于增加 SIB1 公共参数配置。

在 LMT 界面左侧逐层展开"TD-LTE 分布式基站 MML 命令"→"配置管理"→"SIB1 公共参数"，选择"增加 SIB1 公共参数"，如图 9-28 所示。

图 9-28　SIB1 公共参数配置界面

实际执行结果：

```
命令1（共1条命令）
ADD SIB1 0 23 40 5 1 7
执行成功：
ADD SIB1 0 23 40 5 1 7  Command sent please wait...


%%FIBERHOME   2016-04-13  14:16:28
命令名称 =  ADD SIB1
RET_CODE = 0


 操作结果 = 执行成功


 %%END
```

（4）SIB2 上行频率信息配置

命令名称：ADD SIB2UlFREQ_INFO，此命令用于增加 SIB2 上行频率信息。

在 LMT 界面左侧逐层展开"TD-LTE 分布式基站 MML 命令"→"配置管理"→"SIB2 上行频率信息配置",选择"增加 SIB2 上行频率信息配置",如图 9-29 所示。

图 9-29　SIB2 上行频率信息配置界面

实际执行结果：

命令 1（共 1 条命令）

ADD SIB2ULFREQ_INFO 0 39100 5 1

执行成功：

ADD SIB2ULFREQ_INFO 0 39100 5 1 Command sent please wait...

%%FIBERHOME　2016-04-13　13:59:37

命令名称 ＝ ADD SIB2ULFREQ_INFO

RET_CODE ＝ 0

操作结果 ＝ 执行成功

%%END

任务 4　脚本验证与业务验证

【学习目标】

1. 了解虹信 LTE 单站配置的资源准备

2. 了解虹信 LTE 单站配置表升级的方法

【知识要点】

1. 认识 LMT 在线配置小区参数的方法

2. 熟悉 LMT 基站升级的方法及用 LMT 查询 eNodeB 的状态

9.4.1 资源准备

1. 常用软件

基站运营维护的常用软件主要有以下 5 种。

（1）LTELMT

本地操作维护终端，用做本地对 eNodeB 进行参数配置、告警查询和基站升级等操作。

（2）wftpd32

简单易用的 FTP Server 软件，提供基本的 FTP 服务器功能。

（3）FileZilla

FTP 客户端软件。

（4）sscom32

串口查看工具，可本地查看 BPU、CCU 打印内容。

（5）FH-BBU6164-2R3.2.2.2

基站版本软件，包括 BPU、CCU、RRU 升级文件。

2. 配置表升级

打开 FTP 客户端软件 FileZilla，将 eNodeBCfg.dat 上传至 CCU\data 文件夹下，如图 9-30 所示。第 1 步设置 CCU 本地维护地址，一般设置为 10.168.7.1；第 2 步单击"快速连接"按钮，快速连接登录到 CCU 单板；第 3 步在本地站点输入 eNodeBCfg.dat 文件路径；第 4 步打开对应的 data 文件夹；第 5 步右击将上载文件发送至 CCU\data 文件夹下，至此配置表升级完成。

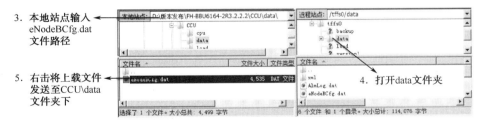

图 9-30　配置表升级步骤图

9.4.2 LMT 基站升级

1. FTP Server 方式

使用 wftpd32 软件建立 FTP Server，用户名为 user，密码为 123，如图 9-31 所示。双击打

LTE基站建设与维护

开 wftpd32.exe，选择"Security"→"User/Rights Security Dialog"，然后按照图 9-31 所示的步骤进行操作，建立一个新的用户名和对应的密码。选择使用用户名为 user，密码为 123 的 FTP 服务，"Home Directory"处填写升级.bin 文件的路径，如图 9-32 所示。注意：如果 wftpd32 软件不能打开，原因可能是 PC 上已经运行了一个 FTP 服务，在"我的电脑"→"管理"→ "服务"中，选择停止，再次运行 wftpd32.exe。

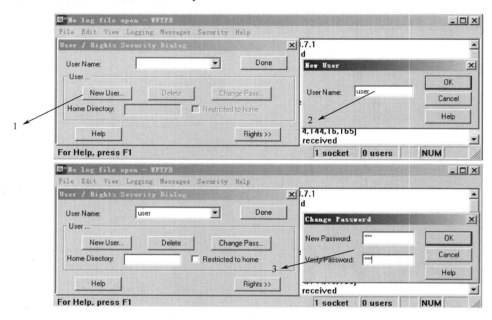

图 9-31　FTP 方式建立 FTP 账户

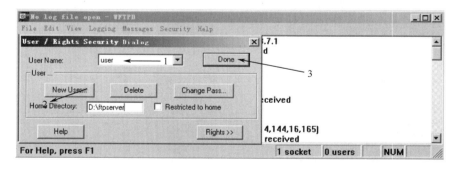

图 9-32　FTP 方式基站升级步骤

2. LMT 登录 eNodeB 进行基站升级

（1）LMT 登录 ENB

PC 配置地址为 10.168.XX.XX/16，网线连接 CCU 单板的 Gec 端口，eNodeB 的本地维护地址为 10.168.7.1，在没有连接 OMC 的情况下，使用默认的用户名和密码进行登录，如图 9-33 所示，eNodeB 连接 OMC 后使用用户名 sysadmin，密码 Oam123 进行登录。

图 9-33 LMT 登录进行基站升级界面

（2）文件下载

如图 9-34 所示，LMT 登录后选择"文件管理"→"文件下载"，然后在"FTP 服务器 IP 地址"栏填写 PC 的 IP 地址；升级 RRU、BPU 单板时，将"升级包"内的 bpu.bin、rru.bin 文件放到 D:\ftpserver\目录下，在"下载文件"栏填入对应的升级软件包路径，如图 9-34 所示，最后单击"执行命令"按钮，完成文件下载。

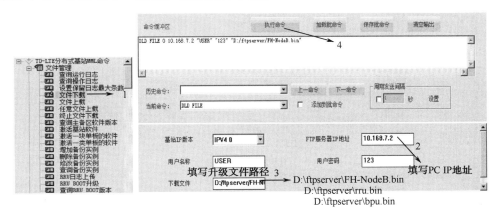

图 9-34 文件下载步骤图

（3）激活基站软件

进入 LMT 的"文件管理"→"激活基站软件"，将会对 RRU、BPU 和 CCU 全部进行升级。提示条读完后，文件下载完成，如图 9-35 所示，表示已经下载、解包完毕，此时可执行激活基站软件操作。

（4）激活单板软件

选择 LMT 的"文件管理"→"激活一块单板的软件"，可选择激活某块单板，CCU、BPU 或 RRU。激活 0 槽位的 BPU，如图 9-36 所示。

激活 RRU1，如图 9-37 所示。

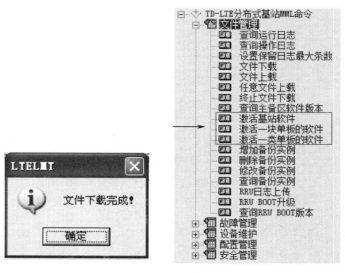

图 9-35　激活基站软件

图 9-36　激活 BPU 单板

图 9-37　激活 RRU1

选择 LMT 的"文件管理"→"激活一类单板的软件",可激活该基站的同一类型的单板,比如 BPU、RRU,如图 9-38 所示。

图 9-38　激活一类单板的软件

9.4.3　LMT 查询 ENB 状态

LMT 查询 ENB 状态主要有告警订阅、单板状态查询、基站传输链路查询、小区状态查询和时钟状态查询。

1．告警订阅

查看告警状态，并根据告警级别（根据不同的颜色区分）以及告警名和告警处理描述来对告警进行分析和处理，如图9-39所示。

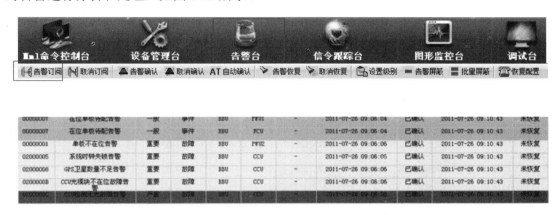

图9-39 告警台界面

2．单板状态查询

查询单板状态,确定单板是否配置,是否在位,是否开工等,常用的命令为DSP BDSTATE,如图9-40所示。

图9-40 查询单板状态界面

命令执行结果如图9-41所示。

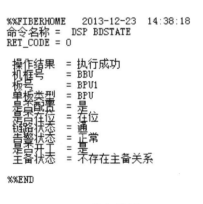

图9-41 执行结果

3．基站传输链路查询

基站传输链路查询如图 9-42 所示，常用的命令是 DSP SCTP_LINK_STATUS。

图 9-42　基站传输链路查询界面

执行结果如图 9-43 所示。

```
%%END

DSP SCTP_LINK_STATUS 0 0 10.220.120.43 10.220.120.78  Command sent please wait..


%%FIBERHOME    2013-12-23  14:46:42
命令名称 =  DSP SCTP_LINK_STATUS
RET_CODE = 0

操作结果            = 执行成功
SCTP链路状态        = ESTABLISHED
S1 or X2状态        = ESTABLISHED
链路丢包率(ppm) = 0

%%END
```

图 9-43　执行结果

4．小区状态查询

查询配置小区的状态，确认为可用、建立、不闭塞；还可以在此看到全球小区 ID、频率和天线配置情况，常用的命令为 DSP CELL_STATUS，如图 9-44 所示。

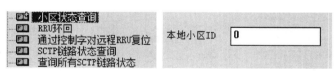

图 9-44　小区状态查询界面

执行结果如图 9-45 所示。

```
%%FIBERHOME    2013-12-23  14:52:38
命令名称 = DSP CELL_STATUS
RET_CODE = 0

操作结果            = 执行成功
RRU物理小区个数     = 1

%%
本地小区ID          = 0
全局小区ID          = 00004300
小区频率            = 25850
RRU物理小区ID       = 0
天线数量            = 8
物理资源状态        = 可用
小区状态            = 建立
是否闭塞            = 不闭塞

(结果个数 = 1)
%%

%%END
```

图 9-45　执行结果

5．时钟状态查询

查询系统时钟工作状态，确认时钟状态为正常、锁定。当时钟工作状态为"自由震荡"状态时，将 GPS 模块与 GPS 天线连接，如图 9-46 所示，常用的命令为 DSP CLK。

图 9-46　时钟状态查询界面

执行结果如图 9-47 所示。

```
%%END

DSP CLK  Command sent please wait...

%%FIBERHOME  2013-12-23  14:48:09
命令名称 = DSP CLK
RET_CODE = 0

操作结果    = 执行成功
参考源      = GPS/北斗
时钟源状态  = 正常
时钟工作状态 = 锁定

%%END
```

图 9-47　执行结果

思考与练习

根据配置情况对单板状态查询、基站传输链路查询、小区状态查询和时钟状态查询，并查看告警台的故障告警情况。

项目 10 LTE 站点故障分析与排除

任务 1 LTE 站点传输故障分析

【学习目标】
1. 了解 LTE 承载网拓扑结构
2. 能够列出常见的故障定位思路及定位方法

【知识要点】
1. 能够列出 LTE 传输故障的分类及常见原因
2. 能够列出各种传输故障的处理步骤

10.1.1 传输故障常见原因及处理步骤

传输类故障分析流程如图 10-1 所示。传输故障常用的定位分析方法有 3 种：分段故障定位法、分层故障定位法和替换法。在实际的网络故障排查时，可以先采用分段法确定故障点，再通过分层或其他方法排除故障。

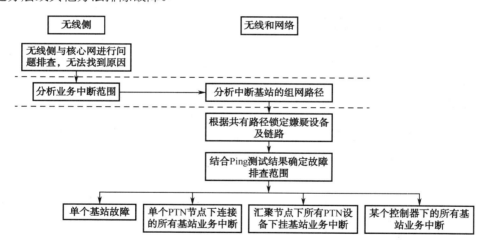

图 10-1 传输类故障分析流程

分段法是传输网络最重要的故障隔离手段，对于不同的故障类型，采用的方法不同。如图 10-2 所示，从 eNodeB 到 MME/S-GW 无法 Ping 通，通过分段法，首先将图中的 A 点与 C 点之间，A 点与 B 点之间分别进行 Ping 操作，发现可以 Ping 通，则继续进行 Ping 操作，C 点与 D 点之间，D 点与 MME/S-GW 之间，E 点与 MME/S-GW 之间都可以 Ping 通，而 B 点和 E 点之间无法 Ping 通，则故障点在 B 点和 E 点之间这条通道，通过分段法可以对故障进行快速定位。

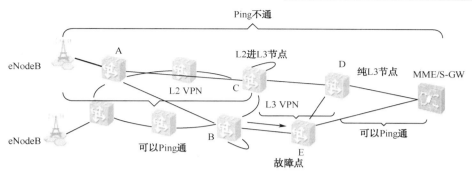

图 10-2   分段法示例

常用的故障定位程序主要有 Ping 和 TraceRT。Ping 用于检查 TCP/IP 网络连接及设备主机是否可达，源设备向目的设备发送 ICMP 请求报文，然后等待并显示目的设备的 ICMP 回应报文。通过指定发送 Ping 报文大小来定位 MTU 配置不一致问题，通过指定发送 Ping 报文超时时间，来判断对端是中断还是处理时间过长，传输丢包、传输时延、传输抖动用于指示网络连接质量，通过 Ping 的返回码判断故障类型。Tracert 用于测试数据包从发送主机到目的地所经过的网关，主要用于检查网络路由连通性故障，根据路由测试结果分析定位网络发生故障的位置，可以辅助测试路由传输时延。

表 10-1   TCP/IP 各层关注点

TCP/IP 各层	关 注 点
网络层	地址和子网掩码是否正确，路由协议配置是否正确。排除时沿着源目的地的路径查看路由表，同时检查接口的 IP 地址
数据链路层	端口的状态，协议为 UP，则为链路层工作正常，同时和利用率有关
物理层	负责介质的连接，主要关注电缆、连接头、信号电平、编码、时钟和组帧

替换法就是使用一个工作正常的部件去替换一个可能工作不正常的部件，从而达到定位故障、排除故障的目的。这里的部件可以是一根网线、一个磁盘模块或者一个风扇模块等。替换法适用于硬件故障的处理，往往可以快速准确地定位出发生故障的部件，并且对维护人员没有特别的要求。使用替换法的局限在于事先必须准备相同的备件，因此要求进行较充分的前期准备工作。

根据表 10-1 分析可见，传输故障分析及处理方法主要分为 3 种类型，如下所示：

1．物理层故障常见原因及处理步骤

（1）光纤、光模块损坏；光模块未插紧；光模块与对端设备不匹配；基站与对端传输设备的端口属性设置不一致；对端设备数据配置错误；本端或对端单板故障等原因。物理层故障处理步骤：观察以太网端口灯的情况；检查网线、光纤及光模块；检查数据配置；故障隔离。

对于华为的 UMPT 单板而言，以太网端口有左右两个灯，绿灯常亮表示物理端口与对端协商通过，若灯灭则表示与对端协商失败。黄灯快闪表示有数据流通过，常灭表示没有数据流通过。

（2）网线检查：可将插在基站一侧的网线端口插到电脑上，看电脑与交换机对接网口是

否能 UP，若能 UP 则说明网线正常。

（3）光纤及光模块检查：重新插拔光模块，同时收集光模块信息；重新插拔光纤，观察光纤是否损坏，可尝试更换光纤；检查光模块是否损坏，可采用环回发验证。

（4）数据配置检查：登录华为 LMT 基站维护软件，执行 LST ETHPORT、DSP ETHPORT 查询以太网端口的配置。DBS3900 端口配置规范：FE/GE 业务光口，100M/1000Mbps 自适应模式；FE/GE 业务电口，10M/100M/1000Mbps 自适应模式；CI 互联光口，100M/1000Mbps 自适应模式。

故障隔离步骤：

（1）使用 PC 和 eNodeB 网口连接，查看告警是否消失；

（2）使用 PC 和对端设备进行对接，查看电脑的灯是否可以点亮。故障分析：如果步骤 1 正常而步骤 2 不正常，则是对端端口物理故障；如果步骤 1 不正常而步骤 2 正常，eNodeB 上可能异常，则使用 RST ETHPORT 和 RST BRD 把接口和单板复位，查看是否有芯片异常告警，如果有则更换接口单板。

2．数据链路层故障常见原因及处理步骤

数据链路层不通主要考虑 ARP、VLAN 的处理是否正确。常见原因有物理层故障、本地未配置 VLAN 或 VLAN ID 配置错误、对端设备数据配置问题导致本端无法生成 ARP 表项。处理步骤为检查基站收发数据包情况、查询 ARP 表项、检查 VLAN 配置。

（1）多次执行 DSP ETHPORT 查看基站的收发包情况和端口状态，若基站只有发送的包在增长，则判断基站发出去的包对端没有响应。

（2）查询 ARP 表项：执行 DSP ARP 检查基站是否学到了 ARP。

（3）检查 VLAN 配置：执行 LST VLANMAP 查看 VLAN 配置是否正确；执行 STR PORTREDIRECT 启用端口重镜像进行抓包，比较配置的 VLAN 与抓包报文所带的 VLAN。

3．网络层故障常见原因及处理步骤

物理层或数据链路层故障；本端或对端 IP 未配置或配置错误；本端或对端路由未配置或配置错误；开启 BFD 时设置的 DSCP 值未在 QoS 中定义；本端或对端 BFD 会话未配置或配置错误导致路由失效。

网络层故障大多是路由不通导致的，在保证物理层、数据链路层正常情况下，处理步骤：

（1）查询路由信息：LST IPRT/DSP IPRT 查看基站的路由信息是否正确。

（2）Traceroute 定位：在 eNodeB 使用 TRACERT 来查询发送报文经过的各个端点，看到达哪个端口网关出现不通。

（3）如基站开启 BFD 检测，且出现 BFD 会话为 DOWN 状态，检查本端和对端 BFD 的配置数据是否正确；检查 BFD 会话报文的 DSCP 值是否在 VLANCLASS 中定义。

（4）抓包：在基站上通过 STR PORTREDIRECT 启用端口重镜像进行抓包和分析。

10.1.2　传输故障典型案例

1．典型案例 1

故障原因：　OLAN 光口没有插光模块。

故障现象：

（1）告警台同时出现"0200000b"CCU 光模块不在位故障告警、"0200000c"CCU 检测无光故障告警、"01010003"SCTP 链路中断告警、"01060004"传输底层链路故障、"01060006"OAM 异常告警、"01080002"基站退服告警，共 6 条告警。

（2）CCU 板卡上 OLAN 光口没有插入光模块。

（3）CCU 板卡左侧 OLAN 指示灯灭，ALM 指示灯亮（红光）。

解决步骤：

（1）插入光模块。

（2）将传输光纤插入光模块。

（3）CCU 板卡左侧 OLAN 指示灯亮（绿光）。

（4）告警台"0200000b"CCU 光模块不在位故障告警、"0200000c"CCU 检测无光故障告警这 2 条先恢复，稍后"01010003"SCTP 链路中断告警、"01060004"传输底层链路故障、"01060006"OAM 异常告警这 3 条告警再恢复，再过一会"01080002"基站退服告警这 1 条告警恢复。

（5）CCU 板卡左侧 ALM 指示灯灭。

（6）故障处理完毕。

2．典型案例 2

故障原因：OLAN 光口光模块松动。

故障现象：

（1）告警台同时出现"0200000b"CCU 光模块不在位故障告警、"0200000c"CCU 检测无光故障告警、"01010003"SCTP 链路中断告警、"01060004"传输底层链路故障、"01060006"OAM 异常告警、"01080002"基站退服告警，共 6 条告警。

（2）CCU 板卡上 OLAN 光口上虽然有光模块但没有正确插入，观察可发现光模块露出CCU 面板的距离较长，用手按压会晃动。

（3）CCU 板卡左侧 OLAN 指示灯灭，ALM 指示灯亮（红光）。

解决步骤：

（1）将光模块插牢固。

（2）CCU 板卡左侧 OLAN 指示灯亮（绿光）。

（3）告警台"0200000b"CCU 光模块不在位故障告警、"0200000c"CCU 检测无光故障告警这 2 条先恢复，稍后"01010003"SCTP 链路中断告警、"01060004"传输底层链路故障、"01060006"OAM 异常告警这 3 条告警再恢复，再过一会"01080002"基站退服告警这 1 条告警恢复。

（4）CCU 板卡左侧 ALM 指示灯灭。

（5）故障处理完毕。

3．典型案例 3

故障原因：OLAN 光口已插上光模块，但没有插光纤。

故障现象：

（1）告警台同时出现"0200000c"CCU 检测无光故障告警、"01010003"SCTP 链路中断告警、"01060004"传输底层链路故障、"01060006"OAM 异常告警、"01080002"基站退服告警，共 5 条告警。

（2）CCU 板卡上 OLAN 光口的光模块上没有插入光纤。

（3）CCU 板卡左侧 OLAN 指示灯灭，ALM 指示灯亮（红光）。

解决步骤：

（1）将传输光纤正确插入 OLAN 光口上的光模块。

（2）CCU 板卡左侧 OLAN 指示灯亮（绿光）。

（3）告警台"0200000c"CCU 检测无光故障告警这 1 条先恢复，稍后"01010003"SCTP 链路中断告警、"01060004"传输底层链路故障、"01060006"OAM 异常告警这 3 条告警再恢复，再过一会"01080002"基站退服告警这 1 条告警最后恢复。

（4）CCU 板卡左侧 ALM 指示灯灭。

（5）故障处理完毕。

4．典型案例 4

故障原因：OLAN 光口没有插上光模块和光纤，但光纤损坏。

故障现象：

（1）告警台同时出现"0200000c"CCU 检测无光故障告警、"01010003"SCTP 链路中断告警、"01060004"传输底层链路故障、"01060006"OAM 异常告警、"01080002"基站退服告警，共 5 条告警。

（2）CCU 板卡上 OLAN 光口的光模块已插入光纤，但左侧 OLAN 指示灯灭，ALM 指示灯亮（红光）。

解决步骤：

（1）将原光纤接头拔出。

（2）插入新的光纤。

（3）CCU 板卡左侧 OLAN 指示灯亮（绿光）。

（4）告警台"0200000c"CCU 检测无光故障告警这 1 条先恢复，稍后"01010003"SCTP 链路中断告警、"01060004"传输底层链路故障、"01060006"OAM 异常告警这 3 条告警再恢复，再过一会"01080002"基站退服告警这 1 条告警最后恢复。

（5）CCU 板卡左侧 ALM 指示灯灭。

（6）故障处理完毕。

5．典型案例 5

故障原因：OLAN 光口正常，对端传输设备运行异常。

故障现象：

（1）告警台同时出现"0200000c"CCU 检测无光故障告警、"01010003"SCTP 链路中断告警、"01060004"传输底层链路故障、"01060006"OAM 异常告警、"01080002"基站退服告警，共 5 条告警。

（2）CCU 板卡 OLAN 上光模块和光纤均正常，但左侧 OLAN 指示灯灭，ALM 指示灯亮（红光）。

（3）传输设备运行异常。

解决步骤：

（1）在排除故障原因 1～4 以后故障还没有恢复，查看传输设备运行状态发现该设备故障。

（2）处理传输设备故障。

（3）如果传输设备故障处理完毕，基站反应如下。

（4）CCU 板卡左侧 OLAN 指示灯亮（绿光）。

（5）告警台"0200000c"CCU 检测无光故障告警这 1 条先恢复，稍后"01010003"SCTP 链路中断告警、"01060004"传输底层链路故障、"01060006"OAM 异常告警这 3 条告警再恢复，再过一会"01080002"基站退服告警这 1 条告警最后恢复。

（6）CCU 板卡左侧 ALM 指示灯灭。

（7）故障处理完毕。

任务 2　LTE 站点天馈故障分析

【学习目标】

1. 了解天馈系统的组成

2. 掌握与天馈系统相关告警的含义

【知识要点】

1. 掌握天馈告警产生的可能原因

2. 具有一定的天馈故障分析能力和处理手段

10.2.1　天馈故障常见原因及处理步骤

如图 10-3 所示，天馈系统主要包括基站天线、主馈线、跳线、避雷器及相关天馈附件等。天馈故障主要分为射频通道故障、BBU-RRU CPRI 光纤故障和 GPS 故障三大类。天馈故障的处理流程如图 10-4 所示。

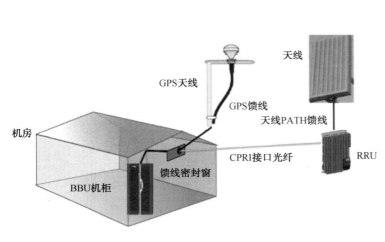

图 10-3　天馈系统结构图

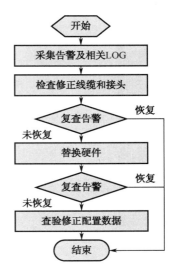

图 10-4　天馈故障的处理流程

1. 射频通道故障分析

射频通道故障对系统的影响：小区退服；掉话或者断话；无法接入或者接入成功率低；手机信号不稳定，时有时无，通话质量下降。

射频通道故障场景的告警如下：

① 射频单元驻波告警（射频单元发射通道的天馈接口驻波超过了设置的驻波告警门限）。

② 射频单元硬件故障告警（射频单元内部的硬件发生故障）。

③ 射频单元接收通道 RTWP/RSSI 过低告警（多通道的 RRU 的校准通道出现故障，导致无法完成通道的校准功能）。

④ 射频单元间接收通道 RTWP/RSSI 不平衡告警（同一小区的射频单元间的接收通道的 RTWP/RSSI 统计值相差超过 10dB）。

⑤ 射频单元发射通道增益异常告警（射频单元发射通道的实际增益与校准增益相差超过 2.5dB）。

⑥ 射频单元交流掉电告警（内置 AC-DC 模块的射频单元的外部交流电源输入中断）。

⑦ 制式间射频单元参数配置冲突告警（多模配置下，同一个射频单元在不同制式间配置的工作制式或其他射频单元参数配置不一致）。

射频通道故障产生的原因：馈线安装异常或者馈线接口工艺差（接头未拧紧、进水或损坏等）；天馈接口连接的馈缆存在挤压、弯折或馈缆损坏；射频单元硬件故障；天馈系统组件合路器或耦合器损坏（室分系统特有故障）；射频单元频段类型与天馈系统组件（如天线、馈线、跳线、合路器、分路器、滤波器、塔放等）频段类型不匹配；射频单元的主集或分集接收通道故障；数据配置故障；射频单元的主集或分集天线单独存在外部干扰；射频单元掉电。

射频故障处理流程如图 10-5 所示。

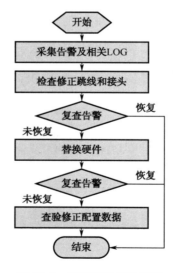

图 10-5　射频故障处理流程

2. GPS 故障分析

GPS 故障对业务的影响：基站不能与参考时钟源同步，系统时钟进入保持状态，短期内不影响业务；如果基站长时间获取不到参考时钟，会导致基站系统时钟不可用，此时基站业务处理会出现各种异常，如小区切换失败、掉话等，严重时基站不能提供业务。

GPS 故障常见告警：

① 星卡天线故障告警（星卡与天馈之间的电缆断开，或者电缆中的馈电流过小或过大）。

② 星卡锁星不足告警（基站锁定卫星数量不足）。

③ 时钟参考源异常告警（外部时钟参考源信号丢失、外部时钟参考源信号质量不可用、参考源的相位与本地晶振相位偏差太大、参考源的频率与本地晶振频率偏差太大从而导致时钟同步失败）。

④ 星卡维护链路异常告警（星卡串口维护链路中断）。

GPS 故障产生的原因：馈线头工艺差，接头连接处松动，进水；线缆馈线开路或短路；GPS 天线安装位置不合理，周围有干扰、遮挡、锁星不足；GPS 天线故障；主控板、放大器或星卡故障；BBU 到 GPS 避雷器的信号线开路或短路；避雷器失效；数据配置故障。

GPS 故障处理流程如图 10-6 所示。

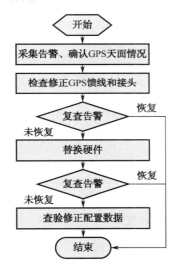

图 10-6 GPS 故障处理流程

3．CPRI 接口故障分析

CPRI 接口故障对业务的影响主要有小区退服或服务质量劣化，RRU 故障或频繁重启。CPRI 接口故障的常见告警：

① BBU CPRI/IR 光模块故障告警（BBU 连接下级射频单元的端口上的光模块故障）。

② BBU CPRI/IR 光模块不在位告警（BBU 连接下级射频单元的端口上的光模块不在位）。

③ BBU 光模块收发异常告警（BBU 与下级射频单元之间的光纤链路（物理层）的光信号接收异常）。

④ BBU CPRI/IR 光接口性能恶化告警（BBU 连接下级射频单元的端口上的光模块的性能恶化）。

⑤ BBU CPRI/IR 接口异常告警（BBU 与下级射频单元间的链路（链路层）数据收发异常）。

⑥ 射频单元维护链路异常告警（BBU 与射频单元间的维护链路出现异常）。

⑦ 射频单元光模块不在位告警（射频单元与对端设备（上级/下级射频单元或 BBU）连接端口上的光模块连线不在位）。

⑧ 射频单元光模块类型不匹配告警（射频单元与对端设备（上级/下级射频单元或 BBU）连接端口上安装的光模块的类型与射频模块支持的光模块类型不匹配）。

⑨ 射频单元光接口性能恶化告警（射频单元光模块的接收或发送性能恶化）。

⑩ 射频单元 CPRI/IR 接口异常告警（射频单元与对端设备（上级/下级射频单元或 BBU）间接口链路（链路层）数据收发异常）。

⑪ 射频单元光模块收发异常告警（射频单元与对端设备（上级/下级射频单元或 BBU）之间的光纤链路（物理层）的光信号收发异常）。

CPRI 接口故障产生的原因：光纤链路故障、插损过大或光纤不洁净；射频单元未上电；光模块故障或不匹配；光模块速率、单模/多模与对端设备不匹配；BBI 光口故障、BBI 单板故障；光模块未安装或未插紧；光模块老化；数据配置问题。

CPRI 故障处理流程如图 10-7 所示。

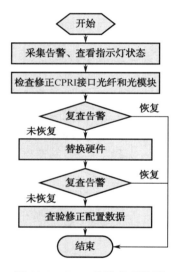

图 10-7　CPRI 故障处理流程

10.2.2　天馈故障典型案例分析

1．典型案例 1——驻波比异常

故障原因 1：馈线连接异常。

故障现象：

（1）告警台出现"0300000a" 驻波比异常告警。

（2）RRU 面板上 LARM 指示灯常亮红光。

解决步骤：

（1）通过告警信息中的"告警机框"中的 RRUX 可以定位到哪个 RRU 的问题。

（2）通过告警信息中的"告警定位"中的 subcode=X 可以定到哪个通道的问题。

（3）检查馈线与 RRU 连接部分接头是否正常，是否有不牢固的地方。

（4）检查馈线与天线连接部分接头是否正常，是否有不牢固的地方。

（5）除去发现问题的那一侧接头的防水胶带，重新拧紧或更换接头，之后重新缠好防水胶带。

（6）RRU 面板上 LARM 指示灯变为常亮绿光。

（7）告警台上"0300000a" 驻波比异常告警恢复。

（8）RRU 面板上 LARM 指示灯变为常亮绿光。

（9）故障处理完毕。

故障原因 2：馈线进水。

故障现象：

（1）告警台出现"0300000a" 驻波比异常告警。

（2）RRU 面板上 LARM 指示灯常亮红光。

解决步骤：

（1）通过告警信息中的"告警机框"中的 RRUX 可以定位到哪个 RRU 的问题。

（2）通过告警信息中的"告警定位"中的 subcode=X 可以定到哪个通道的问题。

（3）检查馈线与 RRU 连接部分及馈线与天线连接部分是否有进水的情况。

（4）除去发现问题的那一侧接头的防水胶带，将接头拧开，将馈线中的水甩出，再重新连接好接头并缠上防水胶带。

（5）如果故障仍未恢复，则将两头的防水胶带都除去，将两侧接头拧开并除去馈线，更换新的馈线，连接好两侧接头后重新缠好防水胶带。

（6）RRU 面板上 LARM 指示灯变为常亮绿光。

（7）告警台上"0300000a" 驻波比异常告警恢复。

（8）RRU 面板上 LARM 指示灯变为常亮绿光。

（9）故障处理完毕。

故障原因 3：RRU 设备故障。

故障现象：

（1）告警台出现"0300000a" 驻波比异常告警。

（2）RRU 面板上 LARM 指示灯常亮红光。

解决步骤：

（1）通过告警信息中的"告警机框"中的 RRUX 可以定位到哪个 RRU 的问题。

（2）通过告警信息中的"告警定位"中的 subcode=X 可以定到哪个通道的问题。

（3）在排除故障原因 1～2 以后故障还没有恢复，则可能是 RRU 设备问题。

（4）关闭连接故障 RRU 电源线的电源开关（机房内墙壁上的防雷箱），等待几秒钟后重新打开电源空开，待 RRU 重新启动后观察故障是否恢复。

（5）如果故障恢复，则设备反应如下。

（6）告警台上"0300000a" 驻波比异常告警恢复。

（7）RRU 面板上 LARM 指示灯变为常亮绿光。

（8）故障处理完毕。

（9）如果故障仍未恢复，则需要更换 RRU。

2. 典型案例2——小区不可用

故障原因1： RRU2600 频点配置错误。

注意： RRU2600，频点范围是 37750～38250，配置超出这个范围外的频点都会导致小区不可用。

故障现象：

（1）告警台出现"01080001"小区不可用告警。

（2）CCU 板卡左 ALM 指示灯亮（红光）。

解决步骤：

（1）通过告警信息中的"告警定位"中的 GlobalCellID=XXXXX 可以定到哪个小区的问题（以下步骤假设 GlobalCellID=00005000，对应的本地小区 ID 为 0）。

（2）检查该小区上行中心频点配置是否正确；在 LMT 界面左侧逐层展开"TD-LTE 分布式基站 MML 命令"→"配置管理"→"SIB2 上行频率信息配置"，选择"查询 SIB2 上行频率信息配置"，如图 10-8 所示。

图 10-8 上行频点配置查询

在"本地小区 ID"中填入故障小区对应的本地小区号，执行命令后，会在输出窗口返回查询结果：

```
LIST SIB2ULFREQ_INFO 0  Command sent please wait...

%%FIBERHOME   2016-04-22  13: 50: 11

命令名称 = LIST SIB2ULFREQ_INFO
RET_CODE = 0

  操作结果              = 执行成功
```

```
本地小区 ID            = 0
上行中心频点           = 37700
上行带宽              = n100
ACLR 和频率辐射需求 = 1
```

%%END

在查询结果发现频点设置为 37700（举例值，实际可以是超出 37750～38250 且在 0～65535 以内的任何值），超出了 RRU 支持的频点范围 37750～38250，导致小区不可用。

（3）修改该小区上行中心频点。

在 LMT 界面左侧逐层展开"TD-LTE 分布式基站 MML 命令"→"配置管理"→"SIB2 上行频率信息配置"，选择"修改 SIB2 上行频率信息配置"，如图 10-9 所示。

图 10-9 修改上行中心频点

在"本地小区 ID"中填入故障小区对应的本地小区号，"上行中心频率"填入正确的频点 38100，"上行带宽"选择 N100 5，"ACLR 和频率辐射需求"填入 1。执行后，会在输出窗口返回修改结果：

```
MDY SIB2ULFREQ_INFO 0 38100 5 1  Command sent please wait...

%%FIBERHOME  2016-04-22  13: 59: 37
命令名称 = MDY SIB2ULFREQ_INFO
RET_CODE = 0

  操作结果 = 执行成功

%%END
```

（4）告警台上"01080001"小区不可用告警恢复。

（5）CCU 板卡左侧 ALM 指示灯灭。

（6）故障处理完毕。

思考与练习

连连看

- 射频单元驻波告警
- 射频单元硬件故障告警
- 射频单元接收通道 RTWP/RSSI 过低告警
- 射频单元发射通道增益异常告警
- 射频单元交流掉电告警

- 馈线安装异常或者头工艺差
- 天馈接口连接的馈缆存在挤压、弯折或馈缆损坏
- 射频单元硬件故障
- 天馈系统组件合路器或耦合器损坏
- 射频单元频段类型与天馈系统组件频段类型不匹配
- 射频单元的主集或分集接收通道故障
- 数据配置故障
- 射频单元掉电

任务 3 LTE 站点网管维护链路故障分析

【学习目标】

1．了解基站盲启过程
2．了解维护链路检测的方法和应用

【知识要点】

1．掌握维护链路故障分析思路
2．掌握常见维护链路故障原因

10.3.1 知识准备

远程调测是指在硬件安装完毕并上电后，进行软件安装或升级，规划数据并创建数据 XML 文件，调试数据，确认小区能够正常进行业务，服务验证。三种调测方式如图 10-10 所示。

调测方式	优势	劣势
网管+DBS3900盲启	调测成本低	对工程师要求高
网管+USB接口近端调测	对工程师要求低	调测成本高
通过LMT近端调测	调测过程中方便现场进行问题定位	对工程师要求高，且调测成本高

（手工配置维护通道）

图 10-10 三种调测方式

常用调测方式为前两种，前提条件首先是正常建立网管与基站的远程维护通道。

10.3.2 网管维护链路故障典型案例分析

1. 典型案例1——传输故障

故障现象：

（1）告警台出现"01060006" OAM 异常告警。

（2）同时出现的告警还有"0200000b"CCU 光模块不在位故障告警、"0200000c"CCU 检测无光故障告警、"01010003"SCTP 链路中断告警、"01060004"传输底层链路故障、"01080002"基站退服告警这5条；或"0200000c"CCU 检测无光故障告警、"01010003"SCTP 链路中断告警、"01060004"传输底层链路故障、"01080002"基站退服告警这4条。

（3）CCU 板卡左 ALM 指示灯亮（红光）。

解决步骤：

（1）判断为传输故障引起的网管链路故障，转为处理传输故障。

（2）传输故障处理完毕后，告警台上"01060006" OAM 异常告警，CCU 板卡左 ALM 指示灯灭。

（3）故障处理完毕。

2. 典型案例2——数据配置错误

故障现象：

（1）告警台出现"01060006" OAM 异常告警。

（2）没有同时出现其他传输类告警。

（3）CCU 板卡左 ALM 指示灯亮（红光）。

解决步骤：

（1）没有同时出现传输类告警，排除传输故障因素。

（2）检查基站 IP 配置中"EMS 地址"、"缺省网关地址"是否正确；在 LMT 界面左侧逐层展开"TD-LTE 分布式基站 MML 命令"→"配置管理"→"基站 IP 配置"，选择"查询基站 IP 配置"，如图 10-11 所示。

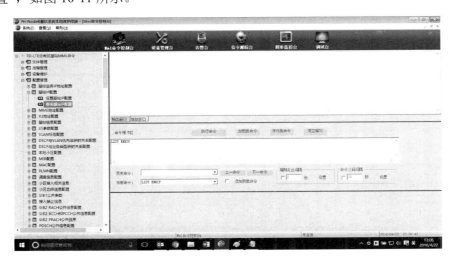

图 10-11 基站 IP 配置

执行命令后，会在输出窗口返回查询结果：

```
LIST ENBIP  Command sent please wait...

%%FIBERHOME   2016-04-22  13: 50: 11

命令名称 =  LIST ENBIP
RET_CODE = 0
```

操作结果	= 执行成功
基站 IP 版本	= IPV4
eNodeB 地址	= 172.16.114.55
EMS 地址	= 172.16.114.33
缺省网关地址	= 172.16.114.253
维护网络的网关备份地址	= 0
子网/前缀	= 255.255.255.0
基站缺省获取 IP 地址的方式	= 表示通过固定方式获取
DNS 地址	= 0
OM 通道是否支持 IPSec	= DISABLED
基站业务外部 OM IP 版本	= IPV4
基站业务外部 OM IP 地址	= 0
基站业务外部 OM IP 地址掩码	= 0
对端实体（OM 安全网关）的外部 IP 地址	= 0

```
%%END
```

（3）修改基站 IP 配置中"EMS 地址"、"缺省网关地址"；在 LMT 界面左侧逐层展开"TD-LTE 分布式基站 MML 命令"→"配置管理"→"基站 IP 配置"，选择"设置基站 IP 配置"，如图 10-12 所示。

图 10-12　设置基站 IP 配置

执行命令后，会在输出窗口返回查询结果：

```
    SET ENBIP 0 172.16.114.55 172.16.114.31 172.16.114.255 0 255.255.255.0 1
0 0 0 0  0.0.0.0 0  Command sent please wait...

    %%FIBERHOME   2016-04-22  13: 50: 11
    命令名称 =  SET ENBIP
    RET_CODE = 0

     操作结果 = 执行成功

    %%END
```

（4）告警台上"01060006" OAM 异常告警。

（5）CCU 板卡左侧 ALM 指示灯灭。

（6）故障处理完毕。

3. 典型案例3——网管运行状态异常

故障现象：

（1）告警台出现"01060006" OAM 异常告警。

（2）没有同时出现其他传输类告警。

（3）CCU 板卡左 ALM 指示灯亮（红光）。

解决步骤：

（1）没有同时出现传输类告警，排除传输故障因素。

（2）排除基站 IP 配置中"EMS 地址"、"缺省网关地址"错误。

（3）排除以上 2 个因素以后，可怀疑网管链路故障是由于网管运行状态异常导致的，需联系 OMC 工程师确认网管工作状态，并等待 OMC 故障处理完毕后观察故障是否恢复。

（4）如果网管故障处理完毕，基站反应如下。

（5）告警台上"01060006" OAM 异常告警恢复。

（6）CCU 板卡左 ALM 指示灯亮灭。

（7）故障处理完毕。

思考与练习

基站盲启故障用到的常见方法与流程是什么？

任务4　LTE 站点业务链路故障分析

【**学习目标**】

1. 了解业务故障的处理流程

2. 能够灵活运用故障定位的方法

【**知识要点**】

1. 能够列出业务链路故障的分类及常见原因

2. 能够列出各种业务链路故障的处理步骤

10.4.1 知识准备

业务链路故障处理流程如图 10-13 所示。

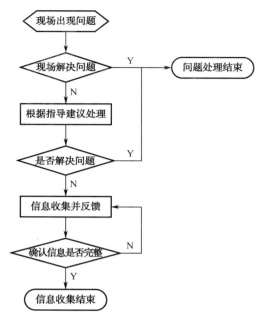

图 10-13　业务链路故障处理流程

1. 物理层故障常见原因

光纤、光模块损坏；光模块未插紧；光模块与对端设备不匹配；基站与对端传输设备的端口属性设置不一致；对端设备数据配置错误；本端或对端单板故障等。

物理层故障处理步骤：

观察以太网端口灯的情况；检查网线、光纤及光模块；检查数据配置；故障隔离。

数据链路层不通主要考虑 ARP、VLAN 的处理是否正确，常见原因有物理层故障；本地未配置 VLAN 或 VLAN ID 配置错误；对端设备数据配置问题导致本端无法生成 ARP 表项。处理步骤为检查基站收发数据包情况；检查 ARP 表项；检查 VLAN 配置。

检查基站收发数据包情况：多次执行 DSP ETHPORT 查看基站的收发包情况和端口状态，若基站只有发送的包在增长，则判断基站发出去的包对端没有响应。

查询 ARP 表项：执行 DSP ARP 检查基站是否学到了 ARP。

执行 LST VLANMAP 查看 VLAN 配置是否正确；执行 STR PORTREDIRECT 启用端口重镜像进行抓包。比较配置的 VLAN 与抓包报文所带的 VLAN。

2. 网络层故障常见原因

物理层或数据链路层故障；本端或对端 IP 未配置或配置错误；本端或对端路由未配置或配置错误；开启 BFD 时设置的 DSCP 值未在 QoS 中定义；本端或对端 BFD 会话未配置或配置错误导致路由失效等。

此类问题大多是路由不通导致的，在保证物理层、数据链路层正常情况下，处理步骤：

① 查询路由信息：LST IPRT\DSP IPRT 查看基站的路由信息是否正确。

② Traceroute 定位：在 eNodeB 使用 TRACERT 来查询发送报文经过的各个端点，看到达哪个端口网关出现不通。如基站开启 BFD 检测且出现 BFD 会话为 DOWN 状态，则检查本端和对端 BFD 的配置数据是否正确，检查 BFD 会话报文的 DSCP 值是否在 VLAN CLSS 中定义。

③ 抓包：在基站上通过 STR PORTREDIRECT 启用端口重镜像进行抓包和分析。

3．控制面故障常见原因

出现"SCTP 链路故障告警"、"SCTP 链路拥塞告警"，或者执行 DSP SCTPLNK 命令操作状态为"不可用"或者"拥塞"。故障分为 SCTP 链路不通或者单通和 SCTP 链路闪断两大类。控制面故障常见原因：IP 层传输不通；SCTPLNK 本端或对端 IP 配置错误；SCTPLNK 本端或对端端口号配置错误；eNodeB 全局参数未配置或配置错误；信令业务的 QoS 与传输网络不一致等。处理步骤如下：

检查传输；检查 SCTP 配置；查看信令业务的 QoS；检查基站全局数据配置；SCTP 跟踪；WireShark 抓包。

① 检查传输：使用 Ping 命令 Ping 对端 MME 地址，看是否可以 Ping 通，如果 Ping 不通，则检查路由和传输网络是否正常。

② 检查 SCTP 配置：查看 SCTP 信息（本/对端 IP 地址、本/对端端口号）是否与 MME 保持一致。

③ 检查基站全局数据配置：LST CNOPERATOR 检查 MNC、MCC 配置；LST CNOPERATORTA 检查 TA 配置。

④ 查看信令业务的 QoS：执行 LST DIFPRI 查看信令类业务的 DSCP 是否与传输网络一致。

4．用户面故障常见原因

用户面故障常见现象：IPPATH 故障告警。现象 1：S1 接口正常，小区状态正常，但是 UE 无法附着网络；现象 2：UE 可以正常附着网络，但不能建立某些 QCI 的承载。

用户面故障常见原因：IP 层传输不通；IPPATH 中本/对端 IP、应用类型配置错误；IPPATH 传输类型或 DSCP 值设置错误；开启 IPPATH 的通道检测后，对端 IP 禁 Ping 等。

处理步骤：在 LMT 侧执行 Ping 命令，检查与 UGW 的 IP 侧是否可达；执行 LST IPPATH 查询 IPPATH 的本、对端 IP 是否与对端协商一致；检查 IPPATH 的 QoS 类型，如果为固定 QoS，查看 DSCP 值，如存在以下两种情况，需修改 PATH 类型为 ANY 类型：如所有 IPPATH 的 DSCP 不为 0，则 UE 附着的时候不能建立默认承载，导致附着失败；如不存在一条 IPPATH 的 DSCP=0，则只能建立默认承载，不能建立其他 DSCP 的 QCI 承载。与核心网沟通，确认 SGW 侧的 IP 支持 Ping 检测。

10.4.2 业务链路故障典型案例分析

1．典型案例 1——传输故障

故障现象：

（1）告警台出现"01010003"SCTP 链路中断告警。

（2）同时出现的告警还有"0200000b" CCU 光模块不在位故障告警、"0200000c" CCU 检测无光故障告警、"01060006" OAM 异常告警、"01060004"传输底层链路故障、"01080002"基站退服告警这 5 条；或"0200000c" CCU 检测无光故障告警、""01060006" OAM 异常告警、"01060004"传输底层链路故障、"01080002"基站退服告警这 4 条。

（3）CCU 板卡左 ALM 指示灯亮（红光）。

解决步骤：

（1）判断为传输故障引起的网管链路故障，转为处理传输故障。

（2）传输故障处理完毕后，告警台上"01010003" SCTP 链路中断告警，CCU 板卡左 ALM 指示灯灭。

（3）故障处理完毕。

2．典型案例 2——数据配置错误

故障现象：

（1）告警台出现"01010003" SCTP 链路中断告警。

（2）没有同时出现其他传输类告警。

（3）CCU 板卡左 ALM 指示灯亮（红光）。

解决步骤：

（1）没有同时出现传输类告警，排除传输故障因素。

（2）检查基站 MME 配置中"MME 地址"是否正确；在 LMT 界面左侧逐层展开"TD-LTE 分布式基站 MML 命令"→"配置管理"→"MME 地址配置"，选择"查询全部 MME 地址配置"，如图 10-14 所示。

图 10-14　查询 MME 地址配置

执行命令后，会在输出窗口返回查询结果：

```
LIST ALL_MMEIP  Command sent please wait...
```

```
%%FIBERHOME    2016-04-22  13: 50: 11

命令名称 = LIST ALL_MMEIP
RET_CODE = 0

 操作结果      = 执行成功
 基站 IP 版本   = IPV4
 MME 地址    = 172.16.114.243
 MME 监听端口 = 36412

%%END
```

（3）修改基站 MME 配置中"MME 地址"；在 LMT 界面左侧逐层展开"TD-LTE 分布式基站 MML 命令"→"配置管理"→"MME 地址配置"，选择"修改 MME 地址配置"，如图 10-15 所示。

图 10-15 修改 MME 地址配置

执行命令后，会在输出窗口返回查询结果：

```
MDY MMEIP 0 172.16.114.245 36412  Command sent please wait...

%%FIBERHOME    2016-04-22  13: 50: 11
命令名称 = MDY MMEIP
RET_CODE = 0

 操作结果 = 执行成功

%%END
```

（4）告警台上"01010003"SCTP 链路中断告警。

（5）CCU 板卡左侧 ALM 指示灯灭。

（6）故障处理完毕。

3．典型案例3——核心网运行状态异常

故障现象：

（1）告警台出现"01010003"SCTP 链路中断告警。

（2）没有同时出现其他传输类告警。

（3）CCU 板卡左 ALM 指示灯亮（红光）。

解决步骤：

（1）没有同时出现传输类告警，排除传输故障因素。

（2）排除基站 MME 配置中"MME 地址"错误。

（3）排除以上 2 个因素以后，可怀疑业务链路故障是由于核心网运行状态异常导致的，需联系核心网工程师确认网管工作状态，并等待核心网故障处理完毕后观察故障是否恢复。

（4）如果网管故障处理完毕，基站反应如下。

（5）告警台上"01010003"SCTP 链路中断告警。

（6）CCU 板卡左 ALM 指示灯亮灭。

（7）故障处理完毕。

参 考 文 献

[1] 移动基站设备与维护. 魏红. 北京：人民邮电出版社. 2013.

[2] 移动通信基站建设与维护. 薛玲媛. 西安：西安电子科技大学出版社. 2012.

[3] 3G 基站系统运行与维护.胡国安. 北京：人民邮电出版社. 2012.

[4] 3G 技术与基站工程. 杜庆波，罗文茂. 北京：人民邮电出版社. 2008.